目 录

项目一

工程质量事故分析概述

项目导读

工程质量事故分析是一项重要的后馈式控制手段，旨在通过对工程质量事故的研究和分析，找出事故发生的根本原因，从而预防未来类似事故的发生。本项目主要介绍工程质量事故分析相关的理论和方法，以便学生能够理解和掌握工程质量事故的预防和处理措施。

学习目标

知识目标

- 理解“质量”“质量保证”以及“工程项目质量”的定义。
- 掌握工程质量事故与质量缺陷的定义与区别。
- 了解工程质量事故的不同类型及其对建筑物的影响。
- 熟悉建筑工程中的缺陷表现及其分类。
- 了解影响工程质量的因素，包括人员素质、工程材料、机械设备、方法和环境条件。
- 熟悉工程质量事故的成因，包括违反基本建设程序、勘查设计问题等。
- 了解建筑工程质量验收的标准、程序和组织方式。
- 掌握常用的质量检测方法。
- 了解建筑工程质量事故处理的一般步骤。

能力目标

- 能够分析和判断建筑工程中的质量缺陷和事故发生的原因。
- 具备评估建筑工程质量的能力。
- 能够运用适当的方法预防和处理质量事故。
- 能够识别和评价影响工程质量的各种因素。
- 能够参与工程质量事故的调查与处理流程。

素质目标

- 培养严谨细致的工作态度。

◆ 提升解决问题的能力。
◆ 加强职业道德和职业素养。
◆ 增强团队协作意识。
◆ 提高沟通与表达能力。

思政目标

加强对国家政策法规的理解和执行能力，培养学生的职业道德意识，包括诚实守信、公平公正、精益求精的职业态度。

任务一 工程项目质量分析

任务描述

施工事故频繁发生，这深刻凸显了建筑工程中严格遵守安全规范的极端重要性。每一丝细微的疏忽，都可能酿成无法挽回的严重后果。鉴于此，在建筑施工的全过程中，必须无条件地遵守安全规范，不遗余力地加强现场监管力度，并持续提升员工的安全意识与技能。本任务将深入阐述工程项目质量管理的关键环节与要点。

任务分析

明确质量事故和质量缺陷的定义，有助于精准施策。质量事故是未满足规定要求的不合格现象，而质量缺陷则是未满足预期或规定用途的要求。通过本任务的学习，学生可以系统地了解工程项目质量保证的重要性、工程项目质量的评估方法、建筑工程事故的影响、建筑缺陷的表现以及结构破坏的迹象。

任务重点和实施

工程质量事故分析，是后馈式控制手段之一。为了掌握工程质量事故分析的理论和方法，取得举一反三的效果，熟悉与质量有关的基本概念非常必要。

质量是“一组固有特性满足要求的程度”（GB/T 19000—2016）。对建筑产品（如工业厂房、居住建筑）而言，其固有特性是指本来就有的，尤其是那种永久的特性，如必须满足人们生产、居住的特性。这种“要求”是“明示的，通常隐含的或必须履行的需要或期望”。“满足要求的程度”才能反映质量的好与坏。通俗的比喻：如有防水要求的卫生间、房间和外墙面出现渗漏，不能满足要求的程度，就可以说质量不好。

工程质量受建设全过程中众多因素的影响。施工阶段是建设工程“过程的结果”，对工程质量的影响举足轻重。

一、质量保证

质量保证，应是“质量管理的一部分，致力于提供质量要求会得到满足的信任”（GB/T 19000—2016）。随着经济的发展和施工技术的进步，单体建筑工程的规模越来越大，具有综合使用功能的综合性建筑物越来越多，建筑产品越来越复杂，对其质量要求也越来越高。建筑产品的特性，有的已不能通过检验来鉴定，在使用一段时间以后就逐渐暴露出质量问题，这种现象时有发生。施工单位为了向业主提供质量保证，就必须提供施工阶段的各个环节、工序质量合格的证据。“质量保证”正是以保证质量为基础，进一步引申到“提供信任”这一基本目的。“质量保证”不是单纯为了保证质量，其主要目的是提供（向用户或第三方）信任。施工单位，尤其是生产一线的质量管理人员一定要加深对“质量保证”的理解，并付诸“过程”中。

二、工程项目质量

扫一扫

工程项目质量

工程项目质量是国家现行的有关法律法规、技术标准、设计文件及工程合同中对工程的安全、使用、经济、美观等特性的综合要求。《建筑工程施工质量验收统一标准》（GB 50300—2013），从其标准的角度赋予建筑工程质量含义：是反映建筑工程满足相关标准规定或合同约定的要求，包括其在安全、使用功能及其在耐久性能、环境保护等方面所有明显和隐含能力的特性总和。工程项目质量是活动和过程的本身，也是活动和过程的结果。整个活动过程，包括项目设计、项目施工、项目回访保修。本书质量事故分析的重点是建筑工程施工质量。

工程项目具有单件性、一次性建成和寿命周期长的特点。

1. 单件性

工程项目必须满足每个不同需求业主所需的功能和使用价值，不同于其他在工厂中连续批量生产的相同产品，即使同类型的工程项目，由于所处地理位置和自然环境的区别，以及施工管理条件、施工工艺的不同，其最终的产品（实体）质量也存在差异。

2. 一次性建成

工程项目只能一次性建成，并且只能允许生产合格的产品，否则造成的巨大经济损失是无法挽回的。质量的风险性显而易见。

3. 寿命周期长

建筑工程耐久年限一般较长。这就要求工程质量长期处于稳定状态，具有耐久性能，如民用建筑的主体结构耐久年限为 50 ～ 100 年。

建设工程一次性投入大、建设周期长，在工程建设的各个阶段，存在着许多影响质量的不确定因素，并受制于这些不确定因素。工程项目质量波动、质量变异、质量隐蔽、质量终检的局限难度，都是一般产品无法比拟的。

三、建筑工程事故造成的影响

工程质量事故，应该理解为：凡工程质量没有满足规定的要求，即质量达不到合格标准的要求，称为不合格（GB/T 19000—2016）。

工程质量缺陷，应理解为：凡工程未满足与预期或规定用途有关要求，称为质量缺陷（GB/T 19000—2016）。

掌握了这样的尺度，就利于区分质量事故和质量缺陷。

在工程建设整个活动过程中，质量事故是应该防止发生的，也是能够防止发生的。质量缺陷却存在发生的可能性，如建筑结构完全能满足功能所有要求，钢筋混凝土结构受拉区出现了规范允许的微细裂缝，只能界定为质量缺陷，但这并不是说质量缺陷完全可以忽视，事物的发展是量变到质变的过程，有些质量缺陷会随着时间的推移、环境的变化趋向严重。例如，某地区一餐厅，屋面长期漏水，没有得到根治，三年之后某深夜瞬间倒塌，造成这起重大质量事故的原因，主要是结构计算存在重大错误，从倒塌的屋面显示，钢筋严重生锈腐蚀，局部混凝土与钢筋失去了握裹力，屋面承受不了荷载，由此可见，屋面漏水也是诱发原因之一。

建筑物在施工和使用过程中，不可避免地会遇到质量低下的现象，轻则产生各种缺陷，重则发生各种破坏，甚至出现局部或整体倒塌的重大事件。当遇到这些现象时，建筑工作者应该善于分析，判断其产生的原因，提出预防和治理措施，要做到这些，必须对它们有一个准确的认识。

案例

2023 年 10 月 9 日 14 时 50 分许，广东省 ×× 公司在某工程（共两层）施工时发生脚手架局部垮塌事故，导致 2 人死亡、3 人受伤，直接经济损失约 449 万元。

事故原因：广东省 ×× 公司在该工程（共两层）顶层花架位置进行混凝土浇筑施工时，因模板脚手架支撑体系的刚度、强度不足，利用外脚手架（防护架）作为模板支撑，且外脚手架基础未找平、硬化，有些脚手架立杆未落地、与建筑物刚性拉结不足，在混凝土浇筑过程中，增加混凝土动荷载后，模板支撑失稳，直接造成事故的发生。

四、建筑工程中的缺陷表现

建筑工程中的缺陷，是由人为的（勘查、设计、施工、使用）或自然的（地质、气候）原因造成的，是建筑物出现影响正常使用，承载力、耐久性、整体稳定性的种种不足的统称，它按照严重程度不同，又可分为以下三种情况。

1. 轻微缺陷

轻微缺陷并不影响建筑物的近期使用，也不影响建筑结构的承载力、刚度及其完整性，但却有碍观瞻或影响耐久性。例如，墙面不平整，地面混凝土龟裂，混凝土构件表面局部缺浆、起砂，钢板上有划痕、夹渣等。

2. 使用缺陷

使用缺陷虽不影响建筑结构的承载力，却影响建筑物的使用功能，或使结构的使用性能下降，有时还会使人有不适感和不安全感。例如，屋面和地下室渗漏、装饰物受损、梁的挠度偏大、墙体因温差而出现斜向或竖向裂纹等。

3. 危及承载力缺陷

危及承载力缺陷或表现为采用材料的强度不足，或表现为结构构件截面尺寸不够，或表现为连接构造质量低劣。例如混凝土捣固不实，配筋欠缺，钢结构焊缝有裂纹、咬边现象，地基沉降过快等。这类缺陷会威胁到结构的承载力和稳定性，如不及时消除，可能导致局部或整体的破坏。

缺陷可能是显露的，如屋面渗透；也可能是隐蔽的，如配筋不足。后者更为危险，因为它有良好外表的假象，一旦有所发展，后果可能很严重。

缺陷的发展是破坏，而破坏本身又经历着一个过程，它对建筑装饰来说，是指装饰物从失效、毁坏到脱落的过程。对建筑结构来说，缺陷的发展是指结构构件从临近破坏到破坏，再由破坏到即将倒塌的过程。

五、建筑结构破坏的表现

建筑结构的破坏，是结构构件或构件截面在荷载、变形作用下承载和使用性能失效的协议标志。

1. 截面破坏

截面破坏指构件的某个截面由于材料达到协议规定的某个应力或应变值所形成的破坏。例如，钢筋混凝土梁正截面受弯破坏，指该截面拉区钢筋到达屈服点，相应压区混凝土边缘达到极限压应变时的受力状态，破坏时该截面所能承受的弯矩不能再增加，否则就是一种破坏。但超静定构件某个截面发生破坏，并不等于该构件发生破坏。

2. 构件破坏

构件破坏指结构的某个构件由于达到某些协议检验指标所形成的破坏。上述钢筋混凝土梁，如果受拉主筋处的最大裂缝宽度达到 1.5 mm，或挠度达到 $L/50$（L 指跨长）时，即认为该梁发生破坏。同理，超静定结构的某个构件发生破坏，并不等于该结构发生破坏。

破坏是一种人为的协议标志，要十分注意结构构件或构件截面的受力和变形处于设计规范允许值和协议破坏标志之间的状态，并将它称为临近破坏（如当钢筋混凝土梁受拉区的裂缝宽度为 0.9 ～ 1.5 mm 时）。临近破坏是破坏的前兆，有这种破坏前兆的（如钢筋混凝土梁的弯曲破坏）称为延性破坏；无这种破坏前兆的（如无腹筋混凝土梁的剪切破坏）称为脆性破坏。在进行建筑物的结构设计时，要避免发生脆性破坏；对有破坏前兆的临近破坏的质量问题，要及时处理，并予以纠正。这些在实际的建筑工程设计和实践中，都具有极其重要的意义。

建筑结构的倒塌，是建筑结构在多种荷载和变形共同作用下稳定性和整体性完全丧失的表现，建筑结构的临近破坏、破坏和倒塌，统称质量事故，简称事故。破坏又称破坏事故；倒塌又称倒塌事故。其中，只有部分结构丧失稳定性和整体性的，称为局部倒塌；整个结构物丧失稳定性和整体性的，称为整体倒塌。倒塌具有突发性，是不可修复的；它的发生，一般都伴随着人员的伤亡和经济上的巨大损失。但倒塌绝不是不可避免的，因为建筑结构的倒塌一般都要经过以下几个规律性的阶段。

（1）结构的承载力减弱；

（2）结构超越所能承受的极限内力或极限变形；

（3）结构的稳定性和整体性丧失；

（4）结构的薄弱部位先行突然破坏、倾倒；

（5）局部结构或整个结构倒塌。

有时，这些阶段在瞬时连续发生和发展，表现为突发性倒塌；有时，这些阶段的发生和发展是渐变的，它使破坏有一个时间过程。因此，如果人们能在发生轻微缺陷时就及时纠正，在有破坏征兆时就及时加固，做到防微杜渐、亡羊补牢，倒塌往往是可以避免的。

纵览以上分析，建筑结构的缺陷和事故，虽然是两个不同的概念：事故表现为建筑结构局部或整体的临近破坏、破坏和倒塌；缺陷仅表现为具有影响正常使用、承载力、耐久性、完整性的种种隐藏的和显性的不足。但是，缺陷和事故又是同一类事物的两种不同程度的表现；缺陷往往是事故发生的直接或间接原因；而事故往往是缺陷的质变或经久不加处理的发展结果。

任务二　工程质量事故

任务描述

随着建筑行业的迅速发展，工程质量问题日益受到重视。工程质量事故不仅会造成巨大的经济损失，还可能危及人民生命财产安全。因此，对工程质量事故进行科学分类，深入分析其特点，并制定有效的处理措施，是保障建筑安全、提升工程质量的重要环节。本任务将深入理解工程质量事故的分类范畴及其特点。

任务分析

工程质量事故不仅影响工程项目的进度、成本和使用功能，还可能对社会经济造成重大影响，因此，对工程质量事故进行全面、深入的分析具有重要意义。通过本任务的了解，学生可以更好地理解事故发生的各种情况以及如何有效地预防和应对这些问题。这样的分析对于提升工程项目的质量和安全具有重要的意义。

任务重点和实施

一、工程质量事故的分类

为了准确把脉工程质量事故的症结所在，精确分析其原因，总结带有共同性的规律，了解和掌握质量事故的分类方法是非常必要的。

（一）按事故的经济损失程度分类

1. 一般质量事故

凡具备下列条件之一者为一般质量事故。

（1）直接经济损失在 5 000 元（含 5 000 元）以上，不满 5 万元的。

（2）影响使用功能和工程结构安全，造成永久质量缺陷的。

2. 严重质量事故

凡具备下列条件之一者为严重质量事故。

（1）直接经济损失在 5 万元（含 5 万元）以上，不满 10 万元的。

（2）严重影响使用功能或工程结构安全，存在重大质量隐患的。

（3）事故性质恶劣或造成 2 人以下重伤的。

3. 重大质量事故

凡具备下列条件之一者为重大质量事故，属建设工程重大事故范畴。

（1）工程倒塌或报废的。

（2）由于质量事故，造成人员死亡或重伤 3 人以上的。

（3）直接经济损失在 10 万元以上的。

按伤亡人数和直接经济损失（重大质量事故）又可分为 1 ～ 4 级。

根据 2007 年 4 月 9 日国务院发布的《生产安全事故报告和调查处理条例》第三条规定，生产安全事故造成的人员伤亡或直接经济损失分为以下等级。

（1）Ⅰ级（特别重大事故）指造成死亡 30 人以上，或者重伤 100 人以上，或者直接经济损失 1 亿元以上的事故。

（2）Ⅱ级（重大事故）指造成死亡 10 人以上 30 人以下，或者重伤 50 人以上 100 人以下，或者直接经济损失 5 000 万元以上 1 亿元以下的事故。

（3）Ⅲ级（较大事故）指造成死亡 3 人以上 10 人以下，或者重伤 10 人以上 50 人以下，或者直接经济损失 1 000 万元以上 5 000 万元以下的事故。

（4）Ⅳ级（一般事故）指造成死亡 3 人以下，或者重伤 10 人以下，或者直接经济损失 1 000 万元以下 100 万元以上的事故。

（二）按事故发生的部位和现象分类

地基事故：地基不均匀下沉、边坡失稳塌方、填方地坪下沉等。

基础事故：基础错位、变形过大、基础上浮、桩基偏移、桩身断裂等。

错位事故：建筑物方位不准、结构体几何尺寸偏差、预埋件、预留洞（槽）位移等。

开裂事故：砌体结构、混凝土结构开裂等。

变形事故：结构件受力倾斜、扭曲等。

倒塌事故：建筑物整体或局部倒塌等。

（三）按事故的不可见性分类

隐性事故：结构或构件承载力不足、混凝土强度达不到规定要求等。

功能事故：隔声隔热达不到设计要求等。

（四）按事故产生的原因分类

程序原因：从事建设工程活动，没有严格执行基本建设程序，没有坚持先勘查、后设计、再施工的原则。在基本建设一系列规定程序中，勘查、设计、施工是保证工程质量最关键的三个阶段。近年来，边勘查、边设计、边施工的“三边工程”屡禁不止。因地质资料不全、施工图纸不完整、盲目施工造成的质量事故举不胜举。

技术原因：地质情况估计错误；结构设计计算错误；采用的技术不成熟，或采用没有得到实践检验充分证实可靠的新技术；采用的施工方法和工艺不当。

社会原因：社会上存在的弊端和不正之风导致腐败，腐败引发建设中的错误行为恶性循环。朱镕基曾经指出：“工程质量事故频发，重要原因是工程建设领域存在的严重腐败行为，内外勾结，贪赃枉法。”过去，有不少重大工程质量事故的确与社会原因有关。近些年来通过不断对腐败之风进行整治，工程建设领域存在的严重腐败现象有了很大的扭转，工程质量也有较大的提高。

二、工程质量事故的特点

工程建设物流渠道错综复杂，参与的各方多，涉及面广，加之特殊的地域、自然环境，一旦出现质量事故就具有复杂性、严重性、可变性和多发性的特点。

（一）复杂性

就施工阶段而言，产品固定，人员流动；产品多样性、单件性，结构类型各异；材料品种繁杂，材质性能不同，组合配制不一；多专业、多工种交叉作业，协调难度大；施工方法、工艺要求、技术标准变化大。这些都是影响工程质量的因素。建设活动过程和建设活动本身，一旦工序失控，发生质量控制断链，就会造成事故原因的复杂性。同一性质的质量事故，产生事故的原因也截然不同。如产生砌体裂缝的原因，或温差收缩变形，或地基不均匀下沉，或结构荷载过大，或设计构造不当，或材质不良，或施工质量低劣，或受地震、机械振动、邻近爆破影响。某地尚未竣工的新礼堂突然倒塌，造成重大质量事故的原因：台口大梁下砌筑断面太小，砖筑为包心砌筑，砂浆不饱满，强度达不到规范要求。由此可见，造成质量事故的原因，可能是单一的，也可能是综合因素共同作用的结果。

（二）严重性

投资建设工程项目具有高风险，一旦出现质量事故，轻则延误工期，增加工程费用，影响使用功能，重则对社会和经济往往产生十分严重的影响。例如：重庆綦江彩虹桥垮塌；某市某 20 层大厦（主体为框架剪力墙结构）浇筑主体使用了不合格水泥，迫使拆除 11 ～ 14 层；某市某住宅工程（剪力墙结构，18 层，建筑面积 1.46 万 m^2）主体完工后，整体倾斜，采取纠偏措施无效，最后被迫引爆 5 ～ 18 层。工程质量事故的严重性远超其他产品。

（三）可变性

工程质量事故的存在往往是动态的。如处理不及时或方法不当，会随时间、环境等因素，由此及彼，使事故性质发生变化。例如，某市某大厦，基坑设计深度 9.0 m，支护结构采用直径 800 mm、间距 1.0 m 的钢筋混凝土灌注桩，桩长 15 m，支护桩外侧为水泥搅拌止水帷幕。基坑完工做基础垫层时，遇大雨，因基坑拐向处水平支撑钢筋混凝土大梁突然断裂，基坑坍塌范围达 40 多米。造成相邻近 1、3 号住宅楼墙体开裂，楼房向基坑方向倾斜。可见水平支撑抗力不足，带来可变性的后果。再如，某市发电厂第二期扩建工程，梁柱吊装之后，未能及时焊接固定，节点间尚未浇筑混凝土，为了赶工期，在整个排架尚未稳定的情况下就安装上节柱，在大风突袭下倒塌。

（四）多发性

多发性应理解为工程建设施工阶段，容易被疏忽且容易发生质量失控，造成应该避免又没能避免的质量缺陷。多发性的质量问题是具有普遍性、顽固性。如屋面渗漏，有防水要求的卫生间、房间和外墙面渗漏及抹灰层开裂、脱落，预制构件的微细裂缝等。

任务三　建筑工程质量事故原因综述

任务描述

小李是一个施工项目的项目经理，他的团队需要深入了解建筑工程质量事故的原因，并制定相应的预防和应对措施。团队致力于研习与实践，以精准识别并有效处理常见的质量事故问题，从而确保工程项目的安全性与可靠性达到最高标准。本任务的目标是制定一份全面的质量事故预防和应对方案，以减少事故的发生，保障工程质量和人员安全。

任务分析

全面审查和提升建筑工程在施工阶段的强度、稳定性、施工荷载管理、临时结构可靠性以及施工技术管理水平，确保工程安全与质量，避免潜在的事故风险。通过本任务的了解，学生能够对工程质量不合格、质量问题与质量事故的概念进行区分，以及对质量事故原因要素和成因进行深入分析，可以为预防和减少工程质量事故提供有力支持。

任务重点和实施

一、工程质量不合格、质量问题和质量事故

根据国际标准化组织（ISO）和中国有关质量、质量管理和质量保证标准的定义，凡工程产品质量没有满足某个规定的要求，就称之为质量不合格。

根据有关规定：凡是工程质量不合格，必须进行返修、加固或报废处理，由此造成的直接经济损失低于 5 000 元的称为质量问题；直接经济损失在 5 000 元（含 5 000 元）以上的称为工程质量事故。

对工程质量事故通常按造成损失的严重程度等进行分类，其基本分类如下。

1. 一般质量事故

凡具备下列条件之一者为一般质量事故。

（1）直接经济损失 5 000 元以上，不满 5 万元的（“以上”包括本数，“不满”不包括本数，下同）。

（2）影响使用功能和工程结构安全，造成永久质量缺陷的。

2. 严重质量事故

凡具备下列条件之一者为严重事故。

（1）直接经济损失 5 万元以上，不满 10 万元的。

（2）严重影响使用工程或工程结构安全，存在重大质量隐患的。

（3）事故性质恶劣或造成 2 人以下重伤的。

3. 重大质量事故

凡具备下列条件之一者为重大质量事故，属建设工程重大事故范畴。

（1）工程倒塌或报废的。

（2）由于质量事故，造成人员伤亡或重伤 3 人以上的。

（3）直接经济损失 10 万元以上的。

重大质量事故分为四个等级：凡造成死亡 30 人以上，或直接经济损失 300 万元以上的为一级；凡造成死亡 10 人以上 29 人以下，或直接经济损失 100 万元以上，不满 300 万元的为二级；凡造成死亡 3 人以上 9 人以下，或重伤 20 人以上，或直接经济损失 30 万元以上，不满 100 万元的为三级；凡造成死亡 2 人以上，或重伤 3 人以上，或直接经济损失 10 万元以上，不满 30 万元的为四级。

4. 特别重大事故

凡具有《特别重大事故调查程序暂行规定》所列，发生一次死亡 30 人及以上，或直接经济损失 500 万元及以上，或其他性质特别严重，上述影响三个之一者均属特别重大事故。

二、质量事故原因要素

影响工程的因素很多，但归纳起来主要有五个方面，即人员素质、工程材料、机械设备、方法和环境条件，简称 4 ME。

（一）人员素质

人是生产经营活动的主体，也是工程项目建设的决策者、管理者、操作者。工程建设的规划、决策、勘查、设计、施工与竣工验收等全过程，都是通过人的工作来完成的。人员的素质，即人的文化水平、技术水平、决策能力、管理能力、组织能力、作业能力、控制能力、身体素质及职业道德等，都将直接或间接地对规划、决策、勘查、设计和施工的质量产生影响，而规划是否合理，决策是否正确，设计是否符合所需要的质量和功能，施工能否满足合同、规范、技术标准的需要等，都将对工程质量产生不同程度的影响。人员素质是影响工程质量的一个重要因素。因此，建筑行业实行资质管理和各类专业从业人员持证上岗制度，是保证人员素质的重要管理措施。

（二）工程材料

工程材料是指构成工程实体的各类建筑材料、构配件、半成品等，它是工程建设的物质条件，是工程质量的基础。工程材料选用是否合理、产品是否合格、材质是否经过检验、保管使用是否得当等，都将直接影响建设工程的结构刚度和强度、工程外表及观感、工程的使用功能、工程的使用安全等。

（三）机械设备

机械设备可分为两类：一类是组成工程实体及配套的工艺设备和各类机具，如电梯、泵机、通风设备等，它们构成了建筑设备安装工程或工业设备安装工程，形成完整的使用功能；另一类是施工过程中使用的各类机具设备，包括大型垂直与横向运输设备、各类操作工具、各种施工安全设施、各类测量仪器和计量器具等，简称施工机具设备，它们是施工生产的手段。施工机具设备对工程质量也有重要的影响。工程所用机具设备，其产品质量优劣直接影响工程使用功能质量。施工机具设备的类型是否符合工程施工特点、性能是否先进稳定、操作是否方便安全等，都将影响工程项目的质量。

（四）方法

方法是指工艺方法、操作方法和施工方案。在工程施工中，施工方案是否合理、施工工艺是否先进、施工操作是否正确，都将对工程质量产生重大的影响。采用新技术、新工艺、新方法，不断提高工艺技术水平，是保证工程质量稳定提高的重要因素。

（五）环境条件

环境条件是指对工程质量特性起重要作用的环境因素，包括工程技术环境，如工程地质、水文、气象等；工程作业环境，如施工环境作业面大小、防护设施、通风照明和通信条件等；工程管理环境，主要指工程实施的合同环境与管理关系的确定、组织体制及管理制度等；周边环境，如工程邻近的地下管线、建（构）筑物等。环境条件往往对工程质量产生特定的影响。加强环境管理、改进作业条件、把握好技术环境、辅以必要的措施，是控制环境对质量影响的重要保证。

三、质量事故成因分析

（一）违反基本建设程序

基本建设程序是中国几十年基本建设的经验总结，它正确地反映了客观存在的自然规律和经济规律，是基本建设工作必须遵循的先后顺序。

建设前期的某些工作极其重要，如项目可行性研究、建设地点的选择等，这些工作做得不好，很容易造成工程质量事故，有时甚至会造成十分巨大的损失。如因建设地点选择不当，会造成建筑物开裂、位移、倒塌等事故。

《中华人民共和国建筑法》第二章明确指出，“从事建筑活动的建筑施工企业、勘查单位、设计单位和工程监理单位，……，经资质审查合格，取得相应等级的资质证书后，方可在其资质等级许可的范围内从事建筑活动。”但是，有些企业单位不遵守国家法律，超越许可范围承接工程任务，从而造成重大质量事故。

从大量建筑工程质量事故分析中发现，因施工顺序错误造成的事故，不仅次数多、频率高，而且后果比较严重。违反施工顺序的问题有：下部结构未达到强度与稳定的要求，就施工上部结构；地下工程未全部完成，就开始地上结构的施工；结构安装工程与砌墙的先后顺序颠倒；现浇结构尚不能维持其稳定时，就拆除模板；地下施工完成后，不及时回填土；相邻的工程施工先后顺序不当等。

《中华人民共和国建筑法》第六章规定，“建筑工程竣工经验收合格后，方可交付使用；未经验收或者验收不合格的，不得交付使用”。但是，使用单位往往未经质量验收就开始使用，使建筑工程存在重大安全隐患，以致造成房屋倒塌等严重质量事故，有的造成巨大的生命和财产损失。

（二）勘查设计方面的问题

搞好勘查设计工作，是确保建筑工程质量的基础，必须认真对待。不按国家的有关规范认真地进行地质勘查，盲目估计地基承载力；地质勘查报告不详细、不准确，甚至出现重大错误；勘查精度不足，不能满足设计的要求；有的地质勘查的钻孔间距太大，不能准确反映地基的实际情况，这些都是造成工程质量事故非常重要的原因。

礼堂等空旷建筑物，底层为大开间、楼层为小开间的多层房屋的结构方案不正确。这类建筑物的跨度较大，上层墙与钢筋混凝土大梁的荷载很大，不采用钢筋混凝土框架结构，而设计考虑又不周全，加上缺少抵抗水平力的建筑结构措施，在一定的外力作用下（如基础不均匀沉降、大风等），薄弱构件就会首先遭到破坏，从而使此类建筑发生倒塌。

悬挑结构稳定性严重不足，造成整体倾覆坠落。阳台、雨篷、挑檐、天沟、遮阳板等悬挑结构，必须有足够的平衡重和可靠的连接构造，方能保证结构的稳定性。如果设计抗倾覆能力不足，就会造成悬挑结构倒塌。

设计假设与计算简图常见的问题包括：静力计算方案假设有误，埋入地下的连续梁设计假设错误，管道支撑设计假设与实际不符等。

建筑构造设计不合理的问题包括：沉降缝、伸缩缝设置不当，钢筋混凝土的高跨比不适宜，箍筋间距过大，纵向受力钢筋截断位置不当，局部缺少附加吊筋、箍筋及纵向钢筋。另外，砌体的拐角处、不同材料连接处构造如处理不当，很容易使墙体开裂甚至倒塌。

设计计算错误出现的问题有：不计算或不认真进行计算；荷载计算工作不够细致，如有的设计漏算结构自重，有的屋面荷载在考虑找坡层的不同厚度时，少算了厚度较大部分的荷载；采用钢筋混凝土挑檐时，未计算对砖墙产生的弯矩；砖混结构采用木屋盖，当屋架跨度较大时，对屋架受荷后下弦拉伸，屋架下垂对外墙产生的水平推力考虑不周。以上这些荷载计算错误，都会使墙体出现裂缝和倾斜，甚至遭到破坏倒塌。另外，内力计算错误、结构构件的安全度不足、构件的刚度不足、设计时不考虑施工的可能性等也是常有的现象。

（三）建筑材料及制品的质量问题

建筑材料是构成建筑结构的物质基础，建筑材料的质量好坏，决定着建筑物的质量。因此，在进行建筑工程设计和施工中，认真科学地选择适宜的建筑材料是极其重要的。

1. 水泥

水泥安定性不合格、强度等级不足、袋装水泥量不足造成水泥用量不足、错用水泥或混用水泥、水泥受潮或存放过期等，都会造成混凝土或砂浆强度严重不足。

2. 钢材

钢材是建筑工程中三大主材之首，在各类建筑中均有广泛应用。但是，如果钢材在选择、使用、保护不当时，也会发生如下种种质量问题。

强度不合格。在钢筋混凝土工程中，所用的钢筋材质证明与材料不配套，进场钢筋不按照施工规范的规定进行检验而被用到工程上。

钢材出现裂缝。造成该质量问题的原因不仅有材质本身的问题，还有加工质量的问题。施工规范明确规定有冷弯裂缝的钢筋不予验收，对于出现裂缝的钢筋应退出或降级使用。

钢材发生脆断。造成该质量问题的原因既有材质的问题，也有施工不当的问题。工程实践证明，低质钢和沸腾钢很容易发生脆断，钢筋的脆断经常发生在钢筋电弧点焊后。

3. 普通混凝土

普通混凝土由水泥、砂、石、水和外加剂按一定比例配制而成。一般情况下，砂、石的强度明显超过混凝土的强度。从混凝土破坏试验中可看出，破裂面主要出现在骨料与水泥的粘接面上。当水泥强度较低时，破坏也可能发生在水泥本身。因此，混凝土的强度通常取决于水泥强度及其骨料表面的粘接强度。决定这些强度的因素有三个方面：原材料质量、混凝土配合比和混凝土施工质量。

不根据设计要求的强度等级、质量检验标准以及施工和易性的要求确定配合比，不按国家现行标准进行计算确定配合比，不少施工企业随意套用经验配合比，是造成混凝土强度不足事故最常见的原因。

商品混凝土技术在建筑行业已得到应用和普及。商品混凝土因其进度快、质量好、劳力省、消耗低、技术先进、现场整洁等诸多优点，已成为城市建筑业不可缺少的重要组成部分，越来越受到人们的欢迎，是重点推广项目。

【知识拓展】

目前我国许多城市都已采取限制现场搅拌、推广使用商品混凝土的强制性措施，有的城市甚至已经取消了预制楼板，这给商品混凝土的发展带来了大好的机遇。但是，目前使用商品混凝土施工的工程出现质量事故的现象也很多，其中最常见的问题是裂缝。由于商品混凝土具有大流动性、大砂率及较高的水泥用量，故存在混凝土表面产生裂缝、混凝土收缩值较大等问题，影响了混凝土的耐久性。

4. 墙体材料

墙体材料的强度不足、尺寸形状及体积稳定性不高等问题，会对砌体的承载力、变形等产生不利影响。

5. 外加剂

混凝土和砂浆中掺加的外加剂不当，会给其性能带来异常的作用。其掺量不适宜，也会带来不同的效果。因此，对混凝土外加剂的掺加，应特别注意其种类和掺量两个方面。

6. 防水、保温隔热及装饰材料

选用的沥青油毡柔性和韧性较差，使卷材出现裂缝，从而导致渗漏；沥青标号太低、耐热度差导致发生流淌等。保温隔热材料的密度、热导率达不到设计要求；在运输保管过程中，由于保温隔热材料受潮，湿度加大，使材料的质量加大，一方面影响建筑保温隔热功能，另一方面导致结构超载，影响结构的安全。装饰材料的质量问题很多，最常见的有：石灰膏熟化不完全，使抹灰层产生鼓包；在水泥地面中因砂子太细、含泥量太大、水泥强度等级低，很容易造成地面起灰；抹灰面未干即进行油漆作业，使漆膜起鼓或变色，抹灰面出现泛碱现象；涂刷漆料太稀，含重质颜料过多，涂漆附着力差，使漆面流坠；木装饰的材质差，含水率高，容易产生翘曲变形。

7. 钢筋混凝土制品

制品的强度尚未达到规定值就出厂。钢筋出现错位，如焊接骨架产生变形、主筋发生移位、预埋钢筋错位等。尺寸、形状、外观产生问题，如尺寸偏差超过施工验收规范的规定。构件超厚、超重，构件扭曲、翘曲、缺棱，混凝土出现蜂窝、孔洞、露筋，在预应力楼板中，由此而导致预应力值降低，影响钢筋与混凝土共同工作，降低了构件的承载能力，甚至引起楼板突然断塌。混凝土制品出现裂缝，是最常见的一种质量问题，除了影响构件的外观外，还可能影响构件的承载力和耐久性。

（四）施工质量方面的问题

1. 施工顺序方面的错误

（1）土方与基础工程。在深浅不等、间距较小的基础群施工时，采用了错误的施工顺序，先做浅基础，然后施工深基础。这样在开挖深基础土方时，破坏了浅基础的地基，当无适当的技术措施时，就容易产生问题。在已有建筑物附近施工时，缺少保护性措施。有的采用人工降低地下水位的方法，造成已有建筑物地基下沉加大。有的工程打桩振动导致原有建筑物产生裂缝。在基槽（坑）回填土工程中，往往因单侧回填引起基础倾斜，甚至造成基础断裂等质量事故。

（2）结构吊装工程。构件吊装顺序发生错误，没有及时吊装和固定支撑构件，下部构件吊装后未经认真检查校正，在误差超过规定值较大的情况下即进行最后固定，并吊装上部构件，因而造成事故。

（3）结构工程与砌墙顺序发生错误。如单层工业厂房施工时先砌墙，后现浇柱，结果墙被刮倒。先吊装柱，再砌筑砖墙，然后再吊装屋盖，这一错误的施工顺序，可能导致砖墙突然失稳倒塌，造成砸断楼板的后果。

在混合结构中，先砌墙后安装踏步板，易使墙身沿预留槽处突然倒塌。

现浇混凝土结构强度未达到拆模的要求就过早拆模。例如，悬挑雨篷的拆模时间，不仅取决于雨篷混凝土的强度，还与雨篷板梁上的压重、雨篷的稳定性有关。

预应力张拉过早或偏心张拉，可能造成构件的旁弯或裂缝；双向配筋的构件，如果不交错张拉，也易造成过大变形或裂缝。

房屋的平屋面上常采用架空隔热板，这不仅是为了改善顶层房屋的使用条件，同时对防止顶层砖墙和屋盖结构的裂缝有明显的作用，但是完成屋面防水层工程后，迟迟不进行架空隔热板的施工，使屋面受到温度的剧烈变化影响，造成屋盖结构产生较大的变形，最终导致砖墙或钢筋混凝土梁出现裂缝。

在钢筋混凝土烟囱施工中，如果在浇筑混凝土后，不及时施工内衬和隔热层，而且不封堵烟道与囱身的连接处，使空气得以在烟囱内强烈流动，促使筒壁混凝土的水分加快蒸发，也会导致筒壁产生裂缝。

2. 施工结构理论问题

（1）土方压力与边坡稳定问题，以及单侧回填问题。施工中土方大量集中堆积在已有建筑物附近，使已有建筑物产生附加的不均匀沉降、土方边坡失稳等。以上问题会造成土方塌方或滑坡。

（2）施工阶段钢筋混凝土梁、板类构件受力性质变化，极易造成构件严重裂缝。

（3）施工阶段的强度问题。现浇钢筋混凝土结构施工各阶段的强度问题，例如，成型阶段各种临时结构的可靠性、拆模时混凝土应达到的最低强度、拆模后结构承受各种荷载的强度等。装配式结构在施工各阶段的强度问题，例如，大型构件拆除底模时，混凝土应达到的最低强度、构件起吊运输的强度、构件安装后的实际强度等，这些强度如果不能满足一定的要求，均可能造成工程质量事故。砌体的施工强度问题，例如，毛石砌体如果砌筑速度过快，或一次砌筑高度过高时，因砂浆尚无强度，很容易产生垮塌；砖砌体，特别是灰砂砖砌体，如一次砌筑高度太大时，同样也会造成砌体变形。砖砌体采用冻结法施工后，在解冻期间的砌体强度也应引起足够的重视。

（4）施工阶段的稳定性问题。柱子吊装后，未设置足够的支撑而发生倒塌；有的山墙未及时施工屋盖，遇到大风而倒塌；有的地下工程用砖墙代替模板，由于施工荷载或土压力造成其失稳倒塌。

悬挑结构施工中失稳倒塌是常见的事故。

屋盖施工中失稳倒塌，有的是因为施工中临时支撑或缆风绳不足，有的是没有及时安装永久性支撑或安装后未进行最后固定，有的是屋面板或檩条未与屋架焊牢等。近几年，在山西、山东、安徽、江苏、浙江、湖南等地都发生过类似问题。

其他施工原因导致的失稳倒塌事故，例如，装配式框架支撑不足和施工顺序错误失稳倒塌；在升板工程施工中群柱失稳倒塌；在滑模工程施工中支撑杆失稳倒塌。

（5）施工荷载方面的问题。施工荷载不进行严格控制、不了解施工荷载的特点会造成工程事故。

（6）施工临时结构可靠性问题。模板及支架不按照施工规范的要求进行设计与施工，酿成工程事故。出现事故主要有两个方面的问题：一是模板构造不合理，模板构件的强度、刚度不足，往往造成混凝土出现裂缝，或产生部分破坏；二是模板的支撑构件强度、刚度不足，或整体稳定性差，往往造成模板工程的倒塌。

脚手架发生垮塌属于严重的工程事故，会造成人员伤亡和巨大经济损失。脚手架事故大多是因为稳定性不足，特别是整体稳定性差而造成的。

井架等简易提升机械倒塌，主要原因是机械设计计算错误，稳定性较差，或零件配件质量有问题。例如，缆风绳失效，井架拔杆折断，或拔杆顶上拉紧的钢丝绳断裂，或出现钢丝绳松脱等。

3. 施工技术管理问题

（1）不严格按图纸施工。包括：无图纸施工；图纸不进行会审就盲目施工；不熟悉图纸就仓促施工；不了解设计意图就盲目施工；未经设计人员同意，擅自修改设计等。

（2）不遵守施工规范的规定。包括：不遵守施工规范方面的规定；违反材料使用的有关规定；不按规定校验计量器具，例如，磅秤、电子秤没有定期进行校验，造成配料不准；

弹簧测力计没有进行检验，造成钢筋冷拉应力失控；滑模施工的千斤顶油泵油压表不按规定检验等。

（3）施工方案和技术措施不当。包括：施工方案、专项施工方案考虑不周；技术组织措施不当；缺少可行的季节性施工措施；不认真执行施工组织设计等。

（4）技术管理制度不完善。包括：不建立各级技术责任制；主要技术工作无明确的管理制度；安全技术交底存在问题。据统计，2010 年建筑生产安全事故中，高处坠落事故占总数的 48%，主要原因是安全管理不够到位造成。

（五）使用、科研与其他方面的问题

1. 使用方面的问题

使用中任意加层；荷载加大；积灰过厚；维修改造不当；受高温、腐蚀等环境影响；受碳化的影响。

2. 科研方面的问题

从科研成果到推广应用，需要长期实践过程。在推广应用的初期，科研成果并不一定成熟，存在着这样或那样的缺陷和不足。例如，门式刚架使用初期，由于对转角处的应力状况不清楚，刚架结构转角处普遍出现裂缝；由于对横梁铰接点的实际受力状态考虑不周，或铰接点短悬臂受力钢筋锚固长度不够等原因，造成横梁铰接点附近出现裂缝；对刚架受拉区未进行抗裂验算，刚架使用后普遍开裂，事后进行验算，门式刚架实际的抗裂安全系数为 0.4 ～ 0.6。

个别工程使用了进口钢筋，由于对这些进口钢材的性能研究不足，致使曾发生一些工程质量事故。

对结构内力分析研究不足。这方面的问题较多，如在砖混结构中，当大梁支撑在窗间墙上，在何种条件下不能按铰接计算，这个问题研究不够，曾发生过房屋倒塌的事故。

3. 其他方面的问题

（1）地面荷载过大。工程界曾经报道，因地面荷载过大而造成单层厂房柱严重裂缝，吊车出现卡轨，构件变形后影响使用等问题。

（2）异常环境条件。

① 大风对建筑物的影响。建筑物在施工过程中，因遇到大风天气而使建筑物倒塌的实例较多，江苏、辽宁、山西、江西、湖南等地就曾多次发生过。

② 大雪对建筑物的影响。遇到大雪天气，雪积于屋顶上，因屋盖设计标准较低，雪荷载较大，使屋盖倒塌。

③ 干燥对建筑物的影响。气候异常干燥，混凝土的早期收缩加大，施工时没有采取适当技术措施，因此产生严重裂缝的情况很多。

任务四 建筑工程施工质量检验

任务描述

小王需要制订一份全面的施工质量检验计划，确保每一个施工环节都能达到预期的质量要求，从而提高工程的整体品质，保障使用者的安全。那么他应该从何入手呢？本任务的核心在于确保建筑工程质量达到行业高水平标准，为项目的圆满交付奠定坚实可靠的基础。

任务分析

一份详细的施工质量检验计划书，包括检验批、分项工程、分部工程和单位工程的质量检验流程。本任务对建筑工程施工质量检验的基本要求，验收的分类、标准、程序和组织架构，以及常规的质量检测方法进行了详尽阐释，旨在为确保建筑工程质量提供指导与支持。

任务重点和实施

《建筑工程施工质量验收统一标准》（GB 50300—2013）重新修订后于2014年6月1日开始实施，各相关专业工程施工质量验收标准相继修订实施，如《建筑地基基础工程施工质量验收标准》（GB 50202—2018）、《混凝土结构工程施工质量验收标准》（GB 50204—2015）、《钢结构工程施工质量验收标准》（GB 50205—2020）、《砌体结构工程施工质量验收规范》（GB 50203—2011）、《建筑装饰装修工程质量验收标准》（GB 50210—2018）等。这些规范在总结了我国建筑工程施工质量验收实践经验的基础上，坚持“验评分离、强化验收、完善手段、过程控制”的指导思想，组成了工程质量验收规范体系。

该体系将建筑工程施工质量分为检验批、分项工程、分部工程、单位工程四个部分，按主控项目、一般项目进行质量验收。其中，检验批是指按同一生产条件或按规定的方式汇总起来供检验用的，由一定数量样本组成的检验体；主控项目是指建筑工程中对安全、卫生、环境保护和公众利益起决定性作用的检验项目。

一、建筑工程施工质量的基本要求

施工现场质量管理检查记录应由施工单位按表1-1填写，由总监理工程师进行检查，并做出检查结论。

1. 施工现场质量管理检查记录

表 1-1　施工现场质量管理检查记录

开工日期：

<table>
<tr><td>工程名称</td><td colspan="2"></td><td colspan="2">施工许可证号</td><td></td></tr>
<tr><td>建设单位</td><td colspan="2"></td><td colspan="2">项目负责人</td><td></td></tr>
<tr><td>设计单位</td><td colspan="2"></td><td colspan="2">项目负责人</td><td></td></tr>
<tr><td>监理单位</td><td colspan="2"></td><td colspan="2">总监理工程师</td><td></td></tr>
<tr><td>施工单位</td><td></td><td>项目负责人</td><td></td><td>项目技术负责人</td><td></td></tr>
<tr><td>序号</td><td colspan="3">项目</td><td colspan="2">主要内容</td></tr>
<tr><td>1</td><td colspan="3">项目部质量管理体系</td><td colspan="2"></td></tr>
<tr><td>2</td><td colspan="3">现场质量责任制</td><td colspan="2"></td></tr>
<tr><td>3</td><td colspan="3">主要专业工种操作岗位证书</td><td colspan="2"></td></tr>
<tr><td>4</td><td colspan="3">分包单位管理制度</td><td colspan="2"></td></tr>
<tr><td>5</td><td colspan="3">图纸会审记录</td><td colspan="2"></td></tr>
<tr><td>6</td><td colspan="3">地质勘查资料</td><td colspan="2"></td></tr>
<tr><td>7</td><td colspan="3">施工技术标准</td><td colspan="2"></td></tr>
<tr><td>8</td><td colspan="3">施工组织设计、施工方案编制及审批</td><td colspan="2"></td></tr>
<tr><td>9</td><td colspan="3">物资采购管理制度</td><td colspan="2"></td></tr>
<tr><td>10</td><td colspan="3">施工设施和机械设备管理制度</td><td colspan="2"></td></tr>
<tr><td>11</td><td colspan="3">计量设备配备</td><td colspan="2"></td></tr>
<tr><td>12</td><td colspan="3">检测试验管理制度</td><td colspan="2"></td></tr>
<tr><td>13</td><td colspan="3">工程质量检查验收制度</td><td colspan="2"></td></tr>
<tr><td>14</td><td colspan="3"></td><td colspan="2"></td></tr>
<tr><td colspan="4">自检结果：

施工单位项目负责人：　　　年　月　日</td><td colspan="2">检查结论：

总监理工程师：　　　年　月　日</td></tr>
</table>

2. 建筑工程施工质量的要求

（1）建筑工程施工质量应符合《建筑工程施工质量验收统一标准》（GB 50300—2013）和相关专业验收规范的规定。

（2）建筑工程施工应符合工程勘查设计文件的要求。

（3）参加工程施工质量验收的各方人员应具备规定的资格。

（4）工程质量的验收均应在施工单位自行检查评定的基础上进行。

（5）隐蔽工程在隐蔽以前应由施工单位通知有关单位进行验收，并应形成验收文件。

（6）涉及结构安全的试块、试件以及有关材料，应按规定进行见证取样检测。

（7）检验批的质量应按主控项目和一般项目验收。

（8）对涉及结构安全和使用功能的重要分部工程应进行抽样检测。

（9）承担见证取样检测及有关结构安全检测的单位应具有相应资质。

（10）工程的观感质量应由验收人员现场检查，并应共同确认。

二、工程质量验收的划分

随着我国经济的发展和施工技术的进步，现代工程项目建设规模不断扩大，项目工程更加复杂，涌现了大量具有综合使用功能的建筑物，几万平方米的建筑物比比皆是，十几万平方米的建筑物也屡见不鲜。这些建筑物的施工周期一般较长，受多种因素的影响，诸如后期建设资金不足，部分停缓建，已建成部分可以投入使用，以发挥投资的效益；投资者为追求最大的投资效益，在建设期间，需要将其中的一部分提前建成使用；规模特别大的工程一次性验收也不方便等。因此可将此类工程划分成若干个单位工程、子单位工程进行验收。另外，随着人们生活水平的提高，建筑物的内部设施也越来越多样化，新材料的大量涌现以及施工工艺、技术的发展使分项工程越来越多，故将相近的工作内容和系统划分成若干个分部工程、子分部工程、检验批，更有利于正确评价工程质量和进行验收。建筑工程质量验收应划分为单位（子单位）工程、分部（子分部）工程、分项工程和检验批。

1. 单位工程的划分

单位工程的划分，具体如下：

（1）具备独立施工条件并能形成独立使用功能的建筑物或构筑物为一个单位工程。

（2）建筑规模较大的单位工程，可将其形成独立使用功能的部分作为一个子单位工程。

2. 分部工程的划分

（1）分部工程的划分应按专业性质、建筑部位确定。

（2）当分部工程较大或较复杂时，可按材料种类、施工特点、施工程序、专业系统及类别等划分为若干子分部工程。

3. 分项工程的划分

分项工程应按主要工种、材料、施工工艺、设备类别等进行划分。分项工程可由一个或若干个检验批组成，检验批是按同一生产条件或规定方式汇总起来供检验用的，由一定数量样本组成的检验体，可根据施工及质量控制和专业验收需要按楼层、施工段、变形缝等进行划分。

分部工程（子分部工程）、分项工程可按表 1–2 采用。室外子单位工程、分部工程、分项工程可按表 1–3 采用。

表 1–2　建筑工程分部工程、分项工程的划分

序号	分部工程	子分部工程	分项工程
1	地基与基础	土方	土方开挖，土方回填，场地平整
		基坑支护	灌注桩排桩围护墙，重力式挡土墙，板桩围护墙，型钢水泥土搅拌墙，土钉墙与复合土钉墙，地下连续墙，咬合桩围护墙，沉井与沉箱，钢或混凝土支撑，锚杆（索），与主体结构相结合的基坑支护，降水与排水

续表 1

序号	分部工程	子分部工程	分项工程
1	地基与基础	地基处理	素土、灰土地基，砂和砂石地基，土工合成材料地基，粉煤灰地基，强夯地基，注浆加固地基，预压地基，振冲地基，高压喷射注浆地基，水泥土搅拌桩地基，土和灰土挤密桩地基，水泥粉煤灰碎石桩地基，夯实水泥土桩地基，砂桩地基
		桩基础	先张法预应力管桩，钢筋混凝土预制桩，钢桩，泥浆护壁混凝土灌注桩，长螺旋钻孔压灌桩，沉管灌注桩，干作业成孔灌注桩，锚杆静压桩
		混凝土基础	模板，钢筋，混凝土，预应力，现浇结构，装配式结构
		砌体基础	砖砌体，混凝土小型空心砌块砌体，石砌体，配筋砌体
		钢结构基础	钢结构焊接，紧固件连接，钢结构制作，钢结构安装，防腐涂料涂装
		钢管混凝土结构基础	构件进场验收，构件现场拼装，柱脚锚固，构件安装，柱与混凝土梁连接，钢管内钢筋骨架，钢管内混凝土浇筑
		型钢混凝土结构基础	型钢焊接，紧固件连接，型钢与钢筋连接，型钢构件组装及预拼装，型钢安装，模板，混凝土
		地下防水	主体结构防水，细部构造防水，特殊施工法结构防水，排水，注浆
2	主体结构	混凝土结构	模板，钢筋，混凝土，预应力，现浇结构，装配式结构
		砌体结构	砖砌体，混凝土小型空心砌块砌体，石砌体，配筋砌体，填充墙砌体
		钢结构	钢结构焊接，紧固件连接，钢零部件加工，钢构件组装及预拼装，单层钢结构安装，多层及高层钢结构安装，钢管结构安装，预应力钢索和膜结构，压型金属板，防腐涂料涂装，防火涂料涂装
		钢管混凝土结构	构件现场拼装，构件安装，柱与混凝土梁连接，钢管内钢筋骨架，钢管内混凝土浇筑
		型钢混凝土结构	型钢焊接，紧固件连接，型钢与钢筋连接，型钢构件组装及预拼装，型钢安装，模板，混凝土
		铝合金结构	铝合金焊接，紧固件连接，铝合金零部件加工，铝合金构件组装，铝合金构件预拼装，铝合金框架结构安装，铝合金空间网格结构安装，铝合金面板，铝合金幕墙结构安装，防腐处理
		木结构	方木和原木结构，胶合木结构，轻型木结构，木结构防护
3	建筑装饰装修	建筑地面	基层铺设，整体面层铺设，板块面层铺设，木、竹面层铺设
		抹灰	一般抹灰，保温层薄抹灰，装饰抹灰，清水砌体勾缝
		外墙防水	外墙砂浆防水，涂膜防水，透气膜防水
		门窗	木门窗安装，金属门窗安装，塑料门窗安装，特种门安装，门窗玻璃安装
		吊顶	整体面层吊顶，板块面层吊顶，格栅吊顶
		轻质隔墙	板材隔墙，骨架隔墙，活动隔墙，玻璃隔墙
		饰面板	石板安装，陶瓷板安装，木板安装，金属板安装，塑料板安装
		饰面砖	外墙饰面砖粘贴，内墙饰面砖粘贴
		幕墙	玻璃幕墙安装，金属幕墙安装，石材幕墙安装，陶板幕墙安装
		涂饰	水性涂料涂饰，溶剂型涂料涂饰，美术涂饰
		裱糊与软包	裱糊，软包
		细部	橱柜制作与安装，窗帘盒和窗台板制作与安装，门窗套制作与安装，护栏和扶手制作与安装，花饰制作与安装

续表 2

序号	分部工程	子分部工程	分项工程
4	屋面	基层与保护	找坡层和找平层，隔汽层，隔离层，保护层
		保温与隔热	板状材料保温层，纤维材料保温层，喷涂硬泡聚氨酯保温层，现浇泡沫混凝土保温层，种植隔热层，架空隔热层，蓄水隔热层
		防水与密封	卷材防水层，涂膜防水层，复合防水层，接缝密封防水层
		瓦面与板面	烧结瓦和混凝土瓦铺装，沥青瓦铺装，金属板铺装，玻璃采光顶铺装
		细部构造	檐口，檐沟和天沟，女儿墙和山墙，水落口，变形缝，伸出屋面管道，屋面出入口，反梁过水孔，设施基座，屋脊，屋顶窗
5	建筑给水排水及采暖	室内给水系统	给水管道及配件安装，给水设备安装，室内消火栓系统安装，消防喷淋系统安装，防腐，绝热，管道冲洗、消毒，试验与调试
		室内排水系统	排水管道及配件安装，雨水管道及配件安装，防腐，试验与调试
		室内热水系统	管道及配件安装，辅助设备安装，防腐，绝热，试验与调试
		卫生器具	卫生器具安装，卫生器具给水配件安装，卫生器具排水管道安装，试验与调试
		室内供暖系统	管道及配件安装，辅助设备安装，散热器安装，低温热水地板辐射供暖系统安装，电加热供暖系统安装，燃气红外辐射供暖系统安装，热风供暖系统安装，热计量及调控装置安装，试验与调试，防腐，绝热
		室外给水管网	给水管道安装，室外消火栓系统安装，试验与调试
		室外排水管网	排水管道安装，排水管沟与井池，试验与调试
		室外供热管网	管道及配件安装，系统水压试验，系统调试，防腐，绝热，试验与调试
		室外二次供热管网	管道及配管安装，土建结构，防腐，绝热，试验与调试
		建筑饮用水供应系统	管道及配件安装，水处理设备及控制设施安装，防腐，绝热，试验与调试
		建筑中水系统及雨水利用系统	建筑中水系统、雨水利用系统管道及配件安装，水处理设备及控制设施安装，防腐，绝热，试验与调试
		游泳池及公共浴池水系统	管道及配件系统安装，水处理设备及控制设施安装，防腐，绝热，试验与调试
		水景喷泉系统	管道系统及配件安装，防腐，绝热，试验与调试
		热源及辅助设备	锅炉安装，辅助设备及管道安装，安全附件安装，换热站安装，防腐，绝热，试验与调试
		检测与控制仪表	检测仪器及仪表安装，试验与调试
6	通风与空调	送风系统	风管与配件制作，部件制作，风管系统安装，风机与空气处理设备安装，风管与设备防腐，系统调试，旋流风口、岗位送风口、织物（布）风管安装
		排风系统	风管与配件制作，部件制作，风管系统安装，风机与空气处理设备安装，风管与设备防腐，系统调试，吸风罩及其他空气处理设备安装，厨房、卫生间排风系统安装
		防排烟系统	风管与配件制作，部件制作，风管系统安装，风机与空气处理设备安装，风管与设备防腐，系统调试，排烟风阀（口）、常闭正压风口、防火风管安装

续表 3

序号	分部工程	子分部工程	分项工程
6	通风与空调	除尘系统	风管与配件制作，部件制作，风管系统安装，风机与空气处理设备安装，风管与设备防腐，系统调试，除尘器与排污设备安装，吸尘罩安装，高温风管绝热
		舒适性空调系统	风管与配件制作，部件制作，风管系统安装，风机与空气处理设备安装，风管与设备防腐，系统调试，组合式空调机组安装，消声器、静电除尘器、换热器、紫外线灭菌器等设备安装，风机盘管、VAV 与 UFAD 地板送风装置、射流喷口等末端设备安装，风管与设备绝热
		恒温恒湿空调系统	风管与配件制作，部件制作，风管系统安装，风机与空气处理设备安装，风管与设备防腐，系统调试，组合式空调机组安装，电加热器、加湿器等设备安装，精密空调机组安装，风管与设备绝热
		净化空调系统	风管与配件制作，部件制作，风管系统安装，风机与空气处理设备安装，风管与设备防腐，系统调试，净化空调机组安装，消声器、静电除尘器、换热器、紫外线灭菌器等设备安装，中、高效过滤器及风机过滤器单元（FFU）等末端设备清洗与安装，洁净度测试，风管与设备绝热
		地下人防通风系统	风管与配件制作，部件制作，风管系统安装，风机与空气处理设备安装，风管与设备防腐，系统调试，风机与空气处理设备安装，过滤吸收器、防爆波活门、防爆超压排气活门等专用设备安装
		真空吸尘系统	风管与配件制作，部件制作，风管系统安装，风机与空气处理设备安装，风管与设备防腐，管道安装，快速接口安装，风机与滤尘设备安装，系统压力试验及调试
		冷凝水系统	管道系统及部件安装，水泵及附属设备安装，管道、设备防腐与绝热，管道冲洗与管内防腐，系统灌水渗漏及排放试验
		空调（冷、热）水系统	管道系统及部件安装，水泵及附属设备安装，管道、设备防腐与绝热，管道冲洗与管内防腐，系统压力试验及调试，板式热交换器，辐射板及辐射供热、供冷地埋管，热泵机组设备安装
		冷却水系统	管道系统及部件安装，水泵及附属设备安装，管道、设备防腐与绝热，管道冲洗与管内防腐，系统压力试验及调试，冷却塔与水处理设备安装，防冻伴热设备安装
		土壤源热泵换热系统	管道系统及部件安装，水泵及附属设备安装，管道、设备防腐与绝热，管道冲洗与管内防腐，系统压力试验及调试，埋地换热系统与管网安装
		水源热泵换热系统	管道系统及部件安装，水泵及附属设备安装，管道、设备防腐与绝热，管道冲洗与管内防腐，系统压力试验及调试，地表水源换热管及管网安装，除垢设备安装
		蓄能系统	管道系统及部件安装，水泵及附属设备安装，管道、设备防腐与绝热，管道冲洗与管内防腐，系统压力试验及调试，蓄水罐与蓄冰槽、罐安装
		压缩式制冷（热）设备系统	制冷机组及附属设备安装，管道、设备防腐与绝热，系统压力试验及调试，制冷剂管道及部件安装，制冷剂灌注
		吸收式制冷设备系统	制冷机组及附属设备安装，管道、设备防腐与绝热，试验及调试，系统真空试验，溴化锂溶液加灌，蒸汽管道系统安装，燃气或燃油设备安装
		多联机（热泵）空调系统	室外机组安装，室内机组安装，制冷剂管路连接及控制开关安装，风管安装，冷凝水管道安装，制冷剂灌注，系统压力试验及调试

续表 4

序号	分部工程	子分部工程	分项工程
6	通风与空调	太阳能供暖空调系统	太阳能集热器安装，其他辅助能源、换热设备安装，蓄能水箱、管道及配件安装，系统压力试验及调试，防腐，绝热，低温热水地板辐射采暖系统安装
		设备自控系统	温度、压力与流量传感器安装，执行机构安装调试，防排烟系统功能测试，自动控制及系统智能控制软件调试
7	建筑电气	室外电气	变压器、箱式变电所安装，成套配电柜、控制柜（屏、台）和动力、照明配电箱（盘）及控制柜安装，梯架、托盘和槽盒安装，导管敷设，电缆敷设，管内穿线和槽盒内敷线，电缆头制作，导线连接，线路绝缘测试，普通灯具安装，专用灯具安装，建筑照明通电试运行，接地装置安装
		变配电室	变压器、箱式变电所安装，成套配电柜、控制柜（屏、台）和动力、照明配电箱（盘）安装，母线槽安装，梯架、托盘和槽盒安装，电缆敷设，电缆头制作，导线连接，线路电气试验，接地装置安装，接地干线敷设
		供电干线	电气设备试验和试运行，母线槽安装，梯架、托盘和槽盒安装，导管敷设，电缆敷设，管内穿线和槽盒内敷线，电缆头制作，导线连接，线路绝缘测试，接地干线敷设
		电气动力	成套配电柜、控制柜（屏、台）和动力、照明配电箱（盘）安装，电动机、电加热器及电动执行机构检查接线，电气设备试验和试运行，梯架、托盘和槽盒安装，导管敷设，电缆敷设，管内穿线和槽盒内敷线，电缆头制作，导线连接，线路绝缘测试，开关、插座、风扇安装
		电气照明	成套配电柜、控制柜（屏、台）和动力、照明配电箱（盘）安装，梯架、托盘和槽盒安装，导管敷设，管内穿线和槽盒内敷线，塑料护套线直敷布线，钢索配线，电缆头制作，导线连接，线路绝缘测试，普通灯具安装，专用灯具安装，开关、插座、风扇安装，建筑照明通电试运行
		备用和不间断电源	成套配电柜、控制柜（屏、台）和动力、照明配电箱（盘）安装，柴油发电机组安装，不间断电源装置（UPS）及应急电源装置（EPS）安装，母线槽安装，导管敷设，电缆敷设，管内穿线和槽盒内敷线，电缆头制作，导线连接，线路绝缘测试，接地装置安装
		防雷及接地	接地装置安装，避雷引下线及接闪器安装，建筑物等电位连接
8	智能建筑	智能化集成系统	设备安装，软件安装，接口及系统调试，试运行
		信息接入系统	安装场地检查
		用户电话交换系统	线缆敷设，设备安装，软件安装，接口及系统调试，试运行
		信息网络系统	计算机网络设备安装，计算机网络软件安装，网络安全设备安装，网络安全软件安装，系统调试，试运行
		综合布线系统	梯架、托盘、槽盒和导管安装，线缆敷设，机柜、机架、配线架安装，信息插座安装，链路或信道测试，软件安装，系统调试，试运行
		移动通信室内信号覆盖系统	安装场地检查
		卫星通信系统	安装场地检查

续表 5

序号	分部工程	子分部工程	分项工程
8	智能建筑	有线电视及卫星电视接收系统	梯架、托盘、槽盒和导管安装，线缆敷设，设备安装，软件安装，系统调试，试运行
		公共广播系统	梯架、托盘、槽盒和导管安装，线缆敷设，设备安装，软件安装，系统调试，试运行
		会议系统	梯架、托盘、槽盒和导管安装，线缆敷设，设备安装，软件安装，系统调试，试运行
		信息导引及发布系统	梯架、托盘、槽盒和导管安装，线缆敷设，显示设备安装，机房设备安装，软件安装，系统调试，试运行
		时钟系统	梯架、托盘、槽盒和导管安装，线缆敷设，设备安装，软件安装，系统调试，试运行
		信息化应用系统	梯架、托盘、槽盒和导管安装，线缆敷设，设备安装，软件安装，系统调试，试运行
		建筑设备监控系统	梯架、托盘、槽盒和导管安装，线缆敷设，传感器安装，执行器安装，控制器（箱）安装，中央管理工作站和操作分站设备安装，软件安装，系统调试，试运行
		火灾自动报警系统	梯架、托盘、槽盒和导管安装，线缆敷设，探测器类设备安装，控制器类设备安装，其他设备安装，软件安装，系统调试，试运行
		安全技术防范系统	梯架、托盘、槽盒和导管安装，线缆敷设，设备安装，软件安装，系统调试，试运行
		应急响应系统	设备安装，软件安装，系统调试，试运行
		机房	供配电系统，防雷与接地系统，空气调节系统，给水排水系统，综合布线系统，监控与安全防范系统，消防系统，室内装饰装修，电磁屏蔽，系统调试，试运行
		防雷与接地	接地装置，接地线，等电位连接，屏蔽设施，电涌保护器，线缆敷设，系统调试，试运行
9	建筑节能	围护系统节能	墙体节能，幕墙节能，门窗节能，屋面节能，地面节能
		供暖空调设备及管网节能	供暖节能，通风与空调设备节能，空调与供暖系统冷热源节能，空调与供暖系统管网节能
		电气动力节能	配电节能，照明节能
		监控系统节能	监测系统节能，控制系统节能
		可再生能源	地源热泵系统节能，太阳能光热系统节能，太阳能光伏节能
10	电梯	电力驱动的曳引式或强制式电梯	设备进场验收，土建交接检验，驱动主机，导轨，门系统，轿厢，对重，安全部件，悬挂装置，随行电缆，补偿装置，电气装置，整机安装
		液压电梯	设备进场验收，土建交接检验，液压系统，导轨，门系统，轿厢，对重，安全部件，悬挂装置，随行电缆，电气装置，整机安装
		自动扶梯、自动人行道	设备进场验收，土建交接检验，整机安装

表 1–3　室外工程的划分

子单位工程	分部工程	分项工程
室外设施	道路	路基，基层，面层，广场与停车场，人行道，人行地道，挡土墙，附属构筑物
	边坡	土石方，挡土墙，支护
附属建筑及室外环境	附属建筑	车棚，围墙，大门，挡土墙
	室外环境	建筑小品，亭台，水景，连廊，花坛，场坪绿化，景观桥

三、建筑工程质量验收标准

（一）检验批质量验收标准

（1）主控项目和一般项目的质量抽样检验合格。

（2）具有完整的施工操作依据、质量检验记录。

（二）分项工程质量验收标准

（1）分项工程所含的检验批均应符合合格质量的规定。

（2）分项工程所含的检验批的质量验收记录应完整。

（三）分部（子分部）工程质量验收标准

（1）分部（子分部）工程所含分项工程的质量均应验收合格。

（2）质量控制资料应完整。

（3）地基与基础、主体结构和设备安装等分部工程有关安全及功能的检验和抽样检测结果应符合有关规定。

（4）观感质量验收应符合要求。

（四）单位（子单位）工程质量验收标准

（1）单位（子单位）工程所含分部（子分部）工程的质量均应验收合格。

（2）质量控制资料应完整。

（3）单位（子单位）工程所含分部工程有关安全和功能的检测资料应完整。

（4）主要功能项目的抽查结果应符合相关专业质量验收规范的规定。

（5）观感质量验收应符合要求。

当工程质量不符合要求时，应按以下规定进行处理：经返工重做或更换器具、设备的检验批，应重新进行验收；经有资质的检测单位检测鉴定能够达到设计要求的检验批，应予以验收；经有资质的检测单位检测鉴定达不到设计要求，但经原设计单位核算认可能够满足结构安全和使用功能的检验批，可予以验收；经返工或加固处理的分项、分部工程，虽然改变外形尺寸但仍能满足安全使用要求，可按技术处理方案和协商文件进行验收；通过返修或加固处理仍不能满足安全使用要求的分部工程、单位（子单位）工程，严禁验收。

四、建筑工程质量验收程序和组织

1. 检验批及分项工程验收流程

检验批及分项工程应由监理工程师（建设单位技术负责人）组织施工单位项目专业质量（技术）负责人等进行验收。

2. 分部工程验收组织及参与人员

分部工程应由总监理工程师（建设单位负责人）组织施工单位项目负责人和技术、质量负责人等进行验收；地基与基础、主体结构分部工程的勘查、设计单位工程项目负责人和施工单位技术、质量部门负责人也应参加相关分部工程验收。

3. 单位工程完工后的自检与报告提交

单位工程完工后，施工单位应自行组织有关人员进行检查评定，并向建设单位提交工程验收报告。

4. 单位（子单位）工程验收的组织与流程

建设单位收到工程验收报告后，应由建设单位（项目）负责人组织施工（含分包单位）、设计、监理等单位（项目）负责人进行单位（子单位）工程验收。

5. 分包单位施工的质量验收与资料交接

单位工程有分包单位施工时，分包单位对所承包的工程项目应按上述规定的程序检查评定，总包单位应派人参加。分包工程完成后，应将工程有关资料交总包单位。

6. 验收意见不一致时的协调处理

当参加验收各方对工程质量验收意见不一致时，可请当地建设行政主管部门或工程质量监督机构协调处理。

7. 单位质量验收合格后的备案流程

单位质量验收合格后，建设单位应在规定时间内将工程竣工验收报告和有关文件，报建设行政管理部门备案。

五、常用质量检测方法

当建筑物发生质量事故后，为了正确分析事故发生的原因，为事故鉴定提供公正客观的技术依据，同时为建筑结构的修复、加固提供可靠的保证，通常有必要对发生事故的结构或构件进行检测。检测内容通常包括外观检查、强度检测及内部缺陷检测等。

外观检查包括构件的平直度、偏离轴线的差值、尺寸准确度、表面缺陷（如混凝土结构中的构件表面有无蜂窝、麻面、露筋，砌体结构的接槎情况，钢结构的焊缝表面缺陷等）。

强度检测及内部缺陷检测通常包括材料强度、构件承载力、钢筋配置情况等。常用的检验方法有回弹法（表面硬度法）、拔出法、超声波法、冲击反射波法和红外线法等。

任务五 建筑工程质量事故处理的步骤

任务描述

你和你的团队成员负责一个施工现场，你们将共同学习和实践建筑工程质量事故处理的相关知识和技能，以确保在发生工程质量事故时能够迅速有效地进行处理，减少事故带来的损失，提高工程质量管理水平。在这个任务中，你需要制订一份全面的质量事故处理预案，以提高应对工程质量事故的能力。

任务分析

一旦发生工程质量事故，应立即启动事故处理预案，确保及时有效地解决问题。通过本任务的了解，学生可以更好地理解建筑工程质量事故处理的全过程，以及在事故处理过程中如何正确地处理法律责任问题。这对于确保事故得到有效处理、预防事故再次发生以及提高工程安全水平都具有重要意义。

任务重点和实施

建筑工程质量事故在建筑工程设计施工中经常发生，一旦出现就会造成人民群众生命安全和企业的经济、声誉的巨大损失。我国制订了一系列有关建筑设计施工方面的法律法规，建立起了一整套建筑工程质量事故处理的管理程序，对于发生的建筑施工质量安全事故的责任单位和责任人进行严肃处理、追究、惩罚，以便吸取教训，保证对建筑行业行为规范的约束和管理。

一、建筑工程事故处理的程序和步骤

（一）事故情况上报

《生产安全事故报告和调查处理条例》规定：在事故发生后，事故现场有关人员应当立即向本单位负责人报告，单位负责人接到报告后，应当于一小时之内向事故发生地县级以上人民政府安全生产监督管理部门和负有安全生产监督管理职责的有关部门报告。

情况紧急时，事故现场有关人员可以直接向事故发生地县级以上人民政府安全生产监督管理部门报告。安全生产监督管理部门和负有安全生产监督管理职责的有关部门接到事故报告后，应当依照规定向上一级部门上报事故情况，并通知公安机关、劳动保障行政部门、工会和人民检察院。

上报内容包括：

（1）事故发生的时间、地点、事故现场、伤亡人数等基本情况及所采取的应急措施。

（2）与事故有关的工程情况、施工单位情况、事故责任人情况。

（3）事故原因初步推断。

（二）事故上报级别

（1）特别重大事故、重大事故逐级上报至国务院安全生产监督管理部门和负有安全生产监督管理职责的有关部门。

（2）较大事故逐级上报至省、自治区、直辖市人民政府安全生产监督管理部门和负有安全生产监督管理职责的有关部门。

（3）一般事故上报至地区的市级人民政府安全生产监督管理部门和负有安全生产监督管理职责的有关部门。

安全生产监督管理部门和负有安全生产监督管理职责的有关部门，可以逐级上报事故情况，也可以越级上报事故情况，每级上报的时间不得延误超过两小时。

（三）组织抢救及妥善处理现场

事故发生单位负责人接到事故报告后，应当立即启动事故相应应急预案或者采取有效措施组织抢救，防止事故扩大，减少人员伤亡和财产损失，应做好书面记录，妥善保护现场的重要痕迹物证。

安全生产监督管理部门和负有安全生产监督管理职责的有关部门应当建立值班制度，并向社会公布值班电话，受理事故报告和举报。

（四）对事故进行调查

事故调查是事故处理的基础和依据。事故发生后，应尽快成立调查组对事故原因进行调查。

1. 事故调查级别

特别重大事故由国务院或国务院授权有关部门组织事故调查组进行调查。重大事故、较大事故、一般事故分别由事故发生地省级人民政府、设区的市级人民政府、县级人民政府负责调查。省级人民政府、设区的市级人民政府、县级人民政府可以直接组织事故调查组进行调查，也可以授权或者委托有关部门组织事故调查组进行调查。未造成人员伤亡的一般事故，县级人民政府也可以委托事故发生单位组织事故调查组进行调查。特别重大事故以下等级事故，事故发生地与事故发生单位不在同一个县级以上行政区域的，由事故发生地人民政府负责调查，事故发生单位所在地人民政府应当派人参加事故调查。

2. 调查组人员组成

调查组人员的组成，应该根据事故的具体情况，由有关人民政府、安全生产监督管理部门、负有安全生产监督管理职责的有关部门监察机关、公安机关及工会派人组成，并应当邀请人民检察院派人参加。

调查组可以聘请有关专家参与调查，成员应当具有事故调查所需要的知识和专长，并与所调查的事故没有直接利害关系。事故调查组组长由负责事故调查的人民政府指定事故调查组组长主持事故调查组的工作。

事故发生后要进行调查和处理，尤其是重大事故，事故处理涉及多方面因素，因此要排除各种因素的干扰，以事实为依据，秉承公平、公正、公开的原则进行。

3. 调查人员职责

（1）查明事故发生的原因、经过、人员伤亡情况及直接经济损失。

（2）认定事故的性质和事故责任。

（3）提出对事故责任者的处理意见。

（4）总结事故教训，提出防范和整改措施。

（5）提交事故调查报告。

事故调查组有权向有关单位和个人了解与事故有关的情况，并要求其提供相关文件资料。事故发生单位的负责人和有关人员在事故调查期间不得擅离职守，并应当随时接受事故调查组的询问，如实提供有关情况。事故调查中发现涉嫌犯罪的，事故调查组应当及时将有关材料或者其复印件移交司法机关处理。

事故调查中需要进行技术鉴定的，事故调查组可以委托具有国家规定资质的单位进行技术鉴定，也可以直接组织专家进行技术鉴定。技术鉴定所需要的时间不计入事故调查期限。

事故调查组应当自事故发生之日起60天内提交事故调查报告。特殊情况下，经负责事故调查的人民政府批准，提交事故调查报告的期限可以适当延长，但延长的期限最长不得超过60天。

事故调查报告应当附有相关证明材料。事故调查组成员应当在事故调查报告上签名。

事故调查报告送负责事故调查的人民政府后，事故调查工作即告结束。事故调查的有关资料应当归档保存。

4. 事故调查内容

（1）基本情况调查。初步分析事故发生的原因，确定进一步调查和测试的项目基本情况。调查包括对建筑物的勘测、设计和施工资料的收集。在对事故现场进行调查及对相关人员进行访问时，为了避免发生调查问题的遗漏，提高调查工作的效率，要提前列好调查计划和提纲等，做好调查工作的前期准备。

（2）结构及材料检测。在初步调查的基础上进行深入调查和测试工作，甚至需要做模拟实验。包括以下几个方面的内容。

① 地基基础补充勘测。对不能确定的地层剖面和地基应进行补充勘测。例如，装机前要进行检测，查看是否有断桩、孔洞等不良缺陷。

② 材料检测。建筑物中所用材料，如水泥、钢材、焊条、砌块等可抽样复查，对混凝土可采用回弹法、声波法、取芯法等，测定构件中的混凝土实际强度。对钢筋的检验，可取少量样品进行化学成分分析和强度试验。

③ 建筑物表面缺陷观测。对结构表面的裂缝，测量其宽度、长度和深度，并绘制裂缝分布图。

④ 结构内部缺陷检查。可采用锤击法、超声、探伤仪、声波发射仪器等检查构建内部的孔洞、裂纹等缺陷；可采用钢筋探测仪测定钢筋的位置、直径和数量，对于砌体结构应检查砂浆饱满度、切体、搭接错缝情况等。

⑤ 模型试验或现场加载试验，通过试验检查结构或构件的实际承载力。

（3）复合分析。在一般调查及实际测试的基础上，选择有代表性的或初步判断有问题的构件进行复核计算。按构件的实际强度、断面实际尺寸、结构、实际所受荷载和外加作用等，根据工程实际情况选取合理的计算简图，按照相关规定和规范进行复核计算。

（4）专家会商。在调查测试和分析的基础上，可召开专家会议进行会商，对事故发生原因进行认真分析、讨论，然后得出结论。在会商过程中，专家应听取与事故有关单位人员的申诉和答辩，综合各方面意见后给出最后的结论。

（5）事故调查报告。调查报告是处理事故的依据，必须客观、真实，以规范、规程为准绳，以科学分析为基础，报告要准确可靠、重点突出、抓住要害。

事故调查报告的内容包括：

① 事故发生单位概况。

② 事故发生的时间、地点及事故现场情况。

③ 事故的简要经过。

④ 事故已经造成或者可能造成的伤亡人数（包括下落不明的人数）和初步估计的直接经济损失。

⑤ 已经采取的措施。

⑥ 其他应当报告的情况。若事故调查报告公布后出现新的情况，应当及时补报。自事故发生之日起 30 天内，事故造成的伤亡人数发生变化的，应当及时补报。道路交通事故、火灾事故自发生之日起 7 天内，事故造成的伤亡人数发生变化的，应当及时补报。

二、事故处理与法律责任

有关机关应当按照人民政府的批复，按照法律、行政法规规定的权限和程序，对事故发生单位和有关人员进行行政处罚，对负有事故责任的国家工作人员进行处分。事故发生单位应当按照负责事故调查的人民政府的批复，对本单位负有事故责任的人员进行处理，负有事故责任的人员涉嫌犯罪的，依法追究刑事责任。

（一）事故处理与法律责任

对重大事故、较大事故、一般事故，负责事故调查的人民政府应当自收到事故调查报告之日起 15 天内做出批复。对特别重大事故，负责事故调查的人民政府应当自收到事故调查报告之日起 30 天内做出批复。特殊情况下，批复时间可以适当延长，但延长的时间最长不超过 30 天。

有关机关应当按照人民政府的批复，按照法律、行政法规规定的权限和程序，对事故发生单位和有关人员进行行政处罚，对负有事故责任的国家工作人员进行处分。事故发生单位应当按照负责事故调查的人民政府的批复，对本单位负有事故责任的人员进行处理，负有事故责任的人员涉嫌犯罪的，依法追究刑事责任。

事故发生单位的主要负责人有下列行为之一的，处上一年年收入 40% ~ 80% 的罚款；属于国家工作人员的，并依法给予处分；构成犯罪的，依法追究刑事责任。

（1）不立即组织事故抢救的。

（2）迟报或者漏报事故的。

（3）在事故调查处理期间擅离职守的。

事故发生单位及其有关人员有下列行为之一的，对事故发生单位处 100 万元以上 500 万元以下的罚款；对主要负责人、直接负责的主管人员和其他直接负责人员处上一年年收入 60% ~ 100% 的罚款；属于国家工作人员的，并依法给予处分；构成违反治安管理行为的，由公安机关依法给予治安管理处罚；构成犯罪的，依法追究刑事责任。

（1）谎报或者瞒报事故的。

（2）伪造或者故意破坏事故现场的。

（3）转移、隐匿资金、财产或者销毁有关证据资料的。

（4）拒绝接受调查或者拒绝提供有关情况和资料的。

（5）在事故调查中作伪证，或者指使他人作伪证的。

（6）事故发生后逃匿的。

事故发生单位对事故发生负有责任的，通常是依照事故轻重程度对单位处以以下规定的罚款。

（1）发生一般事故的，处 10 万元以上 20 万元以下的罚款。

（2）发生较大事故的，处 20 万元以上 50 万元以下的罚款。

（3）发生重大事故的，处 50 万元以上 200 万元以下的罚款。

（4）发生特别重大事故的，处 200 万元以上 500 万元以下的罚款。

事故发生单位主要负责人未依法履行安全生产管理职责，导致事故发生的，依照事故轻重程度对单位主要负责人处以下列规定的罚款；属于国家工作人员的，并依法给予处分；构成犯罪的，依法追究刑事责任。

（1）发生一般事故的，处上一年年收入 30% 的罚款。

（2）发生较大事故的，处上一年年收入 40% 的罚款。

（3）发生重大事故的，处上一年年收入 60% 的罚款。

（4）发生特别重大事故的，处上一年年收入 80% 的罚款。

有关地方人民政府、安全生产监督管理部门和负有安全生产监督管理职责的有关部门有下列行为之一的，对直接负责的主管人员和其他直接负责人员依法给予处分；构成犯罪的，依法追究刑事责任。

（1）不立即组织事故抢救的。

（2）迟报、漏报、谎报或者瞒报事故的。

（3）阻碍、干涉事故调查工作的。

（4）在事故调查中作伪证或者指使他人作伪证的。

事故发生单位对事故发生负有责任的，由有关部门依法暂扣或者吊销其有关证照，对事故发生单位负有事故责任的有关人员，依法暂停或者撤销其与安全生产有关的职业资格、岗位证书；事故发生单位主要负责人受到刑事处罚或者撤职处分的，其刑罚执行完毕或者受处分之日起5年内不得担任任何生产经营单位的主要负责人。

为发生事故的单位提供虚假证明的中介机构，由有关部门依法暂扣或者吊销有关证照及其相关人员的执业资格；构成犯罪的，依法追究刑事责任。

参与事故调查的人员，在事故调查中有下列行为之一的，依法给予处分，构成犯罪的，依法追究刑事责任。

（1）对事故调查工作不负责任，致使事故调查工作有重大疏漏的。

（2）包庇、袒护负有事故责任的人员或者借机打击报复的。

有关地方人民政府或者有关部门故意拖延或者拒绝落实经批复的对事故负责人的处理意见的，由监察机关对有关负责人员依法给予处分。罚款的行政处罚，由安全生产监督部门、安全生产监督管理部门决定。

项目工单

【实训主题】

建筑工程质量事故分析与处理

【实训目标】

（1）理解工程质量事故与质量缺陷的概念。

（2）掌握工程质量事故的调查流程与方法。

（3）了解事故处理的法律程序与责任分配。

【实训步骤】

步骤一：案例分析

（1）分析一起典型的工程质量事故案例，包括事故经过、原因分析、处理措施等。

（2）讨论事故对建筑物的影响及对相关人员的责任追究。

步骤二：准备阶段

（1）阅读并理解工程质量事故的相关概念。

（2）准备必要的工具与设备，如测量工具、相机、记录表格等。

步骤三：模拟事故现场勘查

（1）小组成员分工协作，进行模拟事故现场的勘查。

（2）记录现场状况，拍摄照片，制作现场平面图。

步骤四：事故原因分析

（1）对收集的数据进行分析，确定事故的具体原因。

（2）探讨事故对建筑物的影响范围及严重程度。

步骤五：编制事故调查报告

（1）根据分析结果，编制事故调查报告。

（2）事故调查报告包括事故概况、原因分析、处理建议等内容。

步骤六：汇报与讨论

（1）向全班汇报调查结果，并提交事故调查报告。

（2）开展班级讨论，分享各自的观点与建议。

步骤七：总结与反思

（1）总结实训过程中的收获与不足之处。

（2）反思个人在实训中的表现与成长点。

【实训评定】

在实训结束后，教师根据每个学生在活动中的表现进行评定，如表 1-4 所示。

表 1-4　评定表

评定项目	分数（满分 10 分）	教师点评
实训过程中的参与度、团队合作能力和专业技能		
小组报告质量		
口头汇报		

项目小结

本项目致力于深入探讨工程质量的核心价值及其事故处理的繁复流程，通过多维度、系统化的研究，为读者呈现了一个全面而深刻的视角。本项目不仅深入剖析了质量事故的本质特性、细致分类，还追溯了事故发生的根源性原因，并详尽介绍了各类检验方法与技术手段。

在项目推进的过程中，逐步引导学生掌握工程质量事故分析的基本理论框架与实用方法，旨在培养其在面对实际工程问题时能够迅速定位、准确分析并有效应对的能力。这种理论与实践相结合的教学模式，不仅极大地提升了学生的专业素养，还显著增强了其解决实际问题的实践能力。

通过本项目的学习，学生将在未来的职业生涯中更加自信地保障工程质量，有效预防并妥善处理各类事故，从而为社会的和谐稳定与持续发展贡献出宝贵的力量。这不仅是个人价值的体现，更是对社会责任的积极担当。

课后习题

一、填空题

（1）工程项目具有________、________和________的特点。

（2）工程质量事故按事故的不可见性分为________、________。

（3）混凝土的强度通常取决于水泥强度及其骨料表面的粘接强度。决定这些强度的因素有三个方面：____________、____________和____________。

（4）事故调查组应当自事故发生之日起____________天内提交事故调查报告。

二、简答题

（1）简述建筑工程质量的概念。

（2）建筑工程事故处理的程序和步骤是什么？

项目二 地基工程事故处理

项目导读

随着城市化进程的加速推进，高层建筑和大型基础设施项目日益增多，地基工程的质量和安全性成为保证建筑物长期稳定的关键因素之一。然而，在实际施工过程中，由于地质条件复杂多变、设计计算误差、施工管理不善等原因，地基工程事故时有发生。这些事故不仅会导致巨大的经济损失，还可能威胁到公共安全。

为了有效应对地基工程中的各种事故，本项目旨在系统地研究地基工程事故的原因、处理方法以及预防措施。通过深入分析地基工程事故案例，本项目旨在探索先进的处理技术和加固方法，以提高地基工程的整体质量和安全性。

学习目标

知识目标

◆ 掌握地质勘查的基本原理和技术要求，了解地质勘查中存在的主要问题及其对地基工程的影响。

◆ 理解地基设计方案选择的重要性，掌握正确的地基设计方案编制方法。

◆ 了解施工过程中可能导致地基事故的因素，熟悉施工管理的相关规定。

◆ 认识到环境及使用条件对地基稳定性的影响，掌握相关的预防措施。

能力目标

◆ 能够识别地质勘查报告中的不准确性，并对其进行评估。

◆ 具备分析设计方案合理性及计算准确性的能力。

◆ 能够判断施工过程中存在的问题，并提出改进措施。

◆ 学会评估环境因素对地基稳定性的影响，并能够提出相应的预防策略。

素质目标

◆ 培养严谨细致的工作态度，重视地质勘查工作的准确性。

◆ 强化责任意识，确保设计方案既符合技术要求又能适应实际地质条件。

◆ 提升团队协作能力，确保施工过程中的技术交底和质量检查到位。

◆ 树立持续学习的精神，关注环境变化对建筑物安全的影响，及时采取应对措施。

思政目标

在地基工程领域，每一起事故都是对人民群众生命财产安全的严重威胁。作为专业技术人员，学生肩负着重要的社会责任和历史使命。学生必须深刻认识到，每一项工程的背后都关乎着无数家庭的幸福和社会的稳定。因此，在从事地基工程设计与施工的过程中，同学们要始终坚持“人民至上、生命至上”的原则，将人民群众的生命安全放在首位。

任务一 地基工程事故原因分析

任务描述

假如你是一位刚加入某建筑工程公司的年轻工程师。公司最近承接了一个重要的住宅建设项目，项目位于丘陵地带，该地区之前曾出现过一些地基工程事故。你的上级领导指派你负责该项目的地基工程部分，并特别强调需要避免过去发生过的质量问题。

为了更好地准备和预防潜在的问题，你被要求先研究一些典型的地基工程质量事故案例，了解事故发生的原因，以及如何避免类似的问题再次发生。本任务将探讨地质勘查、设计方案计算、施工、环境及使用等问题。

任务分析

针对识别出的问题根源，提出相应的改进措施和建议，以提高建筑工程的地基基础设计、施工和管理水平，确保建筑物的使用安全。通过对本任务的了解，学生认识到地基工程事故的发生往往是由多个方面的因素综合作用导致的。为了预防和减少地基工程事故的发生，需要从地质勘查、设计方案、施工管理和后期维护等多个环节加强管理，确保每一个步骤都能够符合高标准的要求。

任务重点和实施

一、地质勘查问题

地质勘查方面存在的主要问题如下。

1. 土性指标与承载力模糊：地质勘查认真度待提升

地质勘查工作欠认真，所提供的土性指标及地基承载力不确切。

2. 钻孔间距过大：丘陵地区地质勘查挑战

地质勘查时，钻孔间距太大，不能全面准确地反映地基的实际情况。在丘陵地区的建筑中，这个原因造成的事故实例比平原地区多。

3. 钻孔深度不足：地基隐患的源头

地质勘查时，钻孔深度不够。如有的工程在没有查清较深地基中有无软弱层、暗浜、墓穴、孔洞等情况下，仅根据勘查资料提供的地表面或基础底面以下深度不大的地基情况进行地基基础设计，因而造成地基的不均匀沉降，导致建筑物裂缝。

4. 勘查报告失准：地基基础设计之殇

地质勘查报告不详细、不准确，造成地基基础设计方案的错误。如四川某地一工程，根据建筑物两端钻孔提供的岩石埋藏深度在基础底面以下 5 m 的资料，采用了 5 m 长的爆扩桩基础。建成后，在建筑物中部产生了较大的沉降，墙体开裂。经补充勘查，发现建筑物基础到岩层表面深度达 15 ～ 17 m，爆扩桩悬浮在软土中，这是造成不均匀沉降的根源。

二、设计方案及计算问题

（一）原设计方案不尽合理

有些工程的地质条件差、变化复杂，由于设计方案选择不合理，不能满足上部结构与荷载的要求，因而引起建筑物开裂或倾斜。

如厦门市某大楼为 7 层框架结构（局部 8 层），片筏基础，地基为软土，采用砂井处理方案，而未采取顶压措施，大楼建成后，差异沉降达 56.6 cm，最大倾斜达 16.9‰。地基规范规定的允许倾斜值为 0.004，大楼的倾斜值超过规范的允许值，导致无法安装电梯。

（二）盲目套用图集设计，不因地制宜

由于各地的工程地质条件千差万别、错综复杂，即使同一地点也不尽相同，再加上建筑物的结构形式、平面布置及使用条件也不同，所以很难找到一个完全相同的例子，也无法做出一套包罗万象的标准图。因此，在考虑地基基础问题时，必须在对具体问题充分分析的基础上，灵活运用土力学地基基础与工程地质知识，以获得经济合理的方案。如果盲目地进行地基基础设计，或者死搬硬套“标准图”，将贻害无穷。

如湖北省某磷肥厂熟化车间，其基础未按实际地基条件设计，套用标准图设计图纸，建成后厂房柱子内倾并开裂，影响正常生产。

（三）设计计算错误，荷载不准确

这类事故多数是因设计者不具备相应的设计水平、未取得可靠的地质资料就盲目进行设计，而设计又没有经过相应的复核审查，使错误设计计算得不到及时纠正酿成的。如广东省某旅店建筑，就是因上部结构设计计算错误，使地基超负荷，造成建筑物倒塌的事故。

三、施工问题

工程管理不善，未按建设要求与设计施工程序办事。如洛阳市某宿舍楼工程，地基采用灰土挤密桩处理。因管理混乱，工地上没有一个技术人员自始至终进行技术把关，缺乏认真细致的技术交底和质量检查。施工严重违反操作规程，灰土挤密桩质量低劣，最后不得不全部返工重做，造成较大的经济损失。

扫一扫

施工问题

四、环境及使用问题

（一）基础施工的环境效应

打桩、钻孔灌注桩及深基坑开挖对周围环境所引起的不良影响，是当前城市建设中反映特别突出的问题，主要是对周围已有建筑物的危害。如南京市某书店，在桩基施工中，因打桩振动影响，引起附近某单位家属楼墙体开裂，地面、楼板出现裂缝。钻孔灌注桩可以避免打入桩振动的不良影响，但当钻孔灌注桩穿过砂层施工时，若未能及时用泥浆护孔，则会造成孔中涌砂、塌孔，对周围已有建筑物构成威胁。如一幢 12 层的大楼，采用贯穿砂砾石层直达基岩的钻孔灌注桩施工方案。桩长 30 m，桩径 700 mm，全场地共 73 根桩，从开始施工到施工结束历时两个月。在施工完 20 多根桩时，东西两侧相邻两幢 3 层办公楼严重开裂，邻近两幢 5 层和 6 层建筑物也受到不同程度的影响，周围地面和围墙裂缝宽达 3 ～ 4 cm。当 50 根桩施工完成时，相邻两幢 3 层办公楼不得不拆除。这是钻孔灌注桩在复杂地质条件下碰到砂层，而未用泥浆护孔造成的严重工程事故。

（二）地下水位变化

由于地质、气象、水文、人类的生产活动等因素的作用，地下水位经常会有很大的变化，这种变化可能会对已有建筑物产生各种不良的后果。特别是当地下水位在基础底面以下变化时，后果更为严重。当地下水位在基础底面以下压缩层范围内上升时，水能浸湿和软化岩土，从而使地基的强度降低，压缩性增大，建筑物就会产生过大的沉降或不均匀沉降，最终导致其倾斜或开裂。对于结构不稳定的基土，如湿陷性黄土、膨胀土等影响尤为严重。若地下水位在基础底面以下压缩层范围内下降时，水的渗流方向与土的重力方向一致，地基中的有效应力增加，基础就会产生附加沉降。如果地基土质不均匀，或者地下水位不是缓慢而均匀地下降，基础就会产生不均匀沉降，造成建筑物倾斜甚至被破坏。

【提示】

在建筑地区，地下水位变化常与抽水、排水有关。因为局部的抽水或排水，能使基础底面以下地下水位突然下降，从而引起建筑物变形。

（三）使用条件变化所引起的地基土应力分布和性状变化

大面积堆载会引起邻近浅基础的不均匀沉降，此类事故多发生于工业仓库和工业厂房。厂房与仓库的地面堆载范围和数量经常变化，而且堆载很不均匀，因此，容易造成基础向内倾斜，对上部结构和生产使用带来不良后果。主要表现有：柱、墙开裂；桥式吊车滑车和卡轨；地坪及地下管道损坏。

上下水管漏水长期未进行修理，引起地基湿陷事故。在湿陷性黄土地区此类事故较为多见，如某公司的宿舍区坐落在湿陷性黄土地区，因部分宿舍水管损坏漏水，长期无人过问，引起 9 幢房屋开裂，最严重的一幢裂缝已达 2 ～ 3 cm，危及人身安全，导致不能入住。

任务二 地基工程质量事故分析与处理

任务描述

混凝土结构宿舍楼地基采用灰土桩处理，因缺乏全程技术监督和质量检查，施工违反规程，导致灰土桩质量低劣，最终需返工，造成经济损失。施工会对周围环境造成不良影响，如打桩时的振动会导致邻近建筑墙体开裂。地下水位变化影响地基稳定性，进而可能导致建筑物沉降或倾斜。那么怎样才能避免出现此类问题呢？本任务将介绍地基工程质量事故分析与处理。

任务分析

加强施工现场管理、技术交底和质量检查等工作也是预防类似事故发生的重要手段。通过对本任务的了解，学生认识到地基工程质量事故的分析与处理是一个系统的过程，涉及事故的分类、原因分析以及相应的处理措施。

任务重点和实施

一、建筑工程地基事故类别及特征

建筑物事故的发生，很多都与地基问题有关。地基的过度变形或不均匀变形，使上部结构出现裂缝、倾斜，削弱和破坏了结构的整体性，并影响建筑物的正常使用，严重者出现地基失稳而导致建筑物倒塌。地基事故可分为天然地基事故和人工地基事故两大类。

无论是天然地基事故还是人工地基事故，按其性质都可概括为地基变形和强度两大问题。地基变形问题引起的地基事故常发生在软土、湿陷性黄土、膨胀土、季节性冻土等地区。地基强度问题引起的地基事故主要表现在以下两个方面：地基承载力不足、地基丧失稳定性；斜坡丧失稳定性。

（一）地基失稳事故

对于一般地基，在局部荷载作用下，地基的失稳过程可以用荷载试验的 F–S 曲线来描述。图 2-1 所示为由静荷载试验得到的两种类型的荷载 F 与沉降 S 的关系曲线。当荷载大于某一数值时，曲线 I 有比较明显的转折点，基础急剧下沉。同时，基础周围的地面有明显的隆起现象，基础倾斜，地基发生整体剪切破坏。图 2-2 所示的加拿大特朗斯康谷仓的地基破坏情况，就是地基发生整体滑动、建筑物丧失稳定性的典型例子。

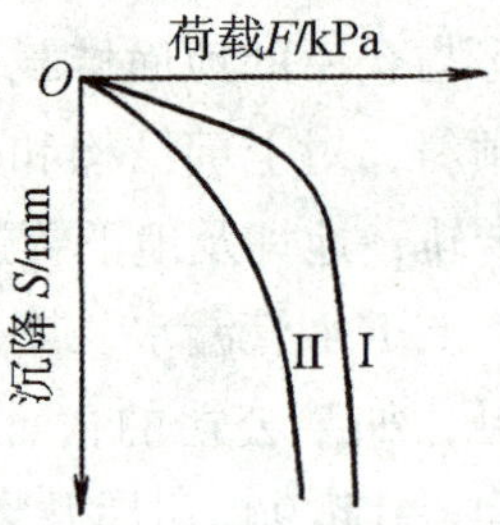

图 2-1 荷载试验的 F–S 曲线

图 2-2　加拿大特朗斯康谷仓的地基事故

图 2-1 中曲线Ⅱ没有明显的转折点，地基发生局部剪切破坏。软黏土或松砂地基属于这一类型，如图 2-3 所示。它类似于整体剪切破坏。滑动面从基础的一边开始，终止于地基中的某点。只有当基础发生相当大的竖向位移时，滑动面才发展到地面。破坏时，基础周围的地面也有隆起现象，但是基础不会明显倾斜。

对于压缩性较大的软黏土和松砂，其 *F–S* 曲线也没有明显的转折点，但地基破坏是由于基础下面软弱层的变形使基础连续下沉，产生了过大的不能容许的沉降，基础就像切入土中一样，故称为冲切剪切破坏，如图 2-4 所示。例如建在软土层上的某仓库，由于基底压力超过地基承载力近一倍，建成后，地基发生冲切剪切破坏，造成基础过量的沉降。

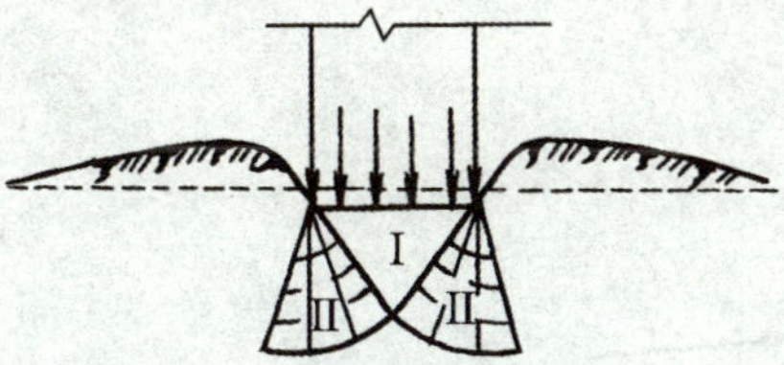

图 2-3　地基局部剪切破坏

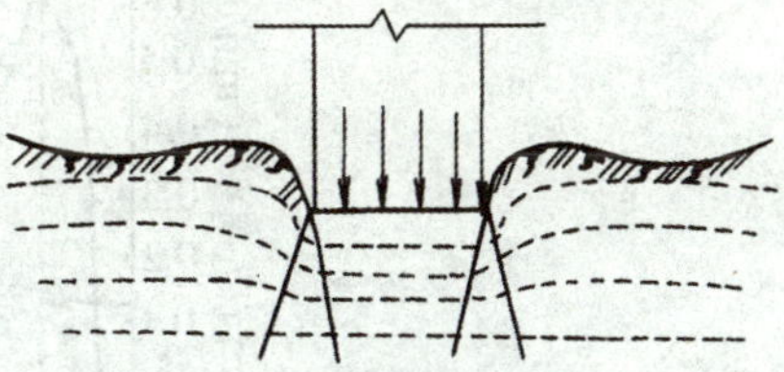

图 2-4　地基冲切剪切破坏

地基究竟发生哪种形式的破坏，除了与土的种类有关外，还与基础的埋深、加荷速率等因素有关。例如若基础埋深较浅，荷载为缓慢施加的恒载，将趋向于形成整体剪切破坏；若基础埋深较大，荷载是快速施加的，或是冲击荷载，则趋向于形成冲切或局部剪切破坏。

在建筑工程中，地基失稳的后果经常很严重，有时甚至是灾难性的。例如，广东省某 7 层旅店大楼因地基失稳而倒塌。该大楼地处沿海淤泥质土地区，而设计人员在没有工程地质勘查资料的情况下，盲目地按 100 ～ 120 kPa 的地基承载力进行设计。事故发生后，在建筑现场旁边 1.8 m 的地下取土测定，土的天然含水量为 65% ～ 75%，按当时的地基基础设计规范规定，这种土的容许承载力只有 40 ～ 50 kPa，仅为设计承载力的 40%。又由于少算荷载，实际柱基底压力为 189.6 kPa，为土容许承载力的 4 倍左右。由此造成基础的严重不均匀沉降，使上部结构产生较大的附加内力，导致建筑物破坏倒塌，造成了多人伤亡的严重事故。

因此，相关工程人员对地基强度破坏的危害性应有足够的重视，特别是在土承载力不高、渗透性低而加荷速度快（如过快的施工速度），或有水平荷载（如风荷载）作用，或在斜坡及丘陵地段进行建造时，更应慎重处理。

（二）地基变形事故

1. 软弱地基变形特征

（1）沉降大而不均匀。软土地区大量沉降观测资料统计表明，砖墙承重的混合结构建筑，如以层数表示地基受荷大小，则 3 层房屋的沉降量较小，4 层房屋的沉降量较大，5 ～ 6 层则更大。过大的沉降会造成室内地坪标高低于室外地坪，引起雨水倒灌、管道断裂、污水不易排出等问题。

软土地基的不均匀沉降，是造成建筑物裂缝损坏或倾斜事故的主要原因。影响不均匀沉降的因素很多，如土质的不均匀性、上部结构的荷载差异、建筑物体形复杂、相邻建筑物间影响、地下水位变化及建筑物周围开挖基坑等。即使在同一荷载及简单平面形式下，其差异沉降也有可能相差很大。

（2）沉降速率大。建筑物的沉降速率是衡量地基变形发展程度与状况的一个重要标志。软土地基的沉降速率较大，一般在加荷终止时最大，如图 2-5 所示。

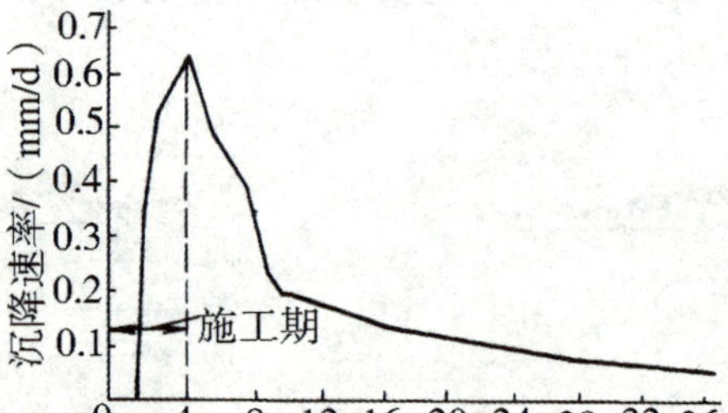

图 2-5　某建筑物沉降速率随时间衰减曲线

沉降速率也随基础面积和荷载性质的变化而有所不同。如一般民用与工业建筑活荷载较小时，竣工时沉降速率为 0.5 ～ 1.5 mm/d；活荷载较大的工业建筑物和构筑物，其最大沉降速率可达 45.3 mm/d。随着时间的推移，沉降速率逐渐衰减，在施工期半年至一年的时间内，是建筑物差异沉降发展最为迅速的时期，也是建筑物最容易出现裂缝的时期。正常情况下，如沉降速率衰减到 0.05 mm/d 以下时，差异沉降一般不再增加。如果作用在地基上的荷载过大，则可能出现等速下沉，长期的等速沉降就有导致地基丧失稳定的危险。

（3）沉降稳定历时长。建筑物沉降主要是由于地基土受荷后，孔隙水压力逐渐消散，而有效应力不断增加，导致地基固结作用所引起的。因为软土的渗透性低，孔隙水不易排除，故建筑物沉降稳定历时均较长。有的建筑物建成后几年、十几年甚至几十年沉降尚未完全稳定。例如上海展览馆的中央大厅为箱形基础，基础面积为 46.5 m×46.5 m，基底压力约为 130 kPa，附加压力约为 120 kPa；1954 年建成，30 年后累计沉降量已超过 1.8 m，沉降影响范围超过 30 m，使相邻两侧展览厅墙体严重开裂。

2. 不均匀沉降对上部结构产生的影响

（1）砖墙开裂。由于地基不均匀沉降使砖砌体弯曲而导致砌体因受主拉应力过大而开裂。

（2）砖柱断裂。砖柱裂缝有水平裂缝及垂直裂缝两种类型。水平裂缝是由于基础不均匀沉降使中心受压的砖柱产生纵向弯曲而拉裂。此种裂缝出现在砌体下部，沿水平灰缝发展，使砌体受压面积减小，严重时将造成局部压碎而失稳。垂直裂缝一般出现在砖柱上部。例如，某平面为 II 字形 4 层教学楼，因一翼下沉较大，外廊的预制楼板水平移位，使支承楼板的底层中部外廊砖柱柱头拉裂，裂缝上大下小，最宽处达 8 mm，延伸达 1.3 m。

（3）钢筋混凝土柱倾斜或开裂。单层钢筋混凝土柱的排架结构，常因地面上大面积堆料造成柱基倾斜。由于刚性屋盖系统的支撑作用，在柱头产生较大的附加水平力，使柱身弯矩增大而开裂，裂缝多为水平裂缝，且集中在柱身变截面处及地面附近。露天跨柱的倾斜虽不致造成柱身裂损，但会影响吊车的正常运行，导致滑车或卡轨。例如，上海市某厂铸钢车间露天跨，车间内堆载为 100 kPa，造成轨顶最大位移值达 85 mm，柱基最大相对内倾值达 0.012 5，导致吊车卡轨、滑车，工字形柱倾斜、开裂。虽曾凿开基础杯口，用钢丝绳纠偏，但柱子尚有明显倾斜。

（4）高耸构筑物的倾斜。建到软土地基上的烟囱、水塔、筒仓、立窑、油罐和储气柜等高耸构筑物，若采用天然地基，则发生倾斜的可能性较大。

3. 地基塌陷变形对上部结构产生的影响

（1）基础及上部结构开裂。湿陷性黄土地基引起房屋下沉量大、墙体裂缝大，并发展迅速。

（2）倾斜。湿陷变形只出现在受水浸湿部位，而没有浸水的部位则基本不动，从而形成沉降差，因而整体刚度较大的房屋和构筑物，如烟囱、水塔等则易发生倾斜。

（3）折断。当地基遇到多处湿陷时，基础往往产生较大弯曲变形，引起房屋基础和管道折断。当给排水干管折断时，对周围建筑物还会构成更大的危害。

4. 地基胀缩变形对上部结构产生的影响

（1）建筑物的开裂破坏一般具有地区性成群出现的特性。建筑物大部分是在建成后三五年，甚至一二十年后才出现开裂，也有少部分在施工期就开裂。其主要是受地基含水量，场地的地形、地貌，工程地质与水文条件，气候，施工等综合因素的影响。例如，四川成都龙潭寺地区三级阶地上的房屋，大多数在建成五六年后出现了地基干湿变化，造成建筑物开裂、变形，尤其以平房和 3 层以下的建筑物最为普遍和严重。

（2）遇水膨胀、失水收缩引起墙体开裂。墙体裂缝有正八字形、倒八字形，还有局部斜裂缝及水平裂缝（图 2–6）。随着胀缩反复交替，墙体可能发生挤碎或错位。

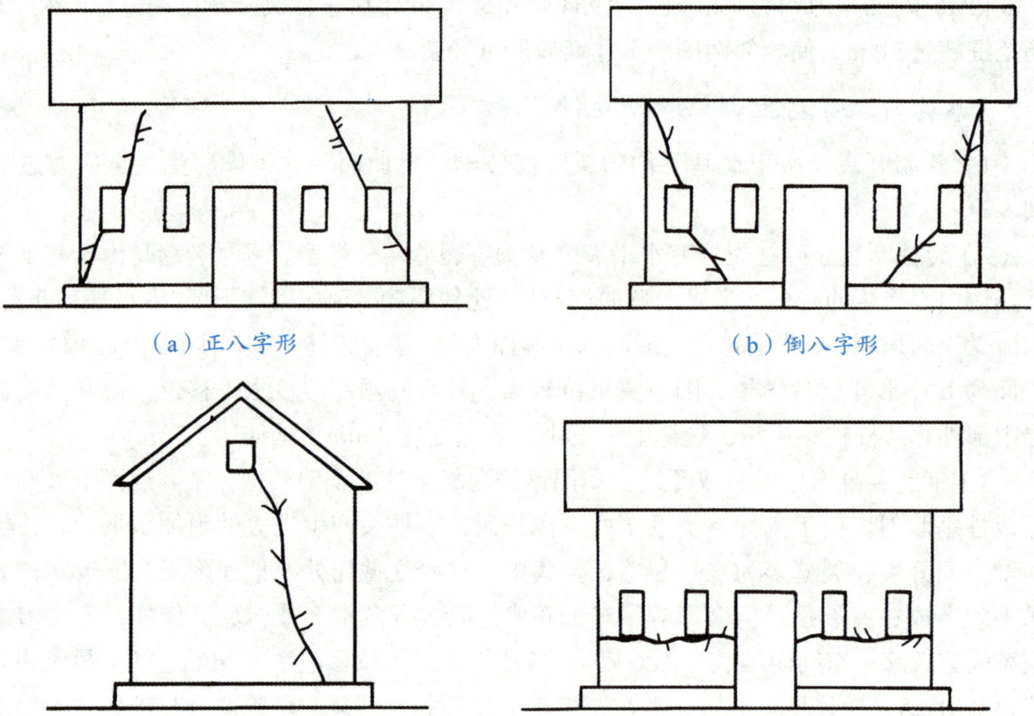

（a）正八字形　（b）倒八字形

（c）局部斜裂缝　（d）水平裂缝

图 2–6　墙体裂缝示意图

（3）在地质条件相同情况下的房屋开裂破坏。此种破坏以单层、2 层房屋较多，3 层房屋较少、较轻。单层房屋尤其单层民用房屋的开裂最为普遍，其破坏率占单层建筑物总数的 85%；2 层房屋破坏率为 25% ～ 30%；3 层房屋一般略有轻微的变形开裂破坏，其破坏率为 5% ～ 10%。由于基础形式的不同，房屋开裂也不同，条形基础的破坏较独立基础破坏更为普遍。

排架、框架结构房屋，其变形开裂破坏的程度和破坏率均低于砖混结构房屋。体形复杂的房屋由于失水和得水的临空面大，受大气的影响也大，故变形开裂破坏较体形简单的房屋严重。地裂通过处的房屋必定开裂。

（4）外墙与内墙交接处的破坏。

（5）室内地坪开裂，特别是空旷的房屋或外廊式房屋的地坪易出现纵向裂缝。

5. 地基冻胀、融陷变形对上部结构产生的影响

当基础埋深浅于冻结深度时，在基础侧面作用着切向冻胀力 F_T，在基底作用着法向冻胀力 F_N。如果基础上荷载 F 和自重 G 不足以平衡法向和切向冻胀力，基础就会被抬起来。

融化时，冻胀力消失，冰变成水，土的强度降低，基础产生融陷。不论上抬还是融陷，一般都是不均匀的，其结果必然造成建筑的开裂破坏。例如，河北省某住宅楼，上冻前地下室施工完毕，只进行了外侧回填，地下室内没有采取任何保温措施，第二年开春发现大部分有门洞口的圈梁出现裂缝，最宽达 8 mm，最后不得不加固补强。建筑物因地基冻融产生的破坏现象，可概括如下。

（1）墙体裂缝。一、二层轻型房屋的墙体裂缝很普遍。从裂缝形状上看，有斜裂缝、水平裂缝、垂直裂缝三种，如图 2–6 所示。这些裂缝与膨胀土地基上房屋开裂的情况是十分相似的。垂直裂缝多出现在内外墙交接处或是外门斗与主体结构连接的地方。

（2）基础拉断。这种情况通常发生在不采暖的轻型结构砖砌基础中，主要由侧向冻切力作用所致。电杆、塔架、桥墩、管架等一般轻型构筑物基础，在侧向冻切力的作用下，有逐年上拔的趋势。例如，东北某工程的钢筋混凝土短桩基础，三四年内上拔 600 mm 之多。

（3）外墙因冻胀抬起、内墙不动、顶棚与内墙分离。这种情况经常发生在农村单层住宅采暖房屋里。主要原因是内墙与外墙连接薄弱，顶棚支承在外墙上，当外墙因冻胀抬起时，顶棚便与内墙分离，最大可达 20 mm。

（4）台阶隆起、门窗歪斜。冬天由于冻胀，台阶隆起导致外门不易推开，来年开冻以后台阶又回落。经多年起落，变形不断增加，就会出现不同程度的沉落和倾斜。因为台阶埋深小，与房屋基础埋深相差很多，冻结融化都较敏感，而在构造上它又与房屋不相连接，故台阶变形较为显著且极为普遍，在冻胀性地区较为常见。另外由于纵墙变形不均匀或内外墙变形不一致，常使门窗变形，玻璃被压碎。

（三）斜坡失稳引起的地基事故

1. 斜坡失稳的特征

（1）斜坡失稳常以滑坡形式出现，滑坡规模差异很大，滑坡体积从数百立方米到数百万立方米，对工程危害极大。

（2）滑坡可以是缓慢的、长期的，也可以是突然发生的，以每秒几米甚至几十米的速度下滑。古滑坡可以因外界条件变化而激发新滑坡。例如某工程，扩建于江岸边转角处的一个古滑坡体上，由于江水冲刷坡脚以及工厂投产后排水和堆放荷载的影响，先后在古滑坡上出现了 10 个新滑坡，严重影响该厂的正常生产。

2. 斜坡上房屋稳定性破坏类型

由于房屋位于斜坡上的位置不同，因此斜坡出现滑动对房屋产生的危害也不同，大致可分为以下三类。

（1）房屋位于斜坡顶部时，从顶部形成滑坡，使土从房屋下挤出，地基土松动，如图 2–7 所示。房屋出现不均匀沉降，导致开裂、损坏或倾斜。

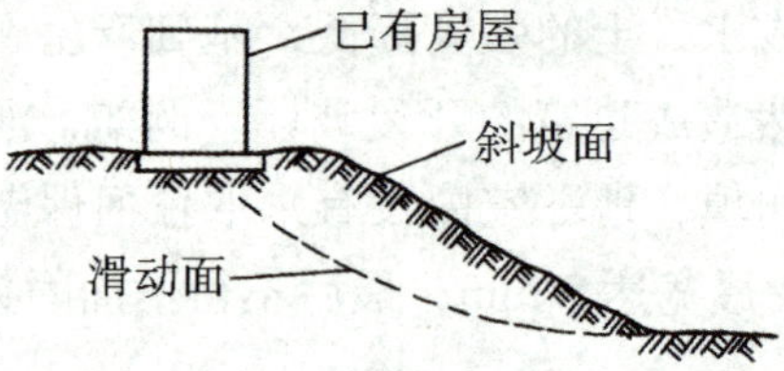

图 2-7　房屋下地基松动

（2）房屋位于斜坡上，在滑坡情况下，房屋下的土发生移动，部分土绕过房屋基础移动，如图 2-8 所示。在这种情况下，无论是作用在基础上的滑动土的土压力，还是基础在平面上的不同位移，都可能引起房屋的变形超出允许值，导致房屋破坏。

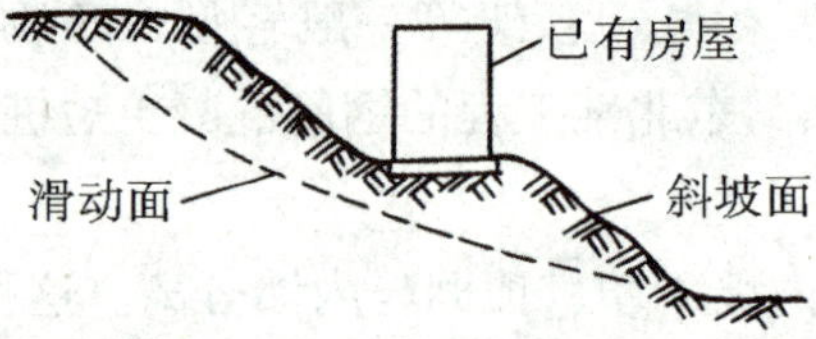

图 2-8　房屋下土移动

（3）房屋位于斜坡下部，房屋要经受滑动土体的侧压力（图 2-9）。对房屋造成的危害程度与滑坡规模、滑动土体体积有关，事故常常是灾难性的。

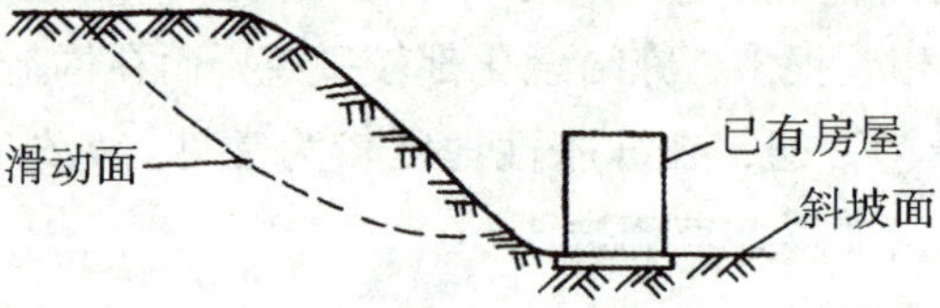

图 2-9　滑动土体压在房屋上

3. 基坑工程质量事故

随着高层建筑的发展，施工中大开挖基槽的做法越来越多，确保深基坑的可靠和稳定成为高层建筑施工的关键问题之一。基坑有两类：一类是放坡基坑，当基坑较深时，边坡较宽，占用较大场地；另一类是支护结构式不放坡基坑，在高层建筑施工中经常被采用。基坑工程具有以下三个特点。

（1）基坑支护全体系具有临时性，地下工程完工后即失去作用，因而设计时的安全储备较小。

（2）基坑工程具有较大的综合性，从土力学看，它涉及土的稳定、变形和渗流三个方面的问题；从支护结构看，它涉及结构、力学和材料三个方面的知识。

（3）基坑工程具有很强的地区性，在不同工程地质、不同建筑要求下，它的差异很大。

桩墙式支护结构按支撑系统的不同可分为悬臂式、内撑式和锚拉式三种。悬臂式一般在竖向悬臂桩墙顶布置一道圈梁。内撑式有斜撑、单层或多层水平内撑。锚拉式有水平拉锚和斜拉锚。支护墙多用钢筋混凝土（深层搅拌）桩、钢筋混凝土连续墙、钢板桩等。支撑材料多用钢筋混凝土、型钢或混凝土 - 钢组合。常用桩墙式支护结构如图 2-10 所示。

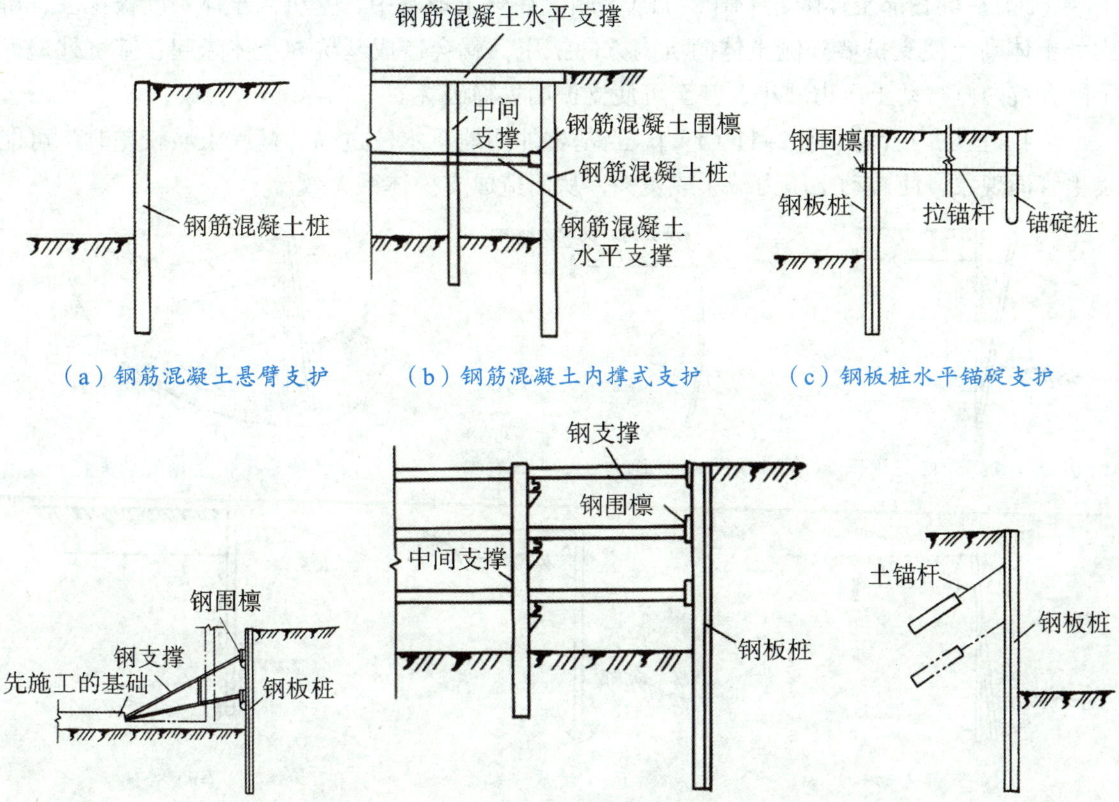

（a）钢筋混凝土悬臂支护　（b）钢筋混凝土内撑式支护　（c）钢板桩水平锚碇支护

（d）钢板桩坑内斜撑支护　（e）钢板桩多层水平内撑支护　（f）钢板桩多层锚拉支护

图 2–10　常用桩墙式支护结构

基坑的桩墙式支护结构的失效形式有结构构件承载力失效和土体失效两种。

（1）属于结构构件承载力失效形式的有以下几个方面。

① 内撑压屈或锚拉杆断裂 [图 2–11（a）]。其主要原因是地面荷载增大或土压力计算有误，也可能是内部支撑断面过小导致受压失稳，或者锚拉杆断面不足、长度不足以及锚固部分失效。为此要正确设计内撑和锚拉杆，留有足够的安全余量。

② 支护墙平面变形过大或弯曲破坏 [图 2–11（b）]。支护墙过薄、土压力计算不准、地面增加堆载或基坑挖土超深等原因都可能产生这种现象。为此要正确设计墙体，严格控制挖土深度。

（2）属于土体失效形式的有以下几个方面。

① 基坑外侧土体失稳，滑动面在支护墙下通过 [图 2–11（c）]。其主要原因是支护墙底部入土深度不足或撑锚系统失效、地面荷载过大而造成基坑边坡整体滑动破坏，也称整体失稳破坏。

② 支护墙底部走动 [图 2–11（d）]。其主要原因是基坑底部土质太差，能承受的被动土压力很小，或支护墙埋深过浅使得墙底部被动土压力不足，这些都可能使墙底踢脚处的土体失稳破坏。

（3）基坑底部土体隆起 [图 2-11（e）]。在软土地基中，基坑内土体不断被挖去，坑内外土体高差使支护墙外侧土体向坑内方向挤压，就会造成基坑内土体隆起，基坑外地面下陷，坑内侧被动土压力减小，甚至可使支护墙失稳破坏。

（4）基坑内管涌 [图 2-11（f）]。当基坑外侧地下水位过高、基底土质较差时，可能发生管涌现象，使被动土压力减小或丧失，从而造成支护体系失效。

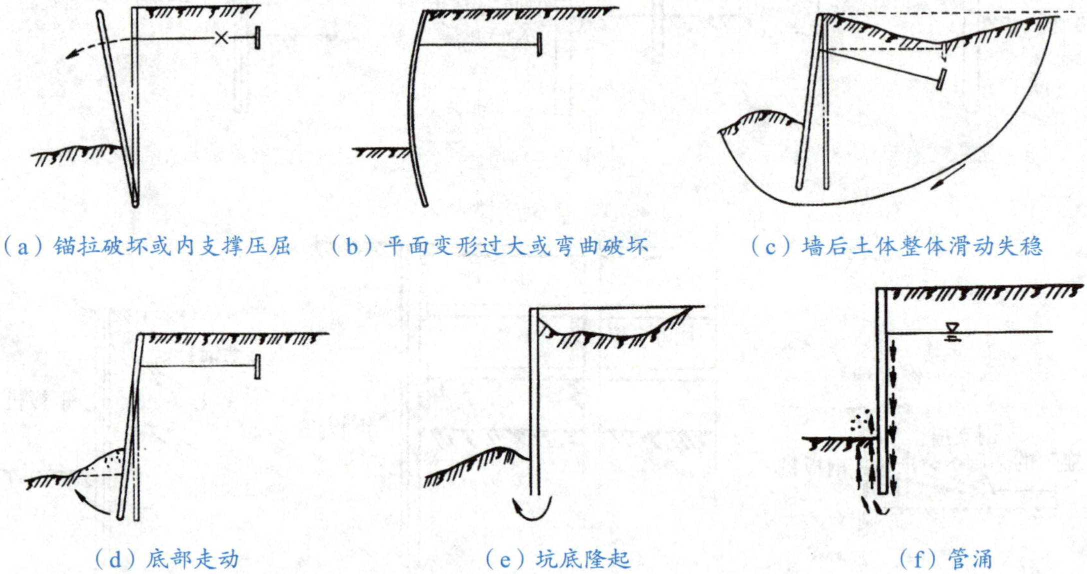

图 2-11　桩墙式支护结构的破坏形式

4. 滑坡原因分析

（1）边坡坡度倾角过大，土体因自重及地下水或地表水的浸入，使土体内聚力减弱，土体失稳而产生滑动。

（2）土层下有倾斜度较大的岩层，在填土和地下、地表水的作用下，降低了土层之间、土层和岩层之间的抗剪强度，从而引起了土体沿岩层面的滑动。

（3）土层或岩层中有倾向相近、层理发达、风化严重的软弱层或其他易滑动的岩层、软泥层等，受水浸入后，土体强度降低，使上部结构沿软弱层发生滑动。

（4）由于河流冲刷及地下潜水冲蚀等原因破坏了坡体的坡脚，使斜坡坡度增大，破坏了土体的内部平衡，使土体失去稳定而发生滑移。

（5）在斜坡上堆置较大荷载，增加了斜坡质量，使土体失去平衡而发生滑动；大型车辆振动或爆破的影响，使坡体土层间内摩擦力减少、抗剪强度降低而发生土层之间的滑动。

5. 滑坡治理

滑坡治理前，首先应深入了解形成滑坡的内、外部条件以及这些条件的变化。对诱发滑坡的各种因素，应分清主次，采取各种相应的措施，使滑坡最终趋于稳定。一般情况下，滑坡发生会有一个过程。因此，在其活动初期，若能立即整治，则比较容易，收效也较快。所以治理滑坡务必及时，而且要从根本上解决，以防后患。滑坡主要采用排水、支挡、减重和护坡等措施综合治理。个别情况下，也可采用通风疏干、电渗排水、爆破灌浆、化学加固、浇水冻结等方法来改善滑动带岩土的性质，以稳定边坡。

（四）常见的人工地基事故

1. 砂石垫层的质量事故

（1）砂垫层与砂石垫层不密实引起质量事故。

（2）寒冷地区冬季砂石垫层施工，因砂石被冰所包裹，造成砂石垫层不密实，到春天砂石垫层中冰融化，造成垫层迅速下沉。

（3）砂石垫层属于浅层加固方法。对位于深厚软土层上且有荷载差异的建筑来说，使用该法并不能消除不均匀沉降，反而会适得其反。由于砂石垫层的存在使得软土的变形速率加大，而且差异沉降发展也较快，对上部结构危害甚至比天然地基大。

2. 灰土桩、水泥土桩的质量事故

灰土桩、水泥土桩的质量事故原因包括：水泥土、灰土配合比不正确，水泥、石灰的掺加量少，水泥土、灰土搅拌不均匀；桩顶标高、桩长错误，与设计不符；放线错误，桩的数量不足，未按要求进行桩的荷载检测。

3. 灰土地基的质量事故

灰土地基质量事故原因包括：灰土配合比不正确，搅拌不均匀；用作灰土的土料及石灰的粒径大，一般要求土料粒径不大于 15 mm，石灰粒径不大于 5 mm；分层铺设的厚度、分段施工时上下两层的搭接长度、夯实时的加水量、夯压遍数、压实系数控制不好；未按要求进行灰土地基的承载力试验；灰土施工完成，在养护期间遭受水浸泡。

4. 强夯地基的质量事故

强夯地基质量事故的原因包括：强夯未能满足设计深度内密实度的要求，强夯地基的夯击范围不符合设计要求；土体含水量过大，在夯击过程中出现隆起和翻浆现象；土层中含有软弱土层，该层吸收了夯击能量，不能传递到下面土层；夯击间距、夯击遍数及顺序、夯锤落距不符合要求；强夯地基施工完成后，未按要求进行承载力的检测。

二、地基工程事故预防措施

（一）构建完善的质量管理体系

构建涵盖勘查、设计、施工全流程的严格质量管理体系，明确各环节质量标准与责任主体。例如，勘查阶段实行“双人复核”制度，由两名专业人员对勘查数据进行交叉检查，确保数据的准确性；设计阶段推行多专业协同评审机制，结构、岩土等专业工程师共同对

地基设计方案进行论证，避免因专业局限性导致设计缺陷。同时，引入第三方质量监管机构，对地基工程质量进行独立评估与监督，定期出具质量评估报告，及时发现并纠正潜在问题。

（二）强化人员专业培训与考核

对地基工程从业人员开展分层分类培训。勘查人员重点培训先进勘查技术和设备操作规范，如高精度钻探技术、原位测试技术等；设计人员培训则聚焦于最新地基设计规范解读、复杂地质条件下的地基选型与计算方法；施工人员着重培训标准化施工工艺和质量控制要点。培训后组织严格考核，考核合格者方可上岗，同时建立人员技能档案，定期复训，确保其专业能力持续满足工程需求。通过提升人员专业素养，从源头上减少人为因素导致的质量事故。

（三）实施动态监测与预警机制

在地基工程施工及使用阶段，安装自动化监测设备，对地基沉降、位移、应力等关键指标进行实时监测。例如，利用高精度全站仪、静力水准仪等设备，实现毫米级的位移和沉降监测，监测数据通过物联网技术实时传输至监控中心。运用大数据分析和人工智能算法，对监测数据进行深度挖掘与趋势预测，当监测指标接近或超出预警阈值时，系统自动发出预警信息，提醒相关人员及时采取应对措施，将事故隐患消除在萌芽状态。

（四）开展案例库建设与经验总结

收集整理国内外各类地基工程质量事故案例，按照事故类型、成因、处理方法等维度进行分类，建立详细的案例库。定期组织工程技术人员开展案例研讨与分析活动，深入剖析事故发生的深层次原因，总结经验教训。例如，从某桥梁地基塌陷事故中，总结出地质勘查不细致、施工偷工减料等教训，为后续类似工程提供借鉴。同时，将典型案例纳入企业培训教材和施工规范，形成标准化的预防措施，避免同类事故再次发生。

三、地基工程事故处理

地基事故发生后，首先应进行认真细致的调查研究，然后根据事故发生原因和类型，因地制宜地选择相应的基础托换方法。根据基础托换的原理不同可概括为下列五类：①基础扩大托换以减少基础底面压力。②基础加深托换以对原地基持力层卸荷，将基础上荷载传递到较好的新的持力层上，如坑式托换和桩式托换。③灌浆托换以对地基加固提高地基承载力。④纠偏托换以调整地基沉降，如迫降纠偏托换和顶升纠偏托换。⑤排水、支挡、减重和护坡等措施综合治理。如果建筑物基础需要进行托换，在施工开始前，首先，要对该建筑物被托换的安全性予以论证；其次，在建筑物基础托换过程中，要借助监测手段来保证建筑物的各部位之间不致产生过大的沉降差；最后，要保证其邻近建筑物的安全性。

任务三　地基处理与加固

任务描述

小林团队正在建设一栋多层住宅楼，其基础部分需要开挖基槽并回填。然而，在开挖过程中，他们发现基槽底部存在松土坑和枯井，同时周边地基土为含水量较大的黏土。如果这些问题不加以妥善处理，不仅会影响地基的承载能力，还可能导致建筑物在使用过程中出现沉降、开裂等严重问题。本次任务将有效地解决基槽回填和特殊地质条件处理中的难题，确保建筑物地基的承载能力和稳定性。

任务分析

地基处理与加固是建筑工程中至关重要的环节，直接关系到建筑物的稳定性和安全性。本任务旨在通过科学的方法和先进的技术手段，对地基进行必要的处理和加固，以确保建筑物的承载能力、变形控制及稳定性满足设计要求。

任务重点和实施

随着我国基本建设的发展，建设用地日趋紧张，许多工程不得不建造在过去被认为不宜利用的建设场地上；加之目前工程建设中大型、重型、高层建筑和有特殊要求的建筑物逐渐增多，对地基的要求越来越高，需要进行地基处理的工程不但量很大，而且技术难度也很大；同时用于地基处理的费用在工程建设投资中占有很大的比重。因而，在地基处理和加固的施工中，必须严格按照设计要求和规范施工，做到技术先进、经济合理、安全适用、确保质量。

一、地基的局部处理

在地基基础的施工过程中，如发现地基土质过硬或过软不符合设计要求，或发现空洞、墓穴、枯井、暗沟等存在，为了减少地基的不均匀沉降，必须对地基进行局部处理。

地基不但要有足够的承载能力，而且还要有足够的稳定性，并且不能发生过量的变形。地基的局部处理是限制地基变形、防止基础不均匀沉降的有效措施。

1. 局部松软土地基的处理

在地基基础施工时，当遇到填土、墓穴、淤泥等局部松软土时，如果坑的范围较小，可按图 2–12（a）进行处理。

（1）将坑中松软虚土挖除，使坑底及四壁均见到天然土。

（2）采用与坑边的天然土层压缩性相近的材料回填。如天然土为较密实的黏土，可用

3∶7 灰土分层回填夯实；如为中密的可塑黏土或新近沉积黏土，则可用 1∶9 或 2∶8 灰土分层回填夯实。

当坑的范围较大或受其他条件限制，基槽不能开挖太宽，槽壁挖不到天然土层时，则应将该范围内的基槽适当加宽，加宽的宽度 l_1 应按下述条件决定。

① 当采用砂土或砂石回填时，基槽每边均应按 $l_1 : h_1 = 1 : 1$ 坡度放宽。

② 当采用 1∶9 或 2∶8 灰土回填时，按 $l_1 : h_1 = 0.5 : 1$ 坡度放宽，如图 2-12（b）所示。

③ 当采用 3∶7 灰土回填时，如坑的长度≤ 2 m，且为具有较大刚度的条形基础，基槽可不放宽。

如果坑在槽内所占的范围较大（长度在 5 m 以上），且坑底土质与槽底土质相同，也可将基础落深，做 1∶2 踏步与两端相接，如图 2-12（c）所示，踏步多少根据坑深而定，但每步高不大于 0.5 m，长不小于 1 m。

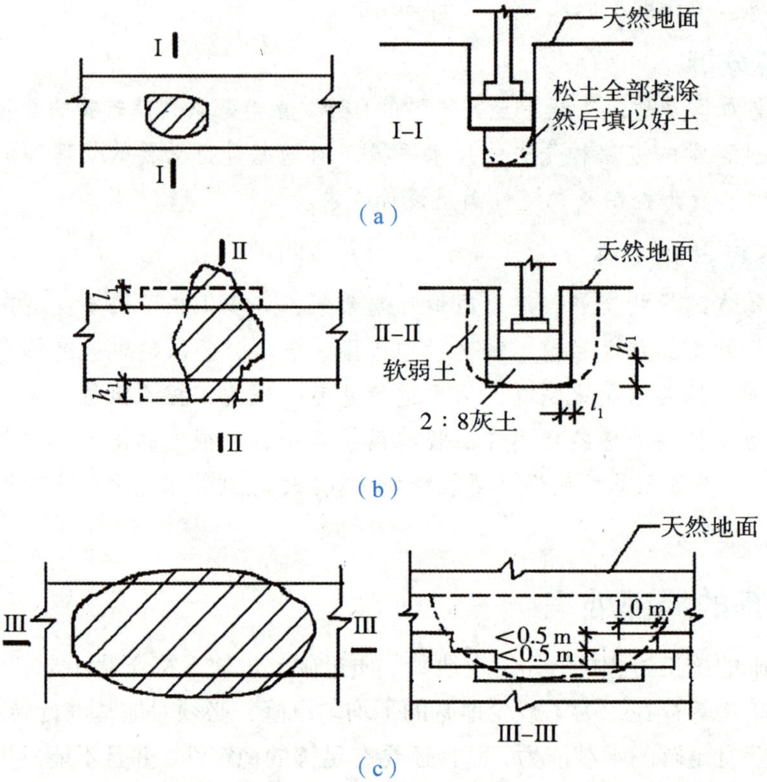

图 2-12　松土坑的处理

在独立基础下，当松土坑较浅时，可将松土坑内松土全部挖除，将柱基落深；当松土坑较深时，可将一定深度范围内的松土挖除，然后用与坑边天然土压缩性相近的材料换填。

对于较深的松土坑（当坑深大于槽宽或大于 1.5 m 时），槽底处理后，还应考虑是否需要加强上部结构的强度，以抵抗由于可能发生的不均匀沉降而引起的内力。常用的处理方法是：在灰土基础上 1 ～ 2 皮砖处（或混凝土基础内）、防潮层下 1 ～ 2 皮砖处及首层顶板处配置 3 ～ 4 根 ϕ8 ～ 12 的钢筋，如图 2–13 所示。

2. 枯井的处理

当枯井在基槽中间时，井内填土已较密实，则先将井壁（或砖圈）挖去，至基槽底下 1 m（或更多些）。在此拆除范围内用 2 : 8 或 3 : 7 灰土分层夯实至槽底，如图 2–14 所示。

当枯井的直径大于 1.5 m 时，则应适当考虑加强上部结构的强度，如在墙内配筋或做地基梁跨越枯井。

若井在基础的转角处，除了采用上述拆除回填的方法处理外，还应对基础加强处理。如采取从基础中挑梁的办法来解决；或者将基础延伸再在基础墙内配筋或钢筋混凝土梁来加强。

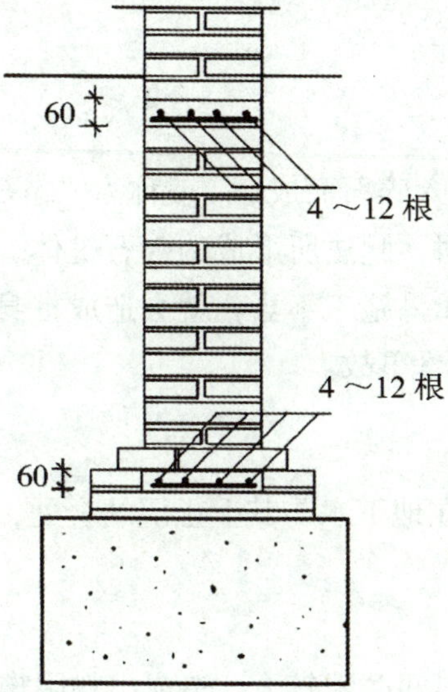

图 2–13　基础内配筋构造示意图

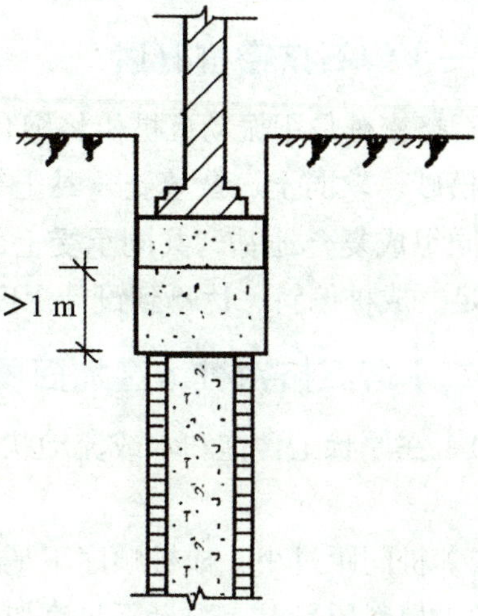

图 2–14　基槽下枯井的处理

3. 橡皮土的处理

当地基为黏土，且含水量很大趋于饱和时，夯拍后会使地基土变成踩上去有一种颤动感觉的“橡皮土”。因此，当发现地基土含水量很大趋于饱和时，要避免直接夯拍，这时，可采用晾槽或掺石灰粉的办法来降低土的含水量。如已出现橡皮土，可铺填一层碎砖或碎石将土挤紧，或将颤动部分的土挖除，填以砂土或级配砂石。

二、深层水泥土搅拌法加固

（一）深层搅拌法概述

深层搅拌法是加固深厚层软黏土地基的施工技术。该技术以水泥、石灰等材料作为固定剂，通过特制的深层搅拌机械，在地基深部就地将软黏土和固化剂强制拌和，使软黏土硬结成具有整体性和水稳定性的柱状、壁状和块状等不同形式的加固体，从而提高地基强度。

深层搅拌法适用于加固软黏土特别是超软土，加固效果显著，适应快速施工的要求。

（二）深层搅拌桩地基加固质量事故原因

深层搅拌桩地基加固中常见的质量事故，如承载力不足、搅拌体质量不均匀、施工中抱钻、冒浆等。究其原因，主要有以下几点。

（1）深层搅拌桩施工中固化剂、外掺剂选择不当，掺量不足，桩身无侧限抗压强度。

（2）深层搅拌桩平面布置不当，桩深不足，成桩垂直偏差大。

（3）施工工艺不合理。如不同加固土层没有选择不同的施工方法。

（4）搅拌机械、注浆机械等发生故障或工艺参数不当。如施工中堵塞、搅拌机械提升速度不当等。

三、碎石（砂）挤密桩

（一）碎石挤密桩概述

碎石挤密桩是用振动沉桩机将钢套管沉入土中再灌入碎石而成，一般称为“碎石桩”，适用于松砂、软弱土、杂填土、黏土等土层的地基加固。此法所形成的碎石桩体，与原地基土共同组成复合地基，共同承受上部结构的荷载。如果施工不当，就会造成桩身缩颈、灌量不足、成桩偏斜、达不到设计深度、密实度差等质量事故。

（二）碎石挤密桩地基加固质量事故原因

（1）在原状土含饱和水或流动状态的淤泥质土或在地下水与其上土层结合处，易产生缩颈。

（2）桩间距过小，成桩顺序不是间隔进行的。

（3）填料质量差，数量不足，如碎石不规格，石料间摩阻较大，造成出料困难。

（4）成桩时，遇到地下物，如大孤石、干硬黏土、硬夹层、软硬地基交接处等，都易造成桩偏斜、深度不足等。

（5）成桩参数选用不当，包括电机的工作电流、锤击的能量、拔管速度、挤压次数和时间等。

项目工单

【实训主题】

地基工程事故原因分析实训

【实训目标】

（1）理解地基工程事故的主要原因。

（2）掌握地质勘查、设计方案、施工过程中的关键问题。

（3）通过案例分析，提高学生识别和解决地基工程问题的能力。

【实训步骤】

步骤一：理论讲解

老师简要介绍地基工程事故的原因，包括地质勘查、设计方案、施工过程和环境因素等方面。

步骤二：小组讨论

学生分成小组，每个小组负责一个方面的深入讨论。

步骤三：案例分析

（1）案例背景：某办公楼设计之前仅做了简易触探，设计者按照勘查报告提出的偏高土力学指标进行了设计。

（2）问题描述：该办公楼尚未竣工即出现了显著的沉降和相对沉降差，导致倾斜约 400 mm，并引起了邻近已有房屋的严重开裂。

（3）分析：分析出现这种情况的原因，探讨地质勘查工作欠认真所导致的问题。

步骤四：汇报交流

小组代表向全班汇报分析结果和解决方案。

步骤五：总结反馈

老师总结实训成果，并给出改进建议。

【实训评定】

在实训结束后，教师根据每个学生在活动中的表现进行评定，如表 2-1 所示。

表 2-1　评定表

评定项目	分数（满分 10 分）	教师点评
小组讨论的质量		
案例分析的深度		
解决方案的合理性		
汇报交流的表现		

项目小结

地基工程作为建筑项目的基石，其稳定性和安全性直接关系到整个建筑物的使用寿命和安全性能。然而，由于地质条件复杂多变、施工技术及管理水平参差不齐等原因，地基工程事故时有发生。

通过本项目的学习，学生不仅可以掌握地基工程事故处理的基本知识和技能，还可以培养他们的安全意识、质量意识和工程实践能力，为未来的职业发展打下坚实的基础。

课后习题

一、填空题

1．在建筑地区，地下水位变化常与＿＿＿＿＿＿、＿＿＿＿＿＿有关。

2．无论是天然地基事故还是人工地基事故，按其性质都可概括为＿＿＿＿＿＿和＿＿＿＿＿＿两大问题。

3．软土地基的____________，是造成建筑物裂缝损坏或倾斜事故的主要原因。

4．____________是加固深厚层软黏土地基的施工技术。

二、简答题

1．简述地基工程事故中地质勘查问题的主要表现。

2．简述地基工程事故中设计方案及计算问题的主要表现。

项目三

基础工程事故处理

项目导读

基础错位是指在施工过程中，由于各种原因导致的基础位置偏离设计位置的现象。此类事故不仅会影响结构的安全性和稳定性，还可能导致后续施工困难或者成本增加。因此，了解基础错位事故的主要类别、常见原因以及有效的处理方法至关重要。本项目主要介绍建筑工程中常见的基础错位事故及其处理方法。

学习目标

知识目标

◆ 理解基础错位事故的主要类别及其特征。

◆ 掌握基础错位事故的常见原因，包括勘查失误、设计错误、施工问题以及其他因素。

◆ 了解基础错位事故处理的基本方法，如吊移法、顶推法、顶推牵拉法、扩大法、托换法等。

◆ 学习基础混凝土孔洞事故的原因及处理方法。

◆ 识别基础变形事故的特征及其原因。

◆ 熟悉基础变形事故的处理方法及选择原则。

能力目标

◆ 能够分析基础错位事故的原因，并提出合理的预防措施。

◆ 掌握基础错位事故处理的具体步骤和技术细节。

◆ 能够根据实际情况选择合适的事故处理方法。

◆ 具备评估基础混凝土孔洞事故严重程度的能力，并采取恰当的修复措施。

◆ 能够对基础变形事故进行诊断，并制定有效的处理方案。

素质目标

◆ 培养细致认真的工作态度，减少施工中的错误和疏忽。

◆ 提升团队合作精神，加强与设计、施工等多部门之间的沟通协调。

◆ 强化责任意识，确保施工质量和安全。

◆ 增强创新思维，积极探索新的处理技术和方法。

◆ 培养持续学习的习惯，关注行业动态和技术进步。

任务一 基础错位事故

任务描述

四川省某造船厂机加工车间扩建工程中，五个边柱基础施工后发现错位300 mm。原因是施工放线时误将柱截面中心线作为厂房边柱轴线。项目团队决定采用局部拆除后扩大基础的方法处理，以避免返工损失。通过凿除错位部分、露出底板钢筋、扩大基础混凝土垫层、接长底板钢筋等步骤，成功纠正了基础错位。该处理方案具有施工方便、费用低、结构安全可靠等优点。

思政目标

在建筑工程领域，基础工程事故处理不仅是技术层面的问题，更是体现社会主义核心价值观和社会责任感的重要方面。通过学习基础错位事故的处理，学生不仅能够掌握专业的技能，更重要的是培养一种对待工作的严谨态度和社会责任感。

任务分析

基础错位可能影响建筑物的整体稳定性和安全性，需及时妥善处理。通过本任务的了解，学生将深入探讨基础错位事故的相关知识，旨在提高对这类问题的认识，并掌握有效的预防与应对措施。

任务重点和实施

一、基础错位事故主要类别

（1）基础平面错位：包括单向和双向错位两种。

（2）基础标高错误：包括基底标高、基础各台阶标高以及基础顶面标高错误。

（3）预留洞与预埋件错误：包括预留洞和预埋件的标高、位置错误。

（4）基础插筋错误：包括基础插筋数量、方位错误。

二、基础错位事故常见原因

（一）勘查失误

常见的有：滑坡造成基础错位、地基及下卧层勘探不清造成的过量下沉和变形等。

（二）设计错误

制图或描图错误，审图时又未发现，故未纠正；设计措施不当，如软弱地基未做适当处理，对湿陷性地基上的建筑物，既无可靠的防水措施，又无相应的结构措施；对软硬不均匀地基上的建筑物，采用不适当的建筑结构方案等；土建施工图与水、电或设备图不一致。

有的是因设计各工种配合不良造成的，有的则因土建施工图发出后，设备型号变更或当时提供给土建的资料不正确，又未做及时纠正造成的；设计时考虑不周到，施工中途进行图纸更改。

（三）施工问题

1. 测量放线错误

（1）看图错误。错位事故很大一部分原因是看错图，最常见的是把基础中心线看成轴线而出错。在建筑和结构的施工图中，并不是所有的轴线都与中心线重合。对设计图纸不熟悉、施工中态度马虎的人容易发生这类事故。

（2）测量错误。最常见的是读错尺，这种偏差数值往往较大，施工中更应注意。

（3）测量标志移位。如控制桩埋设得浅、不牢固或位置选择不当等，车压和碰撞使控制桩发生位移而造成测量放线错误。又如基础施工中把控制点设在模板或脚手架上，导致出错等。

（4）施工放线误差大及误差积累。此种误差可造成基础位移或标高误差过大。

2. 施工工艺不良

（1）场地平整及填方区碾压密实度差。例如用推土机平整场地，并进行压实，而填土厚度又较大时，往往容易产生这类质量问题。建造在这种地基上的基础，常会产生过大沉降或倾斜变形。

（2）单侧回填。基础工程完成后进行土方回填，若不是两侧均匀回填，则往往造成基础移位或倾斜，有的甚至导致基础破裂。

（3）模板刚度不足或支撑不良。在混凝土振捣力及其他施工外力作用下，造成基础错位或模板变形过大，基础中杯口采用的是挂吊模法、活络模板等，也可能造成杯口产生较大的偏差。

（4）预埋件错位。常见的有预埋螺栓、预留洞（槽）等预埋件因固定不牢而造成水平移位、标高偏差或倾斜过大等事故。

（5）混凝土浇筑工艺和振捣方法不当。

【提示】

吊模是指没有下部支撑而悬在空中的模板，它可以用各种方式固定，比如用止水拉杆担住。吊模施工广泛应用于各类土建工程中，如大型设备基础、阀井浇筑等。

3. 施工中地基处理不当

（1）地基长期暴露、浸水或扰动后，未做适当处理。

（2）施工中发现的局部不良地基未经处理或处理不当，而造成基础错位或变形。

（四）其他原因

（1）相邻建筑的影响。例如在已有房屋附近新建房屋，造成原有房屋基础位移变形等。

（2）地面堆载过大。国外曾有报道，某仓库因堆料荷载太大，造成拱架基础位移达4.66 m。

三、基础错位事故处理方法与选择

（一）吊移法

首先，将错位基础与地基分离后，用起重设备将基础吊离原位。其次，一方面按照正确的基础位置处理好地基，另一方面清理基础底面。在这两项工作都完成后，再将基础吊装到正确位置上。为了确保基础与地基的接触紧密，可采用坐浆安装，必要时还可进行压力灌浆。此法通常适用于上部结构尚未施工、现场有所需起重设备、基础有足够强度和抗裂性能的情况。

（二）顶推法

用千斤顶将错位基础推移到正确位置，然后在基底处进行水泥压力灌浆，保证基础与地基之间接触紧密。此法适用于上部结构尚未施工、有适用的顶推设备、顶推后坐力所需的支护设施较简单的情况。

（三）顶推牵拉法

当基础与上部结构同时产生错位时，常用千斤顶将基础推移到正确位置，同时，在上部结构适当位置设置钢丝绳，用花篮螺栓或手动葫芦进行牵拉，使上部结构与基础整体复位。

（四）扩大法

将错位基础局部拆除后，按正确位置扩大基础。此法适用于错位的基础不影响其他地下工程、基础允许留设施工缝的情况。

（五）托换法

当上部结构完成后，如发现基础错位严重，可用临时支撑体系支托上部结构，然后分离基础与柱的连接，纠正基础错位。最后，再将柱与处于正确位置的基础相连接。这类方法的施工周期较长，耗资较大，且影响正常生产。

（六）其他方法

1. 拆除重做

基础事故严重者只能拆除重做。

2. 结构验算

基础错位偏差既不影响结构安全和使用要求，又不妨碍施工的事故，通过结构验算，并经设计单位同意时，可不进行处理。

3. 修改设计

基础错位后，通过修改上部结构的设计来确保使用要求和结构安全。

四、基础错位事故处理实例

（一）实例一

某装配式单层厂房柱基础错位事故处理。

1. 工程概况

四川省某造船厂机加工车间扩建工程，其边柱截面尺寸为 400 mm × 600 mm。基础施工时，柱基坑分段开挖，在挖完 5 个基坑后，即浇垫层、绑扎钢筋、支模板、浇混凝土。基础完成后，检查发现 5 个基础都错位 300 mm（图 3–1）。

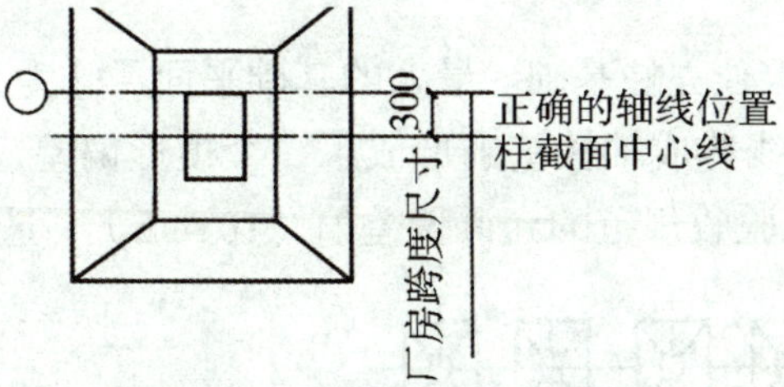

图 3–1　柱基础错位示意图

2. 事故原因

施工放线时，误把柱截面中心线作为厂房边柱的轴线，因而错位 300 mm，即厂房跨度大了 300 mm。

3. 事故处理

现场施工人员认为，为避免返工损失，建议以已施工的 5 个基础位置为准，完成全车间的施工任务，即厂房的宽度（跨度）方向全部加大 300 mm。考虑到此方案有以下弊端，因而不予采纳。

（1）上部结构出现非标准构件，需重新设计，而且施工与安装也增添了很多麻烦。

（2）厂房内的桥式吊车成了非标准产品，无法订货。

（3）影响全厂总图布置。

根据现场当时的设备条件，未采用顶推法或吊移法，而是采用局部拆除后扩大基础的方法进行了处理，其处理要点如下。

（1）将基础杯口一侧短边混凝土凿除（图 3–2）。

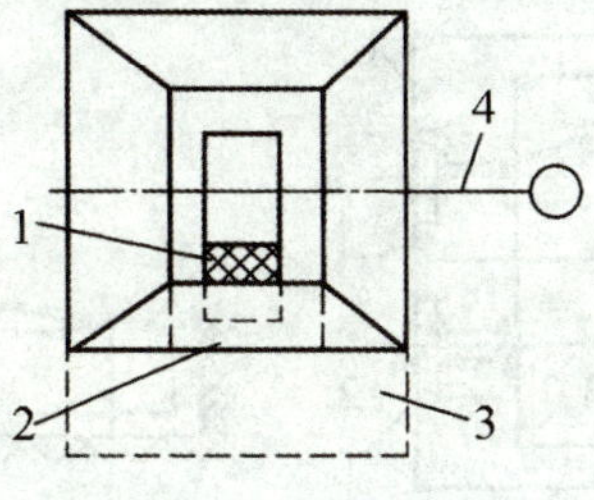

1—杯口部分凿除；2—基础一侧部分凿除，露出底板钢筋；
3—基础扩大部分；4—厂房边柱轴线。

图 3–2　基础错位处理示意图

（2）凿除部分基础混凝土，露出底板钢筋。

（3）将基础与扩大部分连接面全部凿毛。

（4）扩大基础混凝土垫层，接长底板钢筋。

（5）对原有基础连接面进行清洗并充分湿润后，浇筑扩大部分的混凝土。

所采用的处理方案具有施工方便、费用低、不需专用设备、结构安全可靠等优点。

（二）实例二

独立性基础错位事故处理。

1. 工程概况

某工程采用钢筋混凝土独立柱基础。最大的基础平面尺寸为 3.0 m × 3.4 m，混凝土体积 6.2 m^3，重 15.5 t。施工放线造成轴柱基础形成了一个楔形偏差，如图 3–3 所示。最大错位偏差达 160 mm，超出施工验收规范的允许偏差值（10 mm），造成事故。

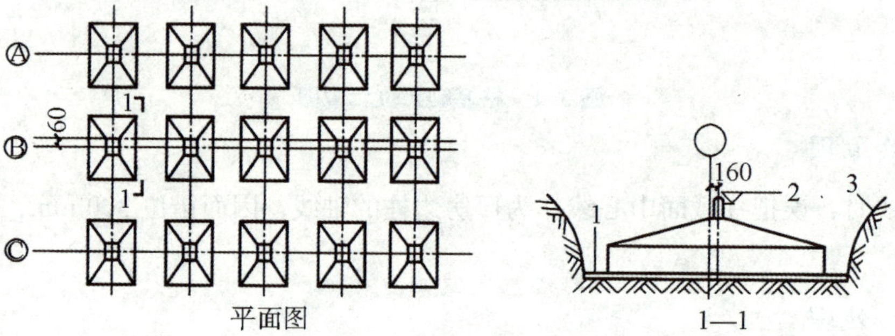

1—凿除垫层；2—柱插筋；3—基坑壁。

图 3–3　基础错位示意图

2. 事故处理

该工程经过多方案的比较后，选择用千斤顶推移复位法处理错位基础，其施工要点如下。

（1）准备工作。清理基础四周土方与杂物；凿除外部的混凝土垫层；测出基础四周的标高。

（2）千斤顶选用和布置。根据基础体积大小，以及混凝土与土之间摩擦阻力值选用千斤顶。该工程采用 2 台 15 t 的千斤顶，平行对称地将千斤顶设置在基础与基坑壁之间。千斤顶的作用点设在基础下部、混凝土垫层上面（图 3–4）。

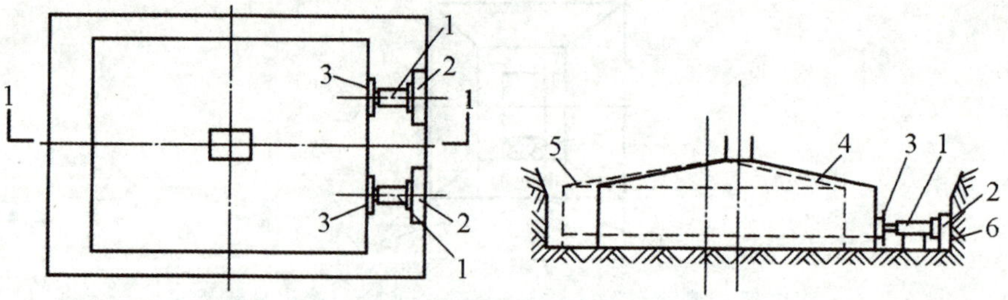

1—千斤顶；2—道木；3—垫块；4—错位的基础；5—复位后的基础；6—基坑壁。

图 3–4　千斤顶布置示意图

（3）推移复位。控制两台千斤顶同时作用和推移同步，将基础沿垫层与地基之间逐渐推移到设计位置。

（4）检查复位情况。除了检查平面尺寸错位、纠偏尺寸外，还应检查基础标高是否有改变。该工程所测数据为：基础标高一般增加 5 mm 左右，最大的约 10 mm。

（5）压力灌浆。基础推移后，基底下可能产生空隙，从而产生附加沉降，因此，需要对其进行水泥压力灌浆。灌浆前先将基础四周用 C8 混凝土进行封闭，并在适当位置预留灌浆孔与出气孔。水泥浆液中加入适量膨胀剂（如铝粉等），以确保基底密实。

任务二　基础变形事故处理

任务描述

某天，小林的管理团队发现了一些令人担忧的迹象：墙体间出现了细微但清晰的裂缝，吊车滑轨不再如以往般平稳运行，甚至在某些角落，地面似乎有轻微的倾斜。这些现象如同无声的警报，预示着大楼可能正遭受着基础变形事故的侵扰。为了深入探究问题的根源并寻找解决方案，本任务全面剖析了钢筋混凝土基础变形的特征，如沉降量、沉降差、倾斜及局部倾斜等，并以此为线索，追溯导致这些变形事故的深层次原因。

任务分析

基础变形事故处理是一项复杂而重要的工作。通过全面分析变形特征、深入探究事故原因并制定有效的处理措施，可以有效保障建筑物的安全稳定。同时，加强地质勘查、设计审查、施工监管等环节的管理力度也是预防基础变形事故发生的重要措施。通过本任务的了解，学生将深入了解钢筋混凝土基础变形事故的特点、成因以及处理方法，旨在提高对这类问题的理解，并掌握有效的预防与应对措施。

任务重点和实施

基础变形事故多数与地基因素有关，由于变形也是基础事故的常见类别之一，同时又因造成这类事故也不局限于地基事故，因此有必要介绍这类事故的处理。

一、钢筋混凝土基础变形事故特征

钢筋混凝土基础变形事故特征有以下几种。

（1）沉降量：指单独基础的中心沉降。

（2）沉降差：指两相邻单独基础的沉降量之差。对于建筑物地基不均匀、相邻柱与荷载差异较大等情况，有可能会出现基础不均匀下沉，导致吊车滑轨、围护砖墙开裂、梁柱开裂等现象的发生。

（3）倾斜：指单独基础在倾斜方向上两端点的沉降差与其距离之比。越高的建筑物，对基础的倾斜要求越高。

（4）局部倾斜：指砖石承重结构沿纵向 6 ～ 10 m 内两点沉降差与其距离的比值。在房屋结构中出现平面变化、高差变化及结构类型变化的部位，由于调整变形的能力不同，极易出现局部倾斜变形。砖石混合结构墙体开裂，一般是由于墙体局部变形过大引起的。

二、基础变形事故的原因

基础变形事故的原因往往是综合性的，因此分析与处理起来比较复杂，必须从地质勘查、地基处理、设计、施工等方面进行综合分析。

扫一扫

基础变形事故的原因

1. 地质勘查问题

（1）勘查资料不足、不准或勘查深度不够，勘查资料错误。

（2）勘查提供的地基承载能力太高，导致地基剪切破坏形成倾斜。

（3）土坡失稳导致地基破坏，造成基础倾斜。

2. 地下水条件变化

（1）施工中人工降低地下水位，导致地基不均匀下沉。

（2）地基浸水，包括地面水渗漏入地基后引起附加沉降，基坑长期泡水后承载力降低而产生的不均匀下沉，形成倾斜。

（3）建筑物使用后，大量抽取地下水，造成建筑物下沉。

3. 设计问题

（1）建造在软土或湿陷性黄土地基上，设计时没有采取必要的措施，造成基础产生过大的沉降。

（2）地基土质不均匀，其物理力学性能相差较大，或地基土层厚薄不均，压缩变形差大。

（3）建筑物的上部结构荷载差异大，建筑物体形复杂，导致不均匀下沉。

（4）建筑物上部结构荷载重心与基础底板形心的偏心距过大，加剧了偏心荷载的影响，增大了不均匀沉降。

（5）建筑物整体刚度差，对地基不均匀沉降较敏感。

（6）整板基础的建筑物，当原地面标高差很大时，基础室外两侧回填土厚度相差过大，会增加底板的附加偏心荷载。

（7）挤密桩长度差异大，导致同一建筑物下的地基加固效果明显不均匀。

4. 施工问题

（1）施工顺序及方法不当，例如建筑物各部分施工先后顺序错误；在已有建筑物或基础底板基坑附近大量堆放被置换的土方或建筑材料，造成建筑物下沉或倾斜。

（2）人工降低地下水位。

（3）施工时扰动和破坏了地基持力层的土壤结构，使其抗剪强度降低。

（4）打桩顺序错误、相邻桩施工间歇时间过短、打桩质量控制不严等，造成桩基础倾斜或产生过大沉降。

（5）施工中各种外力，尤其是水平力的作用，导致基础倾斜。

（6）室内地面大量的不均匀堆载，造成基础倾斜。

三、基础变形事故处理方法及选择

（一）常用处理方法

通常可以采用以下几种处理方法。

（1）通过地基处理，矫正基础变形。所用方法有沉井法、浸水法、降水法、掏土法、振动局部液化法、注入外加剂使地基土膨胀法、地基应力解除法、水平挤密桩法等。

（2）顶升纠偏法。包括从基础下加千斤顶顶升纠偏；地面上切断墙、柱进行顶升纠偏等。

（3）预留纠偏法。包括抽砂法、预留千斤顶顶升法等。

（4）顶推或吊移法。包括用千斤顶或其他机械设备将变形基础推移到正确位置，或用吊装设备将错位基础吊移，纠正变形。

（5）卸荷法。通过局部卸荷调整地基不均匀下沉，达到矫正变形的目的。

（6）反压法。通过局部加荷调整地基不均匀沉降而实现纠偏。

（7）加固基础法。包括抬墙梁法、沉井法、沉箱法、锚桩静压桩法、压入桩法等。

（二）纠正基础变形方法选择的注意事项

选择纠正基础变形的方法时应注意以下几点。

（1）准确查清基础变形的原因。除了要认真查阅原设计图纸、地质报告和施工记录等有关资料外，还应深入了解施工中的实际情况。必要时补做勘查工作，彻底查明地基土质及基础状况，找出导致基础变形的准确原因，为正确选择处理方案提供可靠的依据。

（2）优选处理方案。通过技术经济比较，选用合理、经济的方案。

（3）认真做好矫正变形前的准备工作。在纠偏施工前，要根据方案做现场试验，用来验证所选用方案的可行性和确定施工参数。

（三）基础变形事故处理案例

案例一：用顶推法纠正某露天栈桥柱基础变形事故。

1. 工程事故概况

某钢厂的钢锭库为露天栈桥，跨度 25.5 m，柱距 9 m，吊车为 10 t 桥式吊车，建于湿陷性黄土地基。栈桥因局部场地遭大水浸泡后，发现有一根柱向外倾斜，吊车轨顶中心线偏离 95 mm 以上，吊车随时可能掉轨坠落，已不能正常使用。

该工程地质情况是：土质为Ⅰ级非自重湿陷性黄土，地基承载力为 200 kPa，地面标高下 8 m 深处为非湿陷性土。经测定，基底标高（地面下 4 m）处土的含水率，东侧为 27%，西侧为 16%。因此造成黄土地基湿陷量不同，基础产生不均匀沉降而使柱子向外倾斜。

柱子的另一个方向（南、北向）无明显变形。

2. 处理方案

处理方案主要由以下三部分组成。

（1）加固地基。因地基土含水量较高，压缩模量和地基承载力降低，如不先加固地基，纠偏后基础势必还会发生不均匀下沉。

（2）顶推法纠偏。用千斤顶顶推倾斜的基础，使柱子恢复至垂直状态。

（3）做好场地排水措施，防止再次浸水。

3. 纠偏设计与施工

（1）顶推法纠偏技术依据。本工程的混凝土杯口基础与柱子已连成整体，总重 59.9 t。可以选用的方法有两种：一是用起吊摆正法；二是使基础绕某轴转动的纠正法。由于基础与柱的总重较大，选用第一种方法较难实施。第二种方法是在基础下沉较大一侧的某个部位设置千斤顶，顶推变形的基础，同时在基础另一侧底边缘将基土挖空，使基础在一定范围内与地基脱离。千斤顶作用时，其顶推力与基底摩阻力形成顶推力矩，使基础绕底面内装轴做反向转动，从而达到纠偏的目的。采用这种方法时，要注意顶推力矩既要大于自重稳定力矩，使基础发生纠偏转动；又应保证顶推力不大于最大静摩擦阻力，使基础不至于产生滑移。

（2）千斤顶顶推措施的设计计算。顶推力 P 作用在杯口以下 60 cm 处的 A 点（图 3-5）。力臂为 355 cm，力矩点（即纠偏转动时的轴）B 离另一侧基础底边缘 60 cm，柱重 6.5 t，重心与 B 点距离为 120 cm。基础与地基间的摩擦阻力系数因无实测数据，故根据资料取内摩擦阻力角 φ 为 22° 18′，则摩擦阻力系数 $M = \tan\varphi = 0.41$，由于静摩擦阻力系数 M_0 比 M 稍大一些，取 $M_0 = 0.47$。因此最大静摩擦阻力 $F_0 \approx 599 \times 0.47 \approx 282$ kN。以顶推力矩与自重力矩（稳定力矩）的平衡条件求顶推力 P，可得 $P = 232.6$ kN。

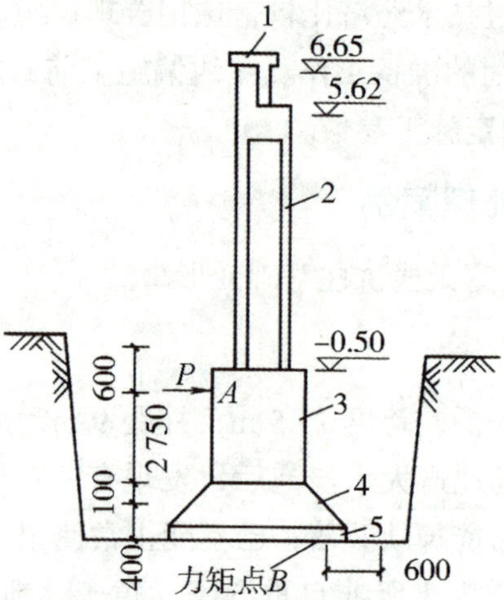

1—混凝土吊车梁；2—I 形柱，重 6.5 t；3—杯口，重 18.6 t；4—锥体，重 20.6 t；5—底板，重 14.2 t。

图 3-5　栈桥柱基础倾斜示意图

因此，实际顶推力应控制在 232.6 ～ 282.0 kN，使基础能做纠偏转动而不发生滑动。适宜的顶推力值可通过变动 A、B 两点的不同位置来调节。千斤顶顶推力作用于被纠偏构件上，用 200 mm × 150 mm × 150 mm 的厚钢板垫块，以扩大局部承压面积（图 3–6）。

（3）地基加固设计。经浸湿的黄土地基的加固方案，如图 3–7 所示。用 2 根钢筋混凝土扁担梁 L_1，将基础荷载传递给 4 根爆扩桩，桩直径为 350 mm，桩长 6 m，爆扩头直径为 1 400 mm，桩底在地面以下 10.5 m 处，此处黄土没有浸水，且为非湿陷性土层。

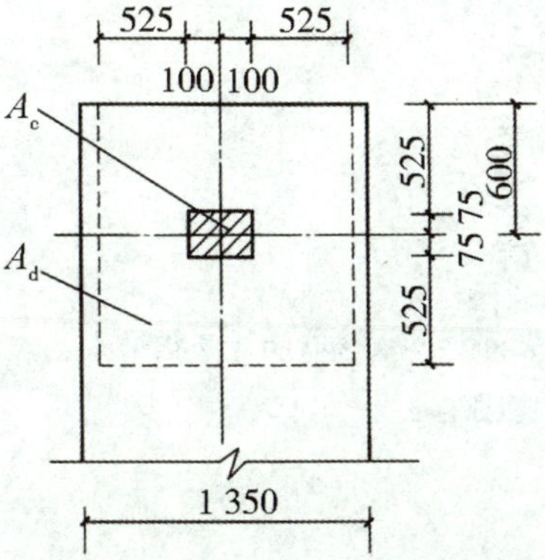

图 3–6　顶推时局部承压强度验算示意

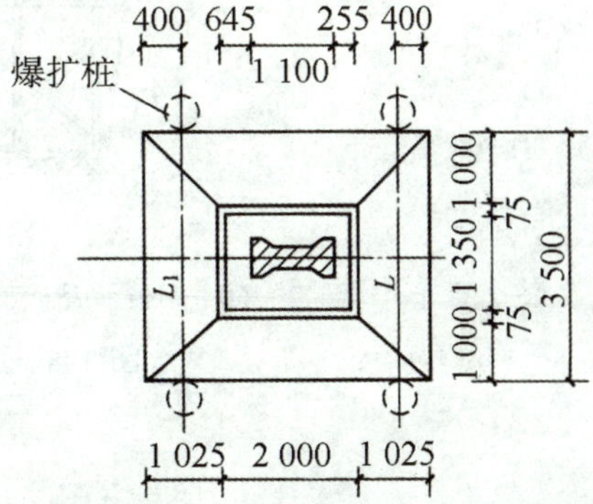

图 3–7　栈桥地基加固平面图

爆扩桩单桩承载力，根据单桩（无扩大头）桩身摩擦阻力试验值和扩大头单桩荷载试验值，采用 300 kPa 作为扩大头水平投影面积的地基承载力。通过试验分析和参考有关资料，这个取值是偏安全的。同时还分析了某大型厂房浸水处理湿陷性黄土地基的试验资料，而在连续补给浸水条件下，3 天左右不会渗透到地面下 10.5 m 深处；万一浸湿，因扩大桩头持力层是非湿陷性土，仅因土浸水后压缩模量减小而发生的少量沉降，对栈桥工程不致造成危害。爆扩桩长度为 6 m，还考虑到了炸药引爆扩大头时对基础底下的土层不致产生有害的影响。

本工程的基础在最不利荷载组合下，最大竖向荷载为 1.8 MN，增设的 4 根爆扩桩可承载 1.85 MN，已大于 1.8 MN。因此，基础加固后，不可能产生过大的变形。同时还考虑到基础下的土层随着浸水逐渐扩散，其承载力可能提高，对处理后的地基变形，也有较有利的效应。此外，对钢筋混凝土扁担梁 L_1 及基础锥体的抗剪强度做了验算，其结果都符合规范要求。

（4）顶推纠偏施工。本工程纠正倾斜变形的施工步骤如下。

① 开挖基坑土方至基底标高，并对 4 个爆扩桩进行成孔作业。

② 爆扩桩底大头，然后放置钢筋，浇筑桩身混凝土至桩顶下 80 cm 处，桩上部 80 cm 混凝土与梁 L_1 同时浇筑。炸药引爆前应用撑木和倒链等器材稳固基础和柱子（图 3–8）。

③ 第二次挖土并制作 L_1 钢筋混凝土梁，注意在梁顶混凝土与基础底面间留 10 cm 以上空隙，同时浇筑工作坑地坪混凝土（图 3–9）。

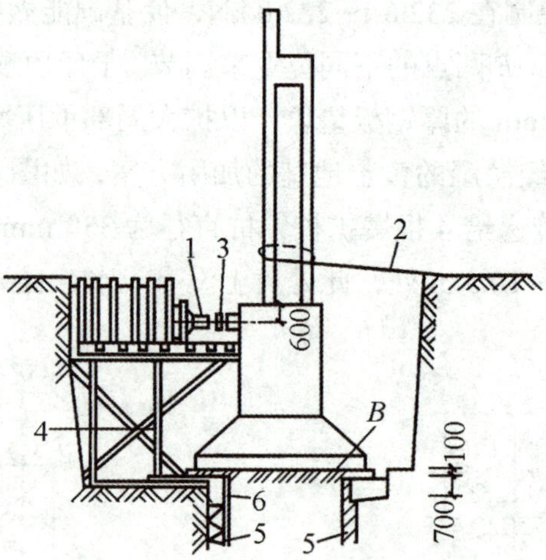

1—2 台千斤顶；2—50 t 倒链拉结；3—铁块；4—楔形铁块；5—爆扩桩；6—扁担梁 L_1。

图 3-8　顶推法纠正倾斜柱示意图

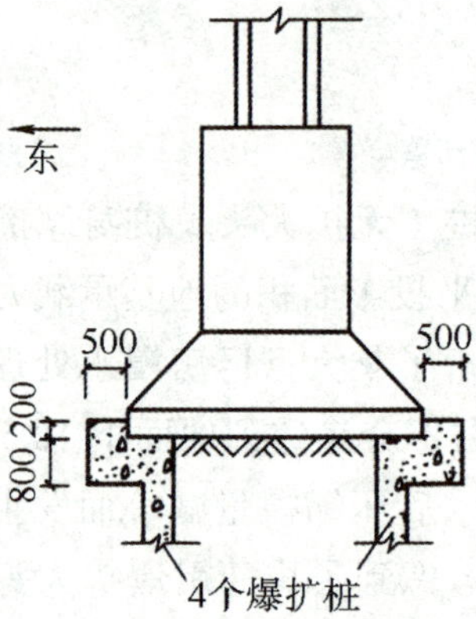

图 3-9　基底与土脱离处用混凝土浇灌密实

④ 顶推纠正倾斜柱。选用 2 台 200 t 丝杠千斤顶（若用液压千斤顶，因卧倒使用将降低顶推力，故必须选大吨位），装置应使其合力与栈桥柱中心线重合（或平行）；用道木交错排铺在千斤顶后背，土耐压强度 200 kPa，后背面积约 2 m^2；在该列柱吊车梁上架设经纬仪观测，在地面用线锤吊测，控制顶推过程；操作千斤顶，将柱子逐渐纠正到垂直位置，随即在基础底下安放钢楔（用角钢对扣焊制）垫块，在 3.5 m 边长内均匀放 4 处，用大锤打紧。放松千斤顶时，柱回弹 5 mm。再次顶进并“过正”15 mm，再打紧钢模，放松千斤顶，未见回弹（在另一侧也适当放两组钢模）；在基础东、西两侧脱离处浇灌混凝土（图 3-9）。第一次振捣后，隔一段时间再振捣一次并补充混凝土，使空隙完全充满。

在复查吊车梁搁置标高时，发现低了 100 mm，即用 50 mm 厚钢板垫足。

⑤ 栈桥场地采取必要的排水措施。特别是在湿陷性黄土地区，这项措施必须谨慎做好。本工程在纠正倾斜后对整个栈桥场地修建了排水措施，此后不曾出现水浸泡地基的事故。

案例二：用注水法纠正某砖混结构住宅倾斜事故。

1. 工程事故概况

某区 7 号砖混住宅楼，高 18 m（6 层），平面示意及桩基布置如图 3–10 所示。该楼建筑面积为 3 247 m^2，按抗震设防烈度 8 度设计。楼板为预制预应力混凝土空心板，每层纵横墙均有钢筋混凝土圈梁。每两开间在纵横墙交接处设有构造柱。基础为混凝土灌注桩，地基为湿陷性黄土，土层平坦。该楼使用不久后便向北倾斜，如图 3–11 所示，顶层处最大倾斜值为 185 mm，超过《危险房屋鉴定标准》中所规定的建筑物墙体的最大倾斜的限值，已属于危险房屋，必须进行处理。

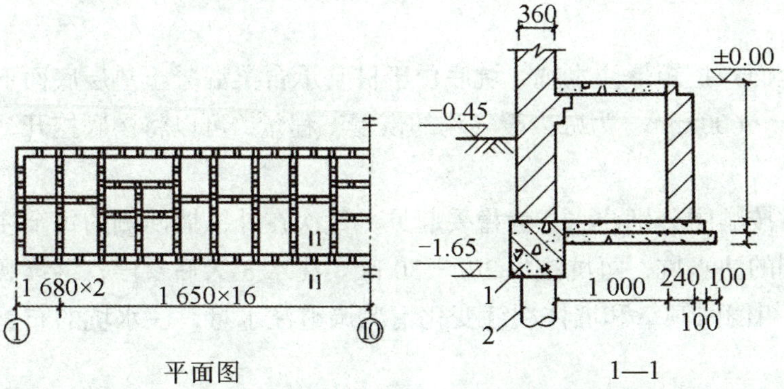

1—承台梁；2—φ325 mm 灌注桩。

图 3–10　建筑平面及桩基示意图

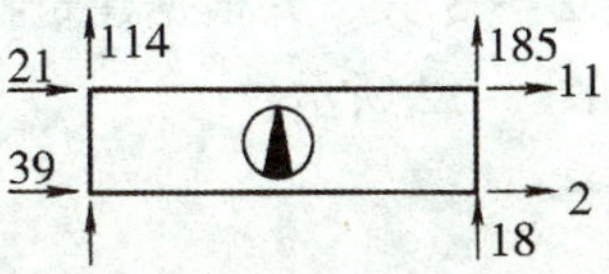

图 3–11　房屋倾斜情况

由于房屋发生不均匀倾斜，顶层横墙、首层和第二层北纵横墙多处出现裂缝（裂缝宽度最大不超过 3 mm）。但是建筑物整体性仍然很好，圈梁未见裂缝，主体结构未遭破坏。这证明结构设计中所采取的抗震措施，在房屋不均匀沉降时能起到保证建筑物整体性的良好作用。

2. 事故原因

造成建筑物倾斜的原因主要是施工管理差。施工时东单元和中单元之间的下水道未予接通。在房屋使用后，下水管道中水外溢渗入地基，造成湿陷。此外，设计也有不足之处，如该楼地基为Ⅱ级湿陷性黄土，厚度为 12 m，设计中虽采用了桩基础，但桩长仅 7 m，未穿透全部湿陷性黄土层，因而不能防止地基浸水后引起的建筑物湿陷。

3. 事故处理方案设计

为确定桩基房屋的纠偏扶正方案，首先，应了解渗水后建筑物地基的含水量和相对湿陷系数变化情况。根据勘查资料，黄土的含水量为 8.3% ～ 23%，相对湿陷系数为 0.000 4 ～ 0.089 8，受渗水影响较大的区域含水量较大、系数较小，因此，具有采用人工注水法纠偏的可能性。

其次，总结了以往在该地区湿陷性黄土地基上的片筏基础和条形基础住宅楼用人工注水法纠偏扶正成功的设计和施工经验，并将注水法与其他可能采用的纠偏方法进行比较。结果证明，人工注水法仍是湿陷性黄土地基上的桩基房屋纠偏的最佳方法。因为它不需要复杂的专用施工设备和专业技术人员，所需纠偏工程费用最低，施工较方便。经过讨论，技术人员提出了纠偏设计方案。该方案要求在桩基周围缓慢注水，保证逐渐地减少桩与土的摩擦阻力，使建筑物南侧能够均匀地下沉，从而达到建筑物纠偏扶正的目的。

具体实施步骤如下。

（1）将南侧首层室内混凝土地面与墙交接处凿开，消除桩基沉降时混凝土地面可能产生的阻力。将南侧沿桩基承台梁底部厚约 100 mm 的土清除，使承台梁与土间形成空隙，便于桩基沉降变形。

（2）沿南侧内外墙两边地面开挖矩形注水坑，坑底位于桩基承台梁混凝土垫层底面下 100 mm 处，注水坑每边长 500 ～ 600 mm。为减少暖气沟的恢复工程量，可以将沟底挖开，以便注水。

（3）每个开间，每天定时按顺序分别注水。为稳妥起见，每次在外纵墙两侧的每个注水坑各注水 50 kg；内横墙两侧的注水坑，每坑注水 20 ～ 30 kg。注水 3 天后暂停，继续观察 2 ～ 3 天，并根据建筑物的纠偏回倾量和墙体裂缝变化情况调整注水量，注水坑的布置如图 3–12 所示。

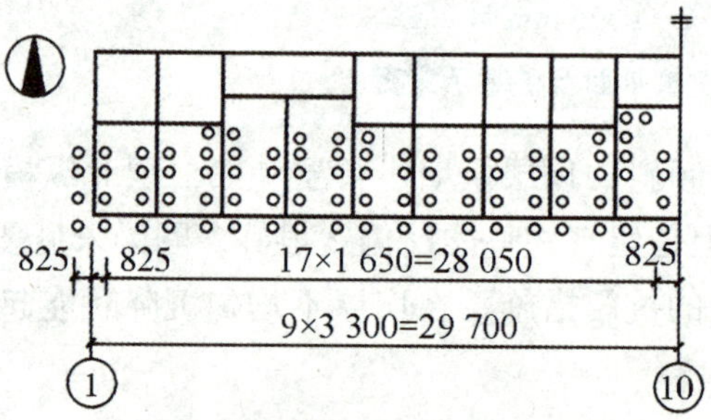

图 3–12　注水坑的布置

（4）注水使建筑物回倾后，当剩余的倾斜值小于或接近建筑物总高度的 0.7% 时，应停止注水。再观测 10 ～ 15 天，如回倾量无大变化，便可将注水坑用 2 : 8 灰土分层回填夯实。同时夯实南侧承台梁底部土体，并恢复室内地面、暖气沟及室外散水。

（5）若经过上述纠偏效果不显著，可在注水坑内，用洛阳铲挖凿直径 100 mm、深 2 ～ 3 m 的深层注水坑，以减小桩身下部土的摩擦阻力，增加房屋的纠偏回倾值。此外，还可根据具体情况采取其他措施（如在南纵墙外侧加压等）进行纠偏。

（6）根据纠偏后建筑物墙体的开裂情况，对裂缝严重处的墙体进行加固。可采用钢筋混凝土夹板墙或在裂缝内注水泥浆等加固方法。

案例

2023 年 5 月，江西南昌高新区一小区的业主发现，小区地下室一根承重柱出现爆裂、主（钢）筋弯曲变形的情况。一家鉴定机构出具对该承重柱的损伤原因分析及处理意见，称“混凝土部分施工质量存在严重缺陷、严重影响结构安全”“损伤为个例，不存在普遍性”。

但业主们表示，他们担忧的不仅仅是受损柱，还有整个小区的质量安全。因此，他们希望对更大范围的梁、柱、板进行全面检测和鉴定。为此，他们阻止相关人员修复那一根受损柱，在此过程中双方发生冲突，数名业主受伤。

任务三　基础混凝土孔洞事故处理

任务描述

某大型建筑项目的外墙在施工过程中，由于种种原因，出现了部分孔洞和露筋现象。这不仅影响了墙体的美观，更重要的是可能降低了墙体的防水抗渗性和结构强度。面对这一难题，小林团队迅速制定了修补方案。本任务旨在了解基础混凝土孔洞事故的处理。

任务分析

基础混凝土孔洞事故处理是一项复杂而重要的工作。通过明确质量缺陷划分标准、深入分析事故原因、制定针对性修补方案并严格实施施工操作等措施，可以有效地解决孔洞和露筋等质量问题。同时，加强总结和反馈工作也是提升工程质量和项目管理水平的重要途径。通过本任务的了解，学生将深入了解基础现浇混凝土结构中孔洞事故的特点、成因以及处理方法，旨在提高对这类质量问题的理解，并掌握有效的预防与应对措施。

任务重点和实施

一、基础现浇混凝土结构质量缺陷划分

现浇混凝土结构的外观质量缺陷应由监理单位、施工单位等各方根据其对结构性能和使用功能影响的严重程度确定。混凝土现浇结构外观质量缺陷划分，如表 3-1 所示。

表 3-1　混凝土现浇结构外观质量缺陷划分

名称	现象	严重缺陷	一般缺陷
露筋	构件内钢筋未被混凝土包裹而外露	纵向受力钢筋有露筋	其他钢筋有少量露筋
蜂窝	混凝土表面缺少水泥砂浆而形成石子外露	构件主要受力部位有蜂窝	其他部位有少量蜂窝
孔洞	混凝土中孔穴深度和长度均超过保护层厚度	构件主要受力部位有孔洞	其他部位有少量孔洞

续表 1

名称	现象	严重缺陷	一般缺陷
夹渣	混凝土中夹有杂物且深度超过保护层厚度	构件主要受力部位有夹渣	其他部位有少量夹渣
疏松	混凝土中局部不密实	构件主要受力部位有疏松	其他部位有少量疏松
裂缝	缝隙从混凝土表面延伸至混凝土内部	构件主要受力部位有影响结构性能或使用功能的裂缝	其他部位有少量不影响结构性能或使用功能的裂缝
连接部位缺陷	构件连接处混凝土有缺陷及连接钢筋、连接件松动	连接部位有影响结构传力性能的缺陷	连接部位有基本不影响结构传力性能的缺陷
外形缺陷	缺棱掉角、棱角不直、翘曲不平、飞边凸肋等	清水混凝土构件有影响使用功能或装饰效果的外形缺陷	其他混凝土构件有不影响使用功能的外形缺陷
外表缺陷	构件表面麻面、掉皮、起砂、沾污等	具有重要装饰效果的清水混凝土构件有外表缺陷	其他混凝土构件有不影响使用功能的外表缺陷

混凝土现浇结构的外观质量不应有一般缺陷和严重缺陷。对已经出现的影响结构安全的严重缺陷经处理的部位应重新验收。

二、基础混凝土孔洞事故原因

造成基础混凝土孔洞事故的原因有以下几种。

1. 施工工艺不当导致混凝土离析

施工工艺错误，诸如混凝土自由下落高度过大、混凝土运输浇灌方法不当等造成混凝土离析，出现石子成堆现象。

2. 施工顺序与工艺违规操作

不按规定的施工顺序和施工工艺认真操作、漏振等。

3. 钢筋密集处混凝土浇筑难题

在钢筋密集处或预留孔洞和埋件处，混凝土浇筑不畅通，不能充满模板而形成孔洞。

4. 模板跑浆引发的质量问题

模板严重跑浆，形成特大蜂窝、孔洞。

5. 石子过大受阻于密集钢筋

混凝土石子太大，被密集的钢筋挡住。

6. 混凝土中混入杂物

混凝土有泥块和杂物掺入而未清除，或将大件料具、木块打入混凝土中。

7. 下料方式不当导致松散状态

不按规定下料（把吊斗直接注入模板中浇筑混凝土），或一次下料过多，下部振捣器振动作用半径达不到，形成松散状态，以致出现特大蜂窝和孔洞。

8. 混凝土配合比不准确

混凝土配合比不准确，或者砂、石、水泥材料计算有误，形成蜂窝和孔洞。

9. 模板问题引发的蜂窝和孔洞

模板孔洞未堵好，或支设不牢固，振捣混凝土发生模板移位，也会造成蜂窝和孔洞。

三、基础混凝土孔洞事故处理方法及选择

确定为混凝土孔洞事故后，通常要经有关单位共同研究，制订补强方案，经批准后方可处理。常用处理方法有以下四种。

（一）局部修补

基础内部质量无问题，仅在表面出现孔洞，可将孔洞附近混凝土修凿清洗后，用高一个强度等级的混凝土填实修补。

（二）灌浆

当基础内部出现孔洞时，常用压力灌浆法处理。最常用的灌浆材料是水泥或水泥砂浆。灌浆方法有一次灌浆和两次灌浆等。

（三）扩大基础

已施工基础质量不可靠时，往往采用加大或加高基础的方法处理。此时，除了以可靠的结构验算为依据外，还应有足够的空间。应注意基础扩大后对使用的影响，以及和其他基础或设备是否形成冲突等。

（四）拆除重做

孔洞严重，修补无法达到原设计要求时，应拆除重做。

（五）基础混凝土孔洞事故案例

案例一：某高层住宅地下室混凝土孔洞事故处理。

1. 工程概况

某高层住宅，地下 14 层，地上 32 层，采用带承台的桩基，地下室为箱形基础。承台底标高为 –6.4 m，厚为 110 cm。板墙厚度：外墙 300 mm，内墙 200 mm、250 mm、300 mm 三种。板墙高度为 4.3 m，顶板厚为 250 mm。两幢高层住宅为连体基础。中间铺设施工后浇带，基础为 C30 防水密实混凝土。

在拆除全部模板后，发现人防混凝土出现大量蜂窝、麻面、露筋、孔洞等质量问题。蜂窝、麻面、露筋、孔洞外墙共计 124 处，内墙也有 64 处，总面积约占整个地下人防墙板面积的 0.7%，详细部位及尺寸如图 3–13 所示。

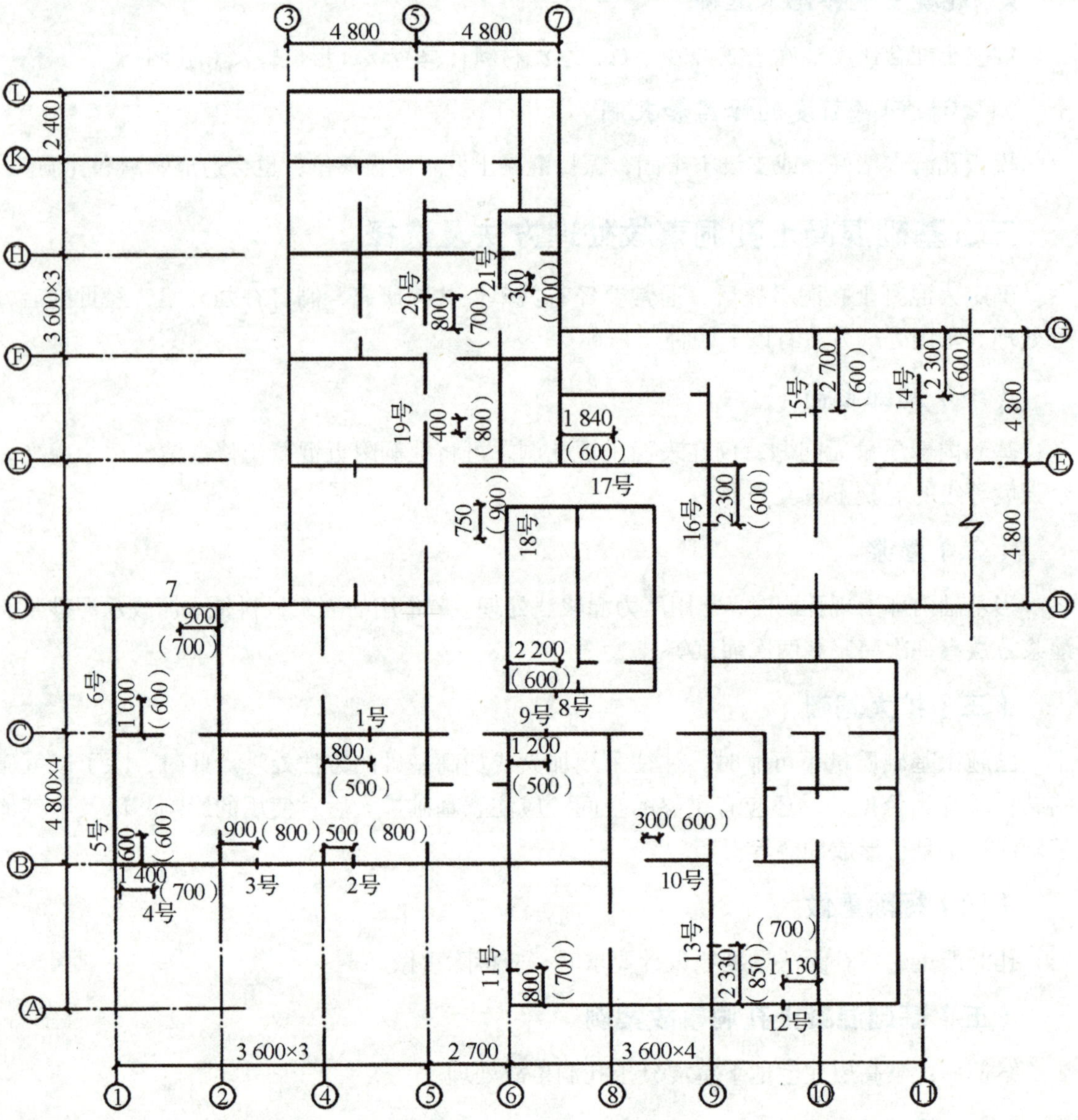

图 3-13　混凝土质量问题部位及取样编号

注：1.“×”号为取样编号。2. 括号内数字为取样点离地高度，mm。

2. 事故原因

事故原因主要是质量管理失控，现场操作人员素质不高，以及混凝土浇捣质量保证措施不力。例如投料过快、振动设备配备不足、少振漏振。

3. 事故处理

施工单位会同建设单位、设计单位及市工程监察中心，对事故作做了进一步分析，并明确了测试方案和处理方案。

（1）钻芯取样和超声波测试。分别在 21 块墙板取样，其中钻芯取样 7 组共 21 块试块，取样部位均在表面缺陷严重区域。超声波测试主要集中在距墙 1.5 m 以内进行，占整个墙面的 45%，结果混凝土整体强度达到 36.5 MPa，满足 C30 的强度等级要求。超声法检测结果证明，混凝土墙板的密实度和均匀性良好。

总测试结果分析，混凝土强度能满足设计要求，除已凿掉的缺陷之外，检测部分的墙板混凝土内部质量良好、密实，为此决定进行修复处理。

（2）处理方法。

① 蜂窝、麻面修补方法。先将蜂窝、麻面处的松动石子及有毛细孔的地方凿去，清除垃圾、灰尘，冲洗表面，并保持表面湿润；涂刷 H–1000 胶黏剂（配合比水：胶黏剂为 2∶1）；涂刷胶黏剂后，用 1∶2 水泥砂浆粉刷压光。砂浆用 52.5 级普通水泥和粗砂配制。一定时间后进行浇水养护。

② 露筋、孔洞修补方法。先将混凝土松动的地方凿去，把孔洞修凿成与墙面基本垂直；修凿混凝土孔洞凿到密实混凝土为止，清除垃圾及灰尘，冲洗表面，在混凝土浇捣前就保持表面混凝土的湿度；按照孔洞的外平面尺寸配制模板。模板用 φ10 螺栓勾住结构钢筋固定。浇捣面一侧上口模板配制成斜口状，斜口离墙面不小于 50 mm，斜口上平面高出孔洞口 80 ～ 100 mm；修补使用 C35 混凝土，石子粒径为 5 ～ 15 mm，黄砂为中粗，52.5 级普通水泥，混凝土坍落度为 6 ～ 8 cm；每立方米混凝土的材料用量为：水泥（52.5 级普通水泥）450 kg，石子（5 ～ 15 mm）1 023 kg，黄砂（中粗）736 kg，木钙为水泥用量的 1.125%，水 180 kg，铝粉为水泥用量的 0.2%；修补前隔夜浇水，保持原混凝土的湿度；混凝土浇捣前，拆除已试装的模板，用胶黏剂刷一遍，刷好胶黏剂后可在 4 h 内进行修补工作；混凝土浇灌用 φ30 振动棒进行振实；个别难浇的孔洞模板分块配制；浇捣完成后，用浸湿的砖块压封上口外露混凝土，浇捣 24 h 后拆除模板，一个星期后凿去混凝土凸出部分；浇捣混凝土 8 h 后进行浇水养护，使模板保持一定的湿度，24 h 拆模后浇水养护。

③ 外墙防水处理。所有外墙面清扫后，用 1∶1 水泥砂浆批嵌，把看不见的毛细孔批嵌密实；刷一遍冷底子油；刷两遍热沥青。

经过上述修复后，混凝土强度与防水抗渗性完全满足设计要求，并经验收合格，允许上部结构进行施工。

案例二：某发电机基础局部孔洞、露筋事故处理。

1. 工程概况

东边地区某厂汽轮发电机基础为钢筋混凝土结构，由 6 根框架柱、顶板、底板与混凝土薄壁冷风道组成（图 3–14）。顶板厚 1.1 m，底板厚 2.5 m，框架柱截面尺寸分别为 900 mm × 900 mm、800 mm × 800 mm、700 mm × 700 mm，框架柱高 4.9 m。冷风道混凝土墙厚 150 mm，基础顶板混凝土浇完后，发现框架Ⅲ（图 3–14 中剖面 1—1）的 1 根柱顶约 200 mm 范围内无混凝土。此段柱内的钢筋（8 φ22 ＋ 8 φ25）与预埋加固护角角钢 175 × 8 全部外露。

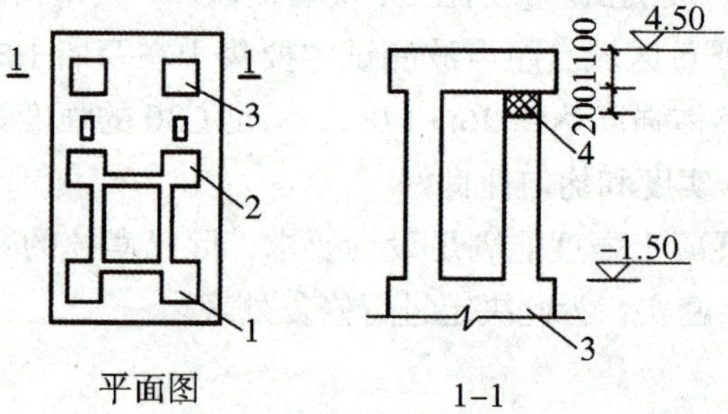

1—框架 I；2—框架 II；3—框架 III；4—质量事故部位。

图 3-14 基础平面图、剖面图

2. 事故原因

按规定，柱与顶板之间应留施工缝。但施工时有 1 根柱的施工缝却留在顶板下 200 mm 处。当下一班组浇顶板时，未发现这一问题，仍按常规浇灌完顶板混凝土。因此，造成体积约 0.1 m^3（0.7 m × 0.7 m × 0.2 m）的柱顶孔洞。

3. 事故处理

这类事故通常的处理方法是顶板凿洞后，浇混凝土把孔洞部分补全、填实。但是该工程的顶板厚达 1.1 m。因此凿穿顶板的工作量太大。经研究确定，先用人工填塞低流动性混凝土，然后再进行压力灌浆，补充人工填塞混凝土留下的空隙。具体做法如下。

（1）人工凿除事故部位的残留灰渣，用钢丝刷清理干净外露钢筋与角钢。

（2）顶板下面与框架柱模板结合处，用 1∶2.5 水泥砂浆将其抹平压光。

（3）对称支设两块 10 mm × 300 mm × 700 mm 的钢模板，内衬 4 mm 厚的橡胶板，用 2 φ16 螺栓将其紧固，务必使橡胶板与钢模板紧贴在 4 根加固角钢（∟ 75 × 8）边上（图 3-15）。

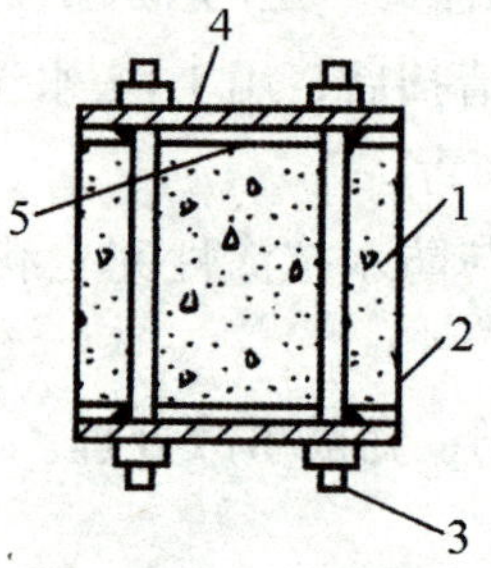

1—人工填充混凝土孔；2—设计预埋加固角钢∟ 75 × 8（4 根）；
3—对拉螺栓，2 φ16，$L = 800$；4—钢模板；5—橡胶板，$\delta = 4$。

图 3-15 模板构造图（1）

（4）两侧用人工分层填塞、捣实 C20 细石混凝土，坍落度不得大于 3 cm。

（5）预留 φ3/4 in（1 in = 0.025 4 m）灌浆孔和 φ1/2 in 排气孔（排气孔留在顶部）。对称紧固另外两侧钢模板与橡胶板，然后将 φ1/2 in 管（带螺纹）和 φ3/4 in 管头分别焊在预留孔上（图 3-16）。

（6）按图 3-16 安装密闭阀门。在灌浆孔安装 3/4 in 阀门，并接通压力灌浆泵。在排气孔安装 1/2 in 阀门，待气体排出后，立即将其关闭。当预计压浆完成后，立即关闭灌浆孔阀门。

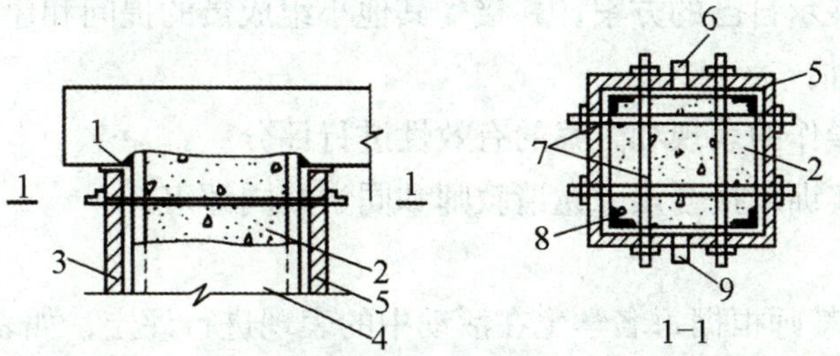

1—1：2.5 水泥砂浆抹平压光；2—C18 细石混凝土；3—钢模板；4—框架柱；5—密封橡胶板；6—排气孔（带螺纹），长 60；7—紧模螺栓 $\varphi 16$，$L=800$，共 4 根；8—加固角钢∟ 75×8；9—灌浆孔（带螺纹），长 150。

图 3-16　模板构造图（2）

（7）灌浆压力为 8 个大气压（784.5 kPa），水泥浆的水灰比为 0.3 ～ 0.4（如牙膏状）。待钢模四周泛出水泥浆后，关闭所有阀门，撤去灌浆泵，对混凝土进行养护。

（8）拆模时先将模板上的排气管、灌浆管用氧炔焰割去。然后按顺序割断紧固的螺栓，拆下钢模板。把凸出表面的螺栓头切割掉，并用 1 : 1 水泥砂浆抹平。

处理后经过一年多的观测，没有发现新旧混凝土交接处开裂或出现其他裂缝。

项目工单

【实训主题】

地基工程事故原因分析实训

【实训目标】

（1）掌握基础错位事故的主要类别和常见原因。

（2）学习基础错位事故的处理方法及其适用条件。

（3）分析实际案例，理解事故处理的过程和技术要点。

【实训步骤】

步骤一：理论讲解

（1）讲解基础错位事故的主要类别：平面错位、标高错误、预留洞和预埋件位置错误、基础插筋数量和方位错误。

（2）分析基础错位事故的常见原因：勘查失误、设计错误、施工问题和其他因素（如相邻建筑的影响和地面堆载过大）。

步骤二：实例分析

某装配式单层厂房柱基础错位事故处理。

（1）分析事故原因：施工放线时误将柱截面中心线当作厂房边柱的轴线。

（2）讨论处理方案：采用局部拆除后扩大基础的方法。

步骤三：实训操作

（1）使用模拟基础模型演示吊移法和顶推法的基本步骤。

（2）小组讨论并制定一个假设的错位基础事故处理方案。

（3）每个小组展示自己的方案，并接受其他小组成员的提问和建议。

步骤四：实训评估

（1）根据实训操作的表现和方案的有效性进行评分。

（2）组织一次实训汇报会议，邀请教师和同学共同评审。

【实训评定】

在实训结束后，教师根据每名学生在活动中的表现进行评定，如表 3–2 所示。

表 3–2　评定表

评定项目	分数（满分 10 分）	教师点评
理论知识掌握		
技术技能表现		
团队合作与沟通		
书面报告情况		

项目小结

本项目主要介绍了基础工程中常见的几种事故类型——基础错位事故、基础变形事故以及基础混凝土孔洞事故，并对其进行了全面而深入的研究。通过本项目的学习，读者深入探讨了基础工程在建设与使用过程中可能遇到的各种事故及其相应的处理措施。通过理论与实践相结合的方式，学生不仅增强了对基础工程安全性的认识，还学会了如何在面对具体问题时，运用所学知识和技能进行有效应对。

课后习题

一、填空题

1．基础平面错位包括＿＿＿＿＿＿和＿＿＿＿＿＿两种。

2．钢筋混凝土基础变形特征：＿＿＿＿＿＿、＿＿＿＿＿＿、＿＿＿＿＿＿、＿＿＿＿＿＿。

3．预留纠偏法包括＿＿＿＿＿＿、＿＿＿＿＿＿等。

4．常用处理方法有：＿＿＿＿＿＿、＿＿＿＿＿＿、＿＿＿＿＿＿、＿＿＿＿＿＿。

二、简答题

1．基础错位事故中常见的勘查失误有哪些？

2．简述沉降差的含义。

项目四

钢筋混凝土工程事故处理

项目导读

钢筋混凝土是现代建筑中最常用的建筑材料之一，它结合了混凝土的抗压能力和钢筋的抗拉性能，使结构既坚固又灵活。然而，在施工过程中，可能会遇到各种各样的问题，这些问题如果处理不当，会对整个工程造成严重影响。通过对对本项的目的深入探讨，学生将能够掌握从裂缝处理到模板、钢筋工程质量事故处理，再到混凝土结构加固等一系列关键技术和策略。

学习目标

知识目标

◆ 理解混凝土裂缝产生的主要原因，包括材料质量、建筑构造不良、结构设计失误、地基变形、施工工艺不当等因素。

◆ 掌握混凝土裂缝的鉴别方法，能够识别裂缝的位置与分布特征，以及裂缝对结构安全的影响程度。

◆ 了解模板工程的基本原理和技术要求，包括模板和支架的设计与安装规范。

◆ 熟悉施工缝的正确处理方法，包括位置的选择、界面处理和混凝土浇筑的要求。

能力目标

◆ 能够分析混凝土裂缝产生的原因，并采取相应的处理措施，包括表面修补、灌浆加固等。

◆ 具备识别和处理模板、支架系统问题的能力，包括底层模板支架沉降、支架系统失稳、模板变形等。

◆ 掌握混凝土浇筑和养护的正确方法，确保混凝土结构的完整性和耐久性。

◆ 能够妥善处理施工缝问题，确保混凝土结构的整体性和抗渗性能。

素质目标

◆ 培养学生严谨细致的工作态度，确保施工过程中的每一个细节都能得到妥善处理。

◆ 树立质量第一的意识，理解高质量施工对于建筑安全的重要性。

◆ 强化学生的团队协作能力，能够在复杂的施工环境中与他人进行有效沟通和协作。

◆ 提高学生的安全意识，确保施工过程中的人员安全与环境保护。

思政目标

安全生产不仅是企业的生命线，也是国家和社会稳定的基础。在处理混凝土裂缝事故时，必须始终将安全放在首位，确保处理过程中不会发生二次事故。

任务一 混凝土裂缝事故处理

任务描述

工程师小张在工地发现外墙混凝土裂缝，随后召集团队成员进行鉴别分析。他们根据裂缝出现的时间、发展变化、位置、方向、形状、数量和尺寸等，结合理论计算和变形观测，逐步确定裂缝产生原因，并制订处理方案。本任务将详细介绍混凝土裂缝事故的处理。

任务分析

在建筑施工过程中，混凝土裂缝的出现是一个常见但不容忽视的问题。裂缝不仅影响建筑物的美观性，更有可能威胁建筑物的结构安全和使用寿命。通过本任务的学习，学生将深入了解混凝土裂缝事故的各个方面，包括裂缝产生原因、鉴别方法、处理原则，以及各种处理方法的应用。

任务重点和实施

混凝土裂缝现象非常普遍，不少钢筋混凝土结构的破坏都是从出现裂缝开始的。因此必须十分重视混凝土裂缝的分析与处理。但有些混凝土的裂缝是很难避免的。例如，普通钢筋混凝土受弯构件，在承受约 30%～40% 设计荷载时可能出现裂缝；而受拉构件开裂时的钢筋应力仅为钢筋设计应力的 1/14～1/10。除了荷载作用造成的裂缝外，更多的是混凝土收缩和温度变形造成的开裂。事实上，常见的一些裂缝，如温度收缩裂缝、混凝土受拉区宽度不大的裂缝等，一般都不会危及建筑结构安全。因此，混凝土裂缝并非都是事故，也并非均需处理。

裂缝事故处理必须从鉴别与分析形成裂缝的原因、性质及危害着手。确认裂缝是否需要处理的界限，正确掌握处理原则，合理选择处理的方法和时机，这些都是处理混凝土裂缝事故的关键。

一、裂缝产生原因

混凝土裂缝产生的主要原因与图例如表 4-1 所示。需要注意的是，表中所述原因还可能相互叠加。例如设计荷载、温度差、混凝土收缩、地基不均匀沉降、施工质量遗留的隐患等都可能叠加，这样形成的裂缝通常较严重。

表 4–1　混凝土裂缝产生的主要原因与图例

类别	序号	原因	举例	裂缝示意图
材料质量	1	水泥安定性不合格	因水泥安定性不合格，现浇板等产生裂缝	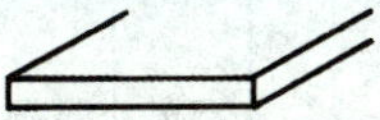
	2	砂、石级配差，砂太细	用特细砂配制的混凝土梁的侧面裂缝	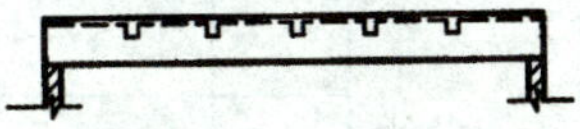
	3	砂、石中含泥量太大	砂、石中含泥量高，干缩后产生不规则裂缝	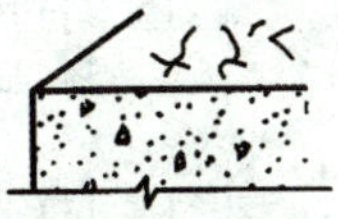
	4	使用了反应性骨料或风化岩	混凝土碱 – 骨料反应产生裂缝	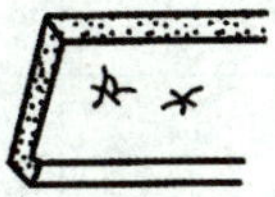
	5	不适当地掺用了氯盐	掺 2% 氯化钙，两年半后柱上产生沿钢筋方向的裂缝	
	6	不按规范要求设置钢筋	次梁与主梁连接处漏放附加钢筋而产生裂缝	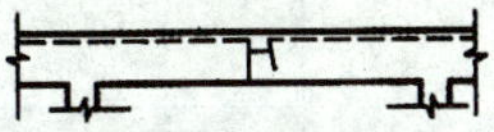
建筑和构造不良	7	平面布置不合理，结构构造措施不力	楼盖现浇板因天井留洞，楼盖断面削弱一年以上而产生裂缝	
	8	变形缝设置不当	大型设备基础不设伸缩缝而产生裂缝	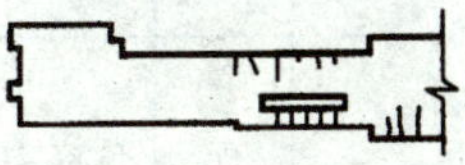
	9	构造钢筋不足	梁高较大时（> 700 mm），在梁两侧未设置足够的构造钢筋而产生裂缝	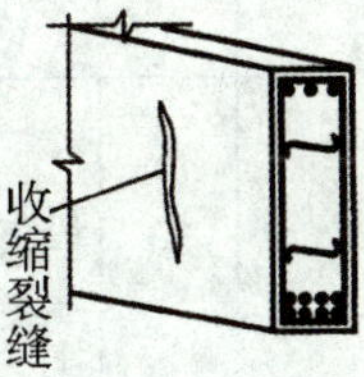
结构设计失误	10	受拉钢筋截面积太小或设计无抗裂要求	梁、板构件中配筋量太低产生裂缝	
	11	抗剪强度不足（混凝土强度不足或抗剪钢筋少）	梁支座附近的斜裂缝	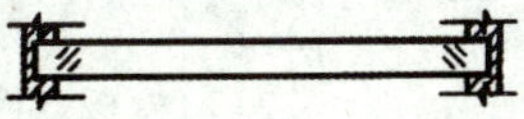

续表 1

类别	序号	原因	举例	裂缝示意图
结构设计失误	12	混凝土截面积太小	超量配筋引起的受压区裂缝	
	13	抗扭能力不足	梁抗扭能力不足产生斜裂缝	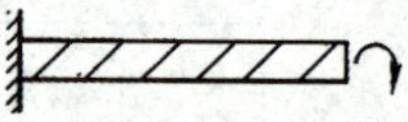
	14	抗冲切能力不足	无梁楼盖、柱顶板抗冲切能力不足产生斜裂缝	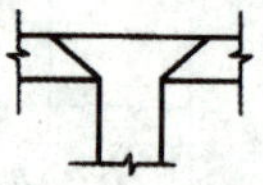
地基变形	15	房屋一端沉降大	已埋入土中的板式基础因沉降差太大而断裂	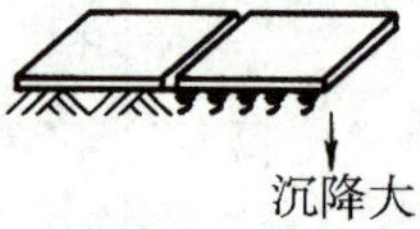
	16	房屋两端沉降大于中间	单层钢筋混凝土外墙房屋裂缝	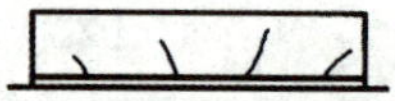
	17	地基局部沉降过大	框架结构不均匀沉降产生裂缝	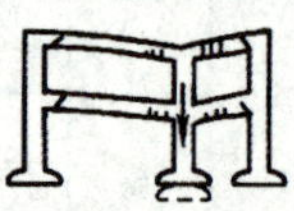
	18	地面荷载过大	单层厂房柱因地面荷载过大产生横向裂缝	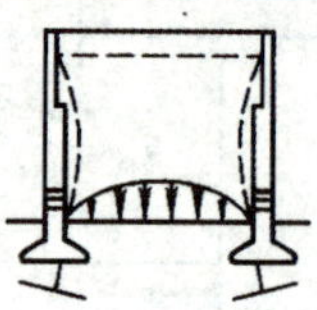
施工工艺不当或质量差	19	混凝土配合比不良	水灰比过大，混凝土收缩，在上层钢筋顶部产生收缩裂缝	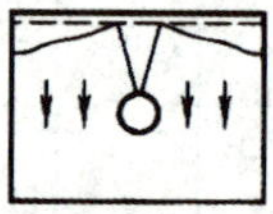
	20	模板变形	梁侧模板刚度不足产生裂缝	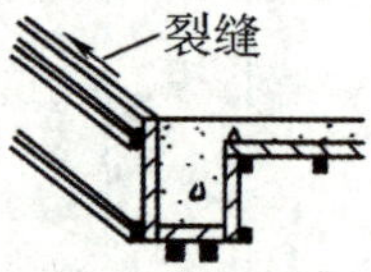
	21	浇筑土浇筑顺序或浇筑方法不当	框架柱浇筑完后连续浇筑框架梁产生裂缝	
	22	浇筑速度过快	墙浇筑速度过快产生裂缝	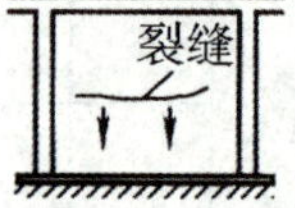
	23	模板支撑沉陷	悬臂板支撑下沉后产生裂缝	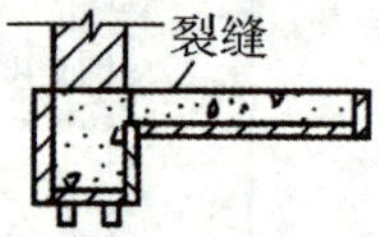

续表 2

类别	序号	原因	举例	裂缝示意图
施工工艺不当或质量差	24	出现冷缝又不做适当处理	浇筑大型水池壁时中间停歇，产生裂缝	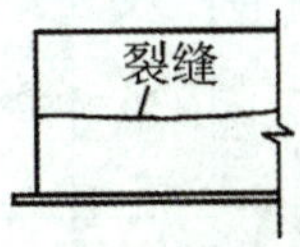
	25	钢筋保护层过小	圆梁上等距离的竖向裂缝	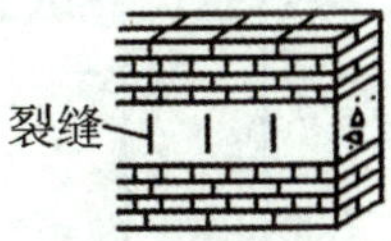
	26	钢筋保护层过大	现浇双向板支撑处钢筋下移后产生裂缝	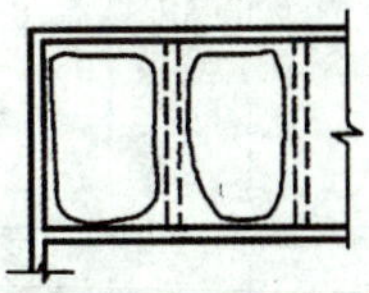
	27	养护差，早期收缩过大	现浇板早期干缩产生裂缝	
	28	早期受震	梁接头处钢筋早期受碰撞后产生裂缝	
	29	早期受冻	钢模板浇筑，冬季无保温措施产生裂缝	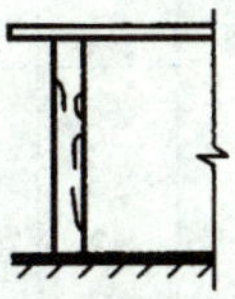
	30	过早加载或施工超载	空心板因施工超载产生严重裂缝	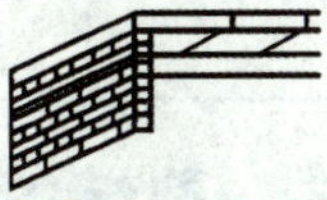
	31	构件运输吊装不当	山墙柱因吊点不当产生裂缝	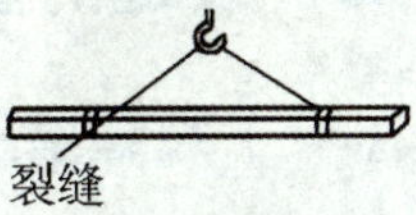
	32	滑模工艺不当	模板锥度不准确或滑升时间太迟，把墙面拉裂	
	33	混凝土强度达不到设计要求	梁抗剪强度不足产生斜裂缝	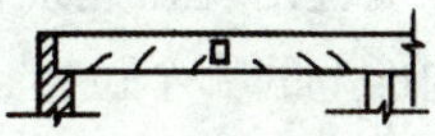
温度影响	34	水泥水化热引起过大的温差	大体积钢筋混凝土板因内外温差过大产生裂缝	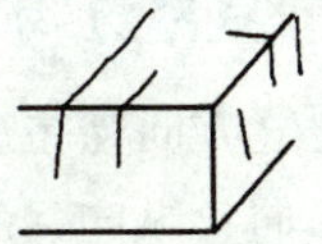
	35		大体积混凝土内部温差过大产生裂缝	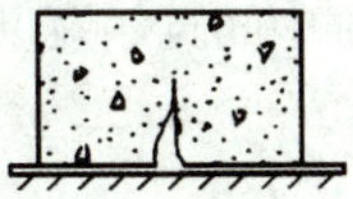

续表 3

类别	序号	原因	举例	裂缝示意图
温度影响	36	屋盖受热膨胀或降温收缩	平屋面受热膨胀后产生墙裂缝	
	37	高温作用	鼓风炉侧梁表面长期温度在 80 ～ 97 ℃产生裂缝	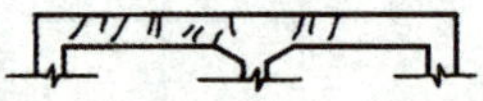
	38	温度骤降	某框架柱截面尺寸 700 mm × 1 000 mm，浇混凝土 5 天后拆模，由于气温骤降，产生柱纵向裂缝	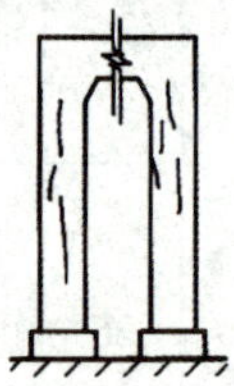
混凝土收缩	39	混凝土凝固后表面失水过快	结构或构件表面产生不规则发丝状裂缝	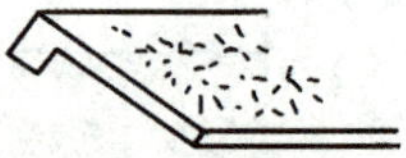
	40	硬化后收缩	产生挑檐板横向贯穿裂缝	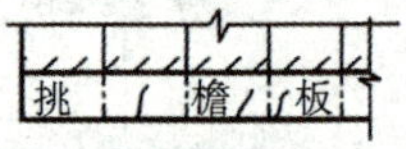
其他	41	酸、盐等化学腐蚀	钢筋锈蚀后膨胀产生裂缝	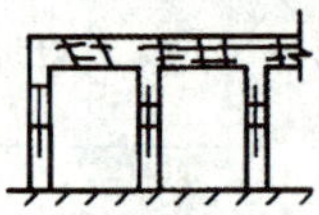
	42	震动	地震作用导致柱产生交叉裂缝	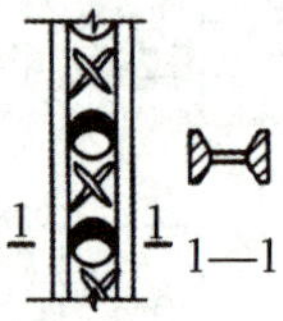

二、裂缝的鉴别

（一）裂缝鉴别的主要内容

裂缝鉴别主要从以下几方面入手。

1. 裂缝位置与分布特征

裂缝出现在建筑物的第几层；裂缝出现在哪类构件（柱、墙、梁、板）上；裂缝出现在构件上的哪个位置，如梁端或跨中、梁截面的上部或下面等。

2. 裂缝方向与形状

裂缝方向与主应力方向一般是互相垂直的，因此，分清裂缝方向很重要。常见裂缝方向有横向、纵向、斜向、对角线以及交叉等。要注意区分裂缝的形状，如一端宽一端细、两端细中间宽、宽度变化不大等。

3. 裂缝宽度

裂缝宽度指有代表性的、与裂缝方向垂直的缝宽，注意要消除温度、湿度对裂缝宽度的影响。

4. 裂缝长度

裂缝长度包括每条裂缝长度、裂缝是否贯穿全截面或贯通构件全长、某个构件或某个建筑物裂缝总长度、单位面积的裂缝长度等数据。其中，对梁等受弯构件的每条裂缝长度及其与截面尺寸的比值、柱等受压构件裂缝是否连通等特征，尤其重要。

5. 裂缝深度

裂缝深度主要用来区分浅表裂缝、保护层裂缝、较深裂缝、贯穿性裂缝。

6. 开裂时间

开裂时间与裂缝性质有关，因此要注意，发现裂缝的时间不一定就是开裂时间。

7. 裂缝发展与变化

裂缝发展与变化指裂缝长度、宽度、深度和数量等方面的变化，并注意这些变化与温度、湿度的关系。

8. 其他特征

其他特征包括混凝土有无碎裂、剥离，裂缝中有无渗水、析盐、污垢，以及钢筋是否有严重锈蚀等。

（二）常见裂缝的鉴别要点

最常见的裂缝是温度裂缝、收缩裂缝。由材料质量差、设计构造不合理、施工工艺不当等原因产生的裂缝比较容易鉴别，而由结构受力、温度收缩和地基变形等原因所产生的裂缝危害及处理方法差异较大。下面重点阐述几类裂缝的鉴别要点。因为大体积混凝土裂缝与一般房屋建筑裂缝差别较大，所以单列一项进行进行阐述。

扫一扫

常见裂缝的鉴别要点

1. 裂缝位置与分布特征

（1）温度裂缝。平屋顶建筑由于日照温差产生的混凝土墙裂缝，一般发生在屋盖下及其附近位置，长条形建筑的两端较严重；由于日照温差产生的梁、板裂缝，主要出现在屋盖结构中；由于高温影响产生的裂缝，往往在离热源近的表面较严重。

（2）收缩裂缝。混凝土早期收缩裂缝主要出现在裸露表面；混凝土硬化以后的收缩裂缝在建筑结构中部附近较多，两端较少见。

（3）荷载裂缝。出现在应力最大位置附近，如梁跨中下部和连续梁支座附近上部的竖向裂缝，很可能是因弯曲受拉产生的，又如支座附近或集中荷载作用点附近的斜裂缝，多数可能是因剪力和弯矩共同作用产生的。出现在梁弯矩最大处附近受压区的裂缝，很可能是因混凝土截面太小、配筋率太高等产生的。

（4）地基变形裂缝。一般在建筑物下部出现较多，裂缝位置在沉降曲线曲率较大处。单层厂房因地面荷载过大，地基发生不均匀沉降，可导致柱下部和上柱根部附近开裂；相邻柱出现较大沉降时，也可能把屋盖构件拉裂。

从裂缝位置与分布特征进行鉴别如表 4–2 所示。

表 4–2　从裂缝位置与分布特征进行鉴别

裂缝产生原因		裂缝位置								
		房屋上部	房屋下部	构件中部	构件两端	截面上部	截面中部	截面下部	裸露表面	近热源处
温度	气温 高热源	√		△①	√①	√				√
收缩	早期 硬化后			√			△		√ √	
荷载②	简支梁 连续梁 柱			√ √ √	△ √	√	△ △	√ √		
地基变形	梁 柱 墙	△ △ △	√ √ √							

① 指房屋的中部或两端。

② 其他荷载裂缝位置在应力最大区附近。

注：√表示常见；△表示少见（下同）。

2. 裂缝方向与形状

（1）温度裂缝。梁板或长度较大的结构，其温度裂缝方向一般平行于短边，裂缝形状一般是一端宽一端窄，有的缝宽变化不大。平屋盖温度变形导致的墙体裂缝多数是斜裂缝，一般是上宽下窄，或靠窗口处较宽且逐渐减小。

（2）收缩裂缝。早期收缩裂缝呈不规则状。混凝土硬化后的裂缝方向往往与结构或构件轴线垂直，其形状多数是两端细中间宽，在平板类构件中有的裂缝宽度变化不大。

（3）荷载裂缝。受拉裂缝与主应力垂直，如梁弯曲受拉裂缝方向与梁轴线垂直，其一端宽一端窄；又如拉杆中裂缝与构件轴线垂直，同一条裂缝宽度变化不大。支座附近的剪切裂缝，一般沿 45° 方向向跨中上方伸展。受压而产生的裂缝方向一般与压力方向平行，裂缝形状多数为两端细中间宽。扭曲裂缝呈斜向螺旋状，缝宽度变化一般不大。冲切裂缝常与冲切力沿 45° 左右斜向开展。

（4）地基变形裂缝。方向与地基变形所产生的主应力方向垂直，墙上的多数是斜裂缝，竖向及水平裂缝很少见；在梁或板上多数是垂直裂缝，也有少数的斜裂缝；在柱上常见的是水平裂缝，这些裂缝的形状一般都是一端宽一端窄。从裂缝方向与形状进行鉴别如表 4–3 所示。

表 4-3 从裂缝方向与形状进行鉴别

裂缝产生原因		裂缝方向				裂缝形状		
		无规律	与构件轴线垂直	与构件轴线平行	斜	一端窄一端宽	两端窄中间宽	宽度变化不大
温度	梁、板 墙		√		 √	√ √		√
收缩	早期 硬化后	√ 	 √				√ √	 √
荷载	梁、板 柱		√ √	△ △	√① 	√ √	△ △	
地基变形	梁、板 柱 墙		√ √		△ √	√ √ √		

① 一般出现在支座附近，沿 45° 方向向跨中上方伸展。

3. 裂缝尺寸（宽度、深度、长度）与数量

（1）温度裂缝。宽度无定值，从发丝细到数毫米宽都有，但多数宽度不大，数量较多；裂缝深度变化较大，有表面的、深层的和贯穿的几种。决定深度的因素是温差的性质与大小。裂缝长度随温差与结构特征而变化。

（2）收缩裂缝。早期的收缩裂缝尺寸不大，硬化后的收缩裂缝一般数量多、宽度不大、深度不深，但在板类构件中常见贯穿板厚的收缩裂缝，裂缝长度大小不等，多数长度不大。

（3）荷载裂缝。普通钢筋混凝土在正常使用阶段出现的裂缝尺寸一般不大，缝宽从表面向内部逐渐缩小。在结构严重超载或达到临界状态时，裂缝宽度一般较大。但轴心受压构件产生的裂缝即使不大，也可能是接近临界状态的征兆，必须引起高度重视。

（4）地基变形裂缝。尺寸变化较多，当地基接近剪切破坏或出现较大沉降差时，裂缝尺寸可能较大。

从裂缝尺寸与数量进行鉴别如表 4-4 所示。

表 4-4 从裂缝尺寸与数量进行鉴别

裂缝产生原因	尺寸与数量								
	最大宽度		深度		长度		数量		
	较宽	较窄	较深	较浅	较长	较短	较多	较少	
温度		△	√					√	
收缩	早期 硬化后	√	√ △	 △	√ √	 △	√ √	√ √	
荷载	梁、板 柱 墙	△	√ √	△	√	△	√ √	△	√ √ √
地基变形	梁、板 柱 墙							 √	√ √

注：温度裂缝、地基变形裂缝的尺寸与数量变化较大。

4. 裂缝出现时间

（1）温度裂缝。气候变化导致的裂缝，往往在经过夏天或冬天后出现或加大。在使用环境高温影响下，热源温度高，即使作用时间不长也可能引起开裂；热源温度虽不高，但在长期烘烤下也可能开裂。

（2）收缩裂缝。早期的收缩裂缝出现在混凝土终凝前。硬化后的混凝土收缩裂缝产生时间与构件尺寸、构造、约束条件、环境等因素有关。有的几天后就出现，有的十几天甚至数月后才出现。

（3）荷载裂缝。一般在荷载突然增加时出现，如结构拆模、安装设备、结构超载等。

（4）地基变形裂缝。大多数出现在房屋建成后不久，也有少数工程在施工中就明显开裂，严重的甚至导致无法继续施工。

从裂缝出现时间进行鉴别如表 4–5 所示。

表 4–5　从裂缝出现时间进行鉴别

裂缝产生原因		出现时间					
		施工期间	竣工后不久	荷载突然增加	经过夏天或冬天后	短期	长期
温度	气温				√		
	高温烘烤					√	
	80～100 ℃						√
收缩	早期	√					
	硬化后	√	√				√
荷载				√			
地基变形		△	√				

从裂缝发展变化进行鉴别如表 4–6 所示。

表 4–6　从裂缝发展变化进行鉴别

裂缝产生原因	发展变化				
	气温或环境温度	时间	湿度	荷载大小	地基变形
温度	√				
收缩		√	√		
荷载		√		√	
地基变形		√			√

注：1. 地基变形稳定后，地基变形裂缝也趋于稳定。

2. 正常使用阶段的荷载裂缝，一般变化不大。

3. √表示常见。

5. 大体积混凝土裂缝类别、特征与鉴别

大体积混凝土温度裂缝有表面、内部、贯穿三类。裂缝的产生与发展以及裂缝大小与数量随混凝土内部温度变化情况、约束条件、大气或环境温度变化情况、变化速度以及结构构件尺寸与形状等因素而变化。此外，还与混凝土收缩有关。大体积混凝土裂缝类别、特征与鉴别如表 4–7 所示。

表 4–7　大体积混凝土裂缝类别、特征与鉴别

裂缝类别	位置	方向	形状	出现时间	数量	尺寸			发展变化
						宽度	深度	长度	
表面	出现在裸露表面	无规律	表面宽，向里变窄	早期或结构拆模、寒潮来临时	较多	无规律	较浅	变化较大	随内部热量散发、温差减小，裂缝减轻
内部	多出现在基础（或下部结构）交接面以上、长条结构的中部	与结构短边平行	下面宽，向上变窄逐渐消失	后期、混凝土内部温度降低较多时	较少	变化较大	较深	变化较大	随混凝土内部温度降低，裂缝不断发展，降至最低温度后，不再扩大恶化
贯穿	常出现在内部与表面裂缝重叠位置	与结构短边平行	下面宽，上面窄，有时宽度变化不大	后期、混凝土内部温度降低较多时	更少	变化较大	沿全截面断裂	变化较大	随混凝土内部温度而变化

可以通过理论计算区分上述四类裂缝产生的原因。荷载裂缝可用材料的实际强度、结构实际尺寸、构造和荷载，根据混凝土结构设计规范有关规定验算。温度裂缝可用温度场和温度应力的理论计算。收缩裂缝可用收缩发展有关数据和结构力学方法计算。地基变形裂缝则可根据地基实际情况计算变形，然后用结构力学方法计算应力。除了通过理论验算区分不同裂缝外，还可以通过变形观测等方法区分，如测出地基沉降曲线、梁板挠曲变形曲线等。

需要指出：上述鉴别要点，仅适用于一般情况，在实际应用时还应注意将上述因素结合建筑结构特征、环境及使用条件等进行综合分析。

（三）危害严重的裂缝及其特征

钢筋混凝土结构或构件断裂有弯曲断裂、剪切断裂、受压后劈（膨）裂、锚固断裂、扭曲断裂及压杆失稳断裂六种。可能引起柱、墙、梁、框架、板等构件断裂或倒塌的情况如下。

1. 柱

（1）出现裂缝、保护层部分剥落、主筋外露。

（2）一侧产生明显的水平裂缝，另一侧混凝土被压碎，主筋外露。

（3）出现明显的交叉裂缝。

2. 墙

墙中间部位产生明显的交叉裂缝，或伴有保护层脱落。

3. 梁

（1）简支梁、连续梁跨中附近的底面出现横断裂缝，其一侧向上延伸达 1/2 梁高以上；

或其上面出现多条明显的水平裂缝，保护层脱落，下面伴有竖向裂缝。

（2）梁支撑部位附近出现明显的斜裂缝，这是一种危害较大的裂缝。当裂缝扩展延伸达 1/3 梁高以上，或出现斜裂缝的同时受压区还出现水平裂缝时，则可能导致梁断裂。尤其应该注意：当箍筋过少且剪跨比（集中荷载至支座距离与梁有效高度之比）大于 3 时，一旦出现斜裂缝，箍筋应力很快达到屈服强度，斜裂缝迅速发展使梁裂为两部分。

（3）连续梁支撑部位附近上面出现明显的横断裂缝，其一侧向下延伸达 1/3 梁高以上；或上面出现竖向裂缝，同时下面出现水平裂缝。

（4）悬臂梁固定端附近出现明显的竖向裂缝或斜裂缝。

4. 框架

（1）框架柱与框架梁上出现的与前述柱及梁的危险裂缝相同的裂缝。

（2）框架转角附近出现的竖裂缝、斜裂缝或交叉裂缝。

5. 板

（1）出现与受拉主筋方向垂直的横断裂缝，并向受压区方向延伸。

（2）悬臂板固定端附近上面出现明显的裂缝，其方向与受拉主筋垂直。

（3）现浇板上面周边产生明显裂缝，或下面产生交叉裂缝。

除了上述这些危害严重的裂缝外，凡裂缝宽度超过设计规范的允许值，都应认真分析并适当处理。

三、裂缝处理原则

裂缝处理应遵循下述原则。

1. 查清情况

查清情况主要指查清建筑结构的实际状况、裂缝现状和发展变化情况。

2. 鉴别裂缝性质

根据前述内容确定裂缝性质是处理裂缝的前提。对于产生原因与性质暂时不能确定的裂缝，只要结构不恶化，可对其进一步观测或进行试验，待明确后再适当进行处理。

3. 明确处理措施

根据裂缝的性质和使用要求明确处理措施，如封闭保护或补强加固。

4. 确保结构安全

对危及结构安全的裂缝，必须认真分析处理，防止发生结构破坏倒塌的恶性事故，并采取必要的应急防护措施，以防事故恶化。

5. 满足使用要求

除了结构安全外，还应注意结构构件的刚度、尺寸、空间等方面的使用要求，以及气密性、防渗漏、洁净度和美观方面的要求等。

6. 保证一定的耐久性

除了考虑裂缝宽度、环境条件对钢筋锈蚀的影响外，还应注意修补措施和材料的耐久性能问题。

7. 确定合适的处理时机

如有可能最好在裂缝稳定后处理；对随环境条件变化的温度裂缝，宜在裂缝最宽时处理；对危及结构安全的裂缝，应尽早处理。

8. 防止不必要的损伤

对既不危及安全，又不影响耐久性的裂缝，应避免因人为因素扩大后再修补而造成一条缝变成两条缝的后果。

9. 改善结构使用条件、消除造成裂缝的因素

改善结构使用条件、消除造成裂缝的因素是防止裂缝被修补后再次开裂而采取的重要措施。例如，卸载或防止超载、改善屋面保温隔热层的性能等。

10. 处理方法可行

不仅处理效果要可靠，而且处理方法要切实可行，施工要方便、安全、经济合理。

11. 遵守规范

满足设计要求，遵守标准规范的有关规定。

四、裂缝处理方法与选择

（一）处理方法类别

裂缝处理方法有以下几种。

1. 表面修补

表面修补常用的方法有压实抹平、涂抹环氧胶黏剂、喷涂水泥砂浆或细石混凝土、压抹环氧胶泥、环氧树脂粘贴玻璃丝布、增加整体面层、钢锚栓缝合等。

2. 局部修复

局部修复常用的方法有充填法、预应力法、部分凿除后重新浇筑混凝土等。

3. 水泥压力灌浆

水泥压力灌浆适用于缝宽≥ 0.5 mm 的稳定裂缝。

4. 化学灌浆

化学灌浆适用于缝宽≥ 0.05 mm 的裂缝。

5. 减小结构内力

减小结构内力常用的方法有卸荷或控制荷载、设置卸荷结构、增设支点或支撑、改简支梁为连续梁等。

6. 结构补强

结构补强常用的方法有增加钢筋、加厚板、外包钢筋混凝土、外包钢、粘贴钢板、预应力补强体系等。

7. 改变结构方案、加强整体刚度

例如，框架裂缝采用增设隔板深梁法处理。

8. 其他方法

其他常用方法有拆除重做、改善结构使用条件、通过试验或分析论证不处理等。

结构加固用胶黏剂应符合《混凝土结构加固设计规范》（GB 50367—2013）的规定。

（二）处理方法选择

选择处理方法时应考虑的因素有裂缝性质、尺寸、位置、环境、处理目的、结构受力情况和停用情况等。裂缝处理方法选择如表 4–8 所示。

表 4–8　裂缝处理方法选择

分类		处理方法					
		表面修补	局部修复	灌浆		减小结构内力	结构补强
				水泥压力	化学		
裂缝性质	温度	√	△		△		
	收缩	√	△		△		
	荷载		√	△	√	√①	√
	地基变形	√		△	△		△
裂缝宽度 /mm	＜ 0.1	√			△		
	0.1 ～ 0.5	√	√		√		△
	＞ 0.5			√	△		△
处理目的	美观	√					
	防渗漏	√	△	△	√		
	耐久性	√	△		△		
	承载能力		△	△	√	√①	√

① 应与表面修补配合使用。

注：√表示较常用；△表示较少用。

五、表面修补法处理及实例

（一）压实抹平

混凝土硬化前出现的早期收缩裂缝、沉缩裂缝，可用铁铲或铁抹子压实抹平，从而消除这类裂缝。

（二）涂刷环氧浆液

混凝土硬化后，表面出现宽度小于 0.3 mm、深度不大、条数较多的裂缝，可用此法进行表面处理。处理要点为：先清洁需处理的表面，除去油渍、污垢，然后用丙酮或二甲苯或酒精擦洗表面，待干燥后用毛刷（排笔或油画笔）反复在表面涂刷环氧浆液，每隔 3 ～ 5 min 涂一次，直到涂层厚度达 1 mm 左右为止。曾有报道，采用这种处理方法，环氧浆液渗入深度可达 16 ～ 84 mm，虽然裂缝并未完全充填环氧胶黏剂，但这种处理方法可有效地防止空气和水从裂缝口渗入混凝土内。

（三）增加整体面层

混凝土表面裂缝数量较多、分布面较广时，常采用增加一层水泥砂浆或细石混凝土整体面层的方法处理。多数情况下，整体面层内应配置双向钢丝网。整体面层具体施工工艺如下。

（1）表面处理：混凝土表面凿毛，用钢丝刷辅以高压水清洗，并充分湿润，被处理表面最终达到清洁、平整、坚实、粗糙、潮湿的要求。

（2）施加水泥砂浆面层方法如下。

① 在潮湿的、需处理的表面上压抹一层纯水泥灰浆，厚约 2 mm，宜用铁抹子往返用力压抹 3 ～ 4 遍。

② 在纯水泥灰浆初凝（用手指摁压出现指印，但不沾手）时，抹一层 10 mm 左右的水泥砂浆层（配合比为 1∶1 ～ 1∶2），在水泥砂浆初凝前后，用笤帚将表面扫成条纹状粗糙面。

③ 在上述砂浆层凝固并具有一定强度后（一般常温下隔一夜），适当浇水湿润，再抹第二层水泥砂浆，其配合比和做法同②，将表面压实抹光。

有条件时，宜采用喷射法施工水泥砂浆整体面层。

（3）施加细石混凝土面层的方法如下。

① 配置钢丝网片。一般钢丝直径为 3 ～ 4 mm，双向间距为 @100 ～ 200 mm。

② 配制低流动性的细石混凝土，浇筑后振实，表面压光。有条件时，宜采用喷射混凝土施工整体面层。

（4）整体面层完成后，应及时养护，防止再次出现干缩裂缝。

（5）增加整体面层前，应进行设计验算，防止因结构自重增加造成下部结构产生新问题。

（四）压抹环氧胶泥

对于数量不多、不集中、缝宽大于 0.1 mm 的裂缝可采用此法处理，其要点如下。

（1）表面处理待修补裂缝：50 ～ 100 mm 宽范围内的混凝土表面应清洗洁净并干燥；如表面有油垢污染，可用钢丝刷、砂纸刷擦后，用压缩空气吹净。

（2）涂刷一层环氧浆液。

（3）压抹环氧胶泥层：用铁抹子沿裂缝压抹一层宽 20 ～ 40 mm、厚 1 ～ 2 mm 左右的环氧胶泥。环氧胶泥层的尺寸参照表 4-9。如基层不易干燥，则改用压抹环氧焦油胶泥。

表 4-9　修补裂缝用环氧胶泥层尺寸

裂缝宽度 /mm	胶泥层宽 /mm	胶泥层厚 /mm
0.1 ～ 0.3	20	1
0.3 ～ 1.0	30	1
1.0 ～ 2.0	40	2

（五）环氧浆液粘贴玻璃丝布

一般采用环氧树脂胶料或环氧焦油胶料，粘贴 1 ～ 2 层玻璃丝布，其施工要点如下。

（1）表面处理：表面需处理清洁并干燥，面层应坚实。

（2）玻璃丝布选择与处理：玻璃丝布宜选用非石蜡型。当采用石蜡型时，应先进行脱蜡处理。脱蜡方法有三种，可根据工地条件任选一种。

① 在碱水中煮沸 30 ～ 60 min 后，用清水漂净晾干。

② 在肥皂水中煮沸 2 ～ 4 h 后，用清水漂净晾干。

③ 在温度不超过 300 ℃的条件下烘烤脱脂，至布面稍发黄为止。脱脂后的玻璃丝布应整齐紧密卷成捆，储存在阴凉干燥处，严禁受潮或被污染。

（3）粘贴玻璃丝布胶料的配制。其施工配合比如表 4-10 所示。

表 4-10　粘贴玻璃丝布胶料施工配合比（质量比）

<table>
<tr><th colspan="2" rowspan="3">胶料类别</th><th colspan="7">材料名称</th></tr>
<tr><th rowspan="2">环氧树脂</th><th rowspan="2">煤焦油</th><th colspan="2">稀释剂</th><th colspan="2">固化剂</th><th rowspan="2">石英粉</th></tr>
<tr><th>丙酮</th><th>二甲苯或甲苯</th><th>乙二胺</th><th>乙二胺丙酮溶液 1 : 1</th></tr>
<tr><td rowspan="3">环氧胶料</td><td>打底料</td><td rowspan="3">100</td><td rowspan="3"></td><td>60 ～ 100</td><td rowspan="3"></td><td rowspan="3">（6 ～ 8）</td><td rowspan="3">12 ～ 16</td><td>0 ～ 20</td></tr>
<tr><td>腻子料</td><td>0 ～ 10</td><td>100 ～ 200</td></tr>
<tr><td>衬布料与面层料</td><td>15</td><td>15 ～ 20</td></tr>
<tr><td rowspan="2">环氧焦油胶料</td><td>腻子料</td><td rowspan="2">50</td><td rowspan="2">50</td><td rowspan="2"></td><td rowspan="2">10 ～ 15</td><td rowspan="2">（3 ～ 4）</td><td rowspan="2">6 ～ 8</td><td>200 ～ 250</td></tr>
<tr><td>衬布料与面层料</td><td>5 ～ 15</td></tr>
</table>

注：1. 表中括号内数据也可选用。
2. 粉料可用瓷粉。
3. 环氧焦油胶料的打底料与环氧胶料的打底料相同。

（4）打底和嵌刮腻子。在基层表面均匀涂刷环氧胶料的打底料，自然固化 12 h 后，对基层凹陷不平处用腻子料修补填平，随即涂刷第二遍打底料。打底料涂层应薄而均匀，不得有漏涂、流坠等缺陷。

（5）涂刷衬布料及粘贴玻璃丝布。第二遍打底料自然固化 24 h 后，均匀涂刷一层衬布料，随即铺放一层玻璃丝布并贴实。然后，在其上再均匀涂刷一层衬布料（玻璃丝布应浸透）。如需粘贴两层玻璃丝布，则可紧接着铺衬一层布压实，其上再均匀涂刷一层衬布料。

第二层布的周边应比第一层宽 10 ～ 12 mm，以便压边。

（六）表面缝合

在裂缝两边钻孔或凿槽，将 U 形钢筋或金属板放入孔或槽中，用环氧树脂砂浆等无收缩型砂浆灌入孔或槽中锚固，以达到缝合裂缝的目的（图 4–1）。

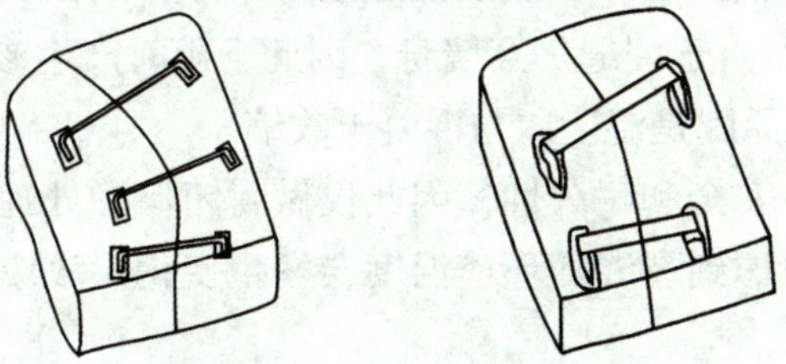

（a）　　（b）

图 4–1　表面缝合法修补裂缝

六、局部修复法处理及实例

（一）充填法

1. 充填法施工工艺

用钢钎、风镐或高速转动的切割圆盘将裂缝扩大，最终凿成 V 形或梯形槽（图 4–2），分层压抹环氧砂浆，或水泥砂浆，或聚氯乙烯胶泥，或沥青油膏等材料封闭裂缝。其中，V 形槽适用于一般裂缝的修补；梯形槽适用于渗水裂缝的修补；环氧砂浆适用于有结构强度要求的修补；聚氯乙烯胶泥和沥青油膏仅适用于防渗漏的修补。

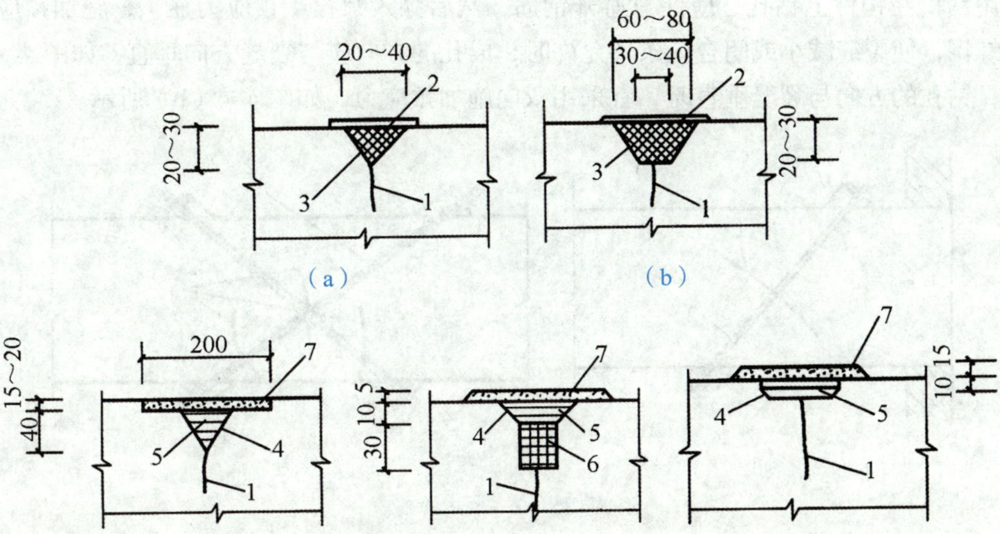

1—裂缝；2—环氧浆液；3—环氧砂浆；4—水泥净浆（厚 2 mm）；5—1∶2 水泥砂浆；6—聚氯乙烯胶泥或沥青油膏；7—1∶2.5 水泥砂浆或刚性防水五层做法。

图 4–2　充填法修补裂缝

2. 工程实例

实例一：某单层厂房预制柱，因施工中碰撞造成上柱根部产生裂缝，裂缝宽 0.3～0.5 mm。扩缝后充填高强度水泥砂浆修补，以防钢筋锈蚀，使用后情况良好。

实例二：某办公楼外墙为现浇钢筋混凝土结构，厚 150 mm。房屋竣工后一年发现外墙开裂，房屋下层裂缝呈倒八字形，上层裂缝呈八字形，南面比北面严重，缝宽多数大于 0.1 mm，最宽为 0.5 mm。由于裂缝贯穿墙身，因此下雨时产生渗漏。该工程梁、柱等构件未开裂。裂缝产生的主要原因是温度差与混凝土收缩。

由于裂缝不影响结构安全和耐久性，因此仅做封闭保护处理。但墙内渗漏会影响使用与美观，应及早修补。考虑到裂缝随环境温度会发生变化，故应采用弹性填料填充后再压抹树脂砂浆（图 4-3）。

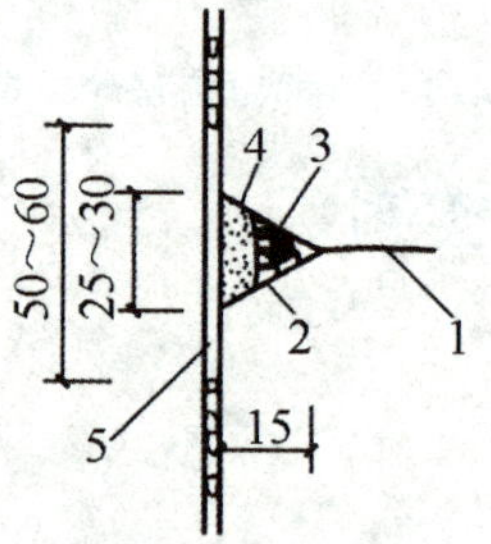

1—裂缝；2—底漆；3—弹性填缝料；4—树脂砂浆；5—修补外装修层。

图 4-3　墙裂缝修补

（二）预应力法

用钻机在构件上钻孔，应注意避开钢筋，然后穿入螺栓（预应力筋），施加预应力后拧紧螺帽，使裂缝减小或闭合。条件允许时，成孔的方向应与裂缝方向垂直，如图 4-4（a）所示；钻孔的方向与裂缝垂直时，宜采用双向施加预应力，如图 4-4（b）所示。

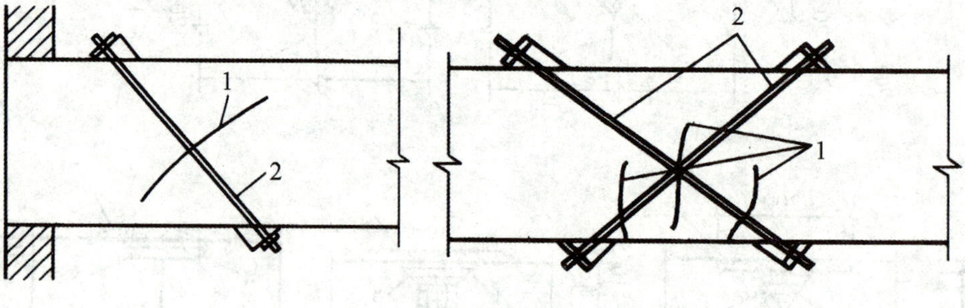

（a）　　（b）

1—裂缝；2—预应力筋。

图 4-4　预应力法修补裂缝

（三）部分凿除，重新浇筑混凝土

对于钢筋混凝土预制长桩、梁等构件，由于运输、堆放、吊装不当而造成裂缝的事故时有发生。这类裂缝可采用以下方法处理。凿除裂缝附近的混凝土，清洗、充分湿润，浇筑强度高一等级的混凝土，养护到规定强度的修补方法。修补后的构件仍可使用在工程上。用这种方法修补已断裂的构件应特别慎重。此外，修补前应检查钢筋的实际应力和变形状况。修补混凝土宜用微膨胀型。修复工作必须十分仔细认真，否则新老混凝土结合不良将导致修补工作失败。

案例

2024 年 4 月，某车间跨度为 9 m，使用薄腹梁，由于直立的梁支撑失效而倾倒，造成梁上出现 6 条横向裂缝，最大缝宽达 1.2 mm。该工程采用部分凿除裂缝及附近混凝土后，重新浇筑细石膨胀混凝土的方法处理。处理后的薄腹梁均用于工程上，未发现异常。

（四）局部增加钢筋后再浇混凝土

当预制构件因施工不慎导致产生较宽的裂缝，构件的受力钢筋应力有可能超过屈服强度时，需要凿开裂缝附近混凝土，增加钢筋后再重浇混凝土。

（五）局部外包型钢和钢板

山西省某车间四层屋顶次梁发现严重裂缝，其特点是裂缝都发生在梁正弯矩区段内，裂缝条数少、宽度大，最宽达 1.2 mm，裂缝未延伸至板上；裂缝两侧已碳化，混凝土中有孔洞。

经分析查明，引起裂缝的原因有三个：正弯矩区配筋不足；梁混凝土浇筑出现冷缝，并未做适当处理；屋面梁受温度收缩影响较大。

经当地有关部门技术鉴定后，决定采取以下处理措施。

（1）铲除梁抹灰层，磨去梁下棱角成圆弧形，使补强用角钢能够紧贴梁面；

（2）按图 4-5，在地面制作好局部加固的钢支架；

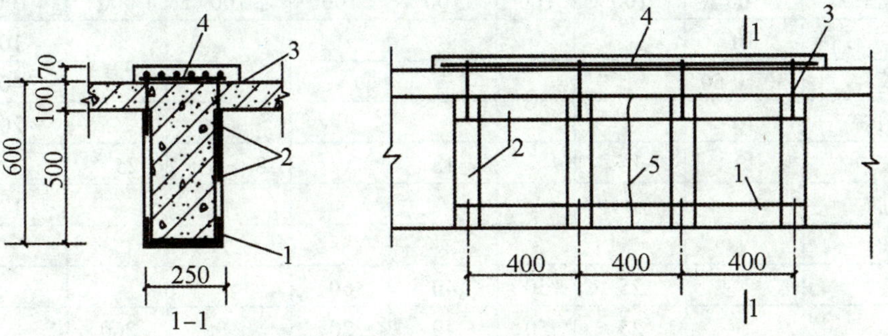

1—2 ∟ 60×6；2—钢板，截面 8 mm×40 mm；3—φ16 螺栓；4—钢板，厚 8 mm；5—裂缝。

图 4-5　局部外包钢处理裂缝

（3）板上面浇筑细石混凝土，梁表面抹 1∶2 水泥砂浆后喷白。

七、化学灌浆法处理及实例

用压送设备将化学浆液灌入混凝土缝内，达到补强加固和防渗堵漏的目的，这种修补裂缝的方法称为化学灌浆法。

（一）化学灌浆法常用材料

建筑结构补强加固用的化学灌浆材料主要有环氧树脂类和甲基丙烯酸甲酯类（甲凝）两大类。

1. 环氧树脂类

环氧树脂灌浆施工较方便，材料来源广，因此在建筑工程中得到广泛的应用。已有试验表明，环氧树脂浆液只要配方适当，其抗压、抗拉、黏结强度都很高，尤其是抗拉和黏结强度远大于混凝土的相应强度。因此，只要选用的浆液黏结强度达到可灌性要求，施灌过程中没有漏灌现象，进浆情况良好，浆料用量与裂缝所占体积基本接近，灌浆后进行适当养护，结构或构件的整体性和承载能力的恢复都能满足要求。环氧树脂浆液可灌入不小于 0.1 mm 的裂缝中。

2. 甲基丙烯酸甲酯类

甲基丙烯酸甲酯类的黏度比水低得多，其表面张力仅为水的 1/3 左右，因此，不仅可灌性很好，而且扩散能力也很强。工程实践表明，甲基丙烯酸甲酯类用于缝宽不小于 0.05 mm 的裂缝补强和防渗都可取得良好的效果。特别是用于修补干裂缝时，由于其固化物强度高，与混凝土黏结强度也较高，因此，能充分恢复混凝土的整体性。用其修补有水的裂缝时，则需采用适当的配方和工艺，方能部分恢复混凝土的整体性。

这两类材料在工程中已使用过的配合比分别如表 4-11、表 4-12 所示。

表 4-11　环氧树脂类灌浆浆液参考配合比（质量比）

材料名称	配方编号								
	1	2	3	4	5	6	7	8	9
环氧树脂	100	100	100	100	100	100	1 000①	100	100
邻苯二甲酸二丁酯	10							10	10
二甲苯	30～50							40	40
环氧氯丙烷	10							20	20
乙二胺	10	16		18		8～10	25②		8～10
间苯二胺								17	
DMP-30			3						
糠醛		25	50	40	60				
丙酮		25	50	40	20		260		
聚酰胺（600 号）			15						
甲苯						30～40			
苯酚				0～15	0～20				
半酮亚胺					40		316		

续表 1

材料名称	配方编号								
	1	2	3	4	5	6	7	8	9
连苯三酚（焦性没食子酸）							0 ～ 30		
适用的裂缝	干缝	干缝	干、湿缝	干缝	湿缝	干缝	湿缝	干缝	干缝
采用的工程	门式刚架	电站附墙牛腿	某船坞	设备基础	设备基础	梁、柱屋架	屋架	梁、墙屋架	梁、墙屋架

① 1 000 mL 为主液，其质量配合比为环氧树脂：糠醛：苯酚＝ 100 ：90 ：15。

② 指浆液中浓度 98% 的乙二胺所占比例（%）。

注：7 号配方中主液、丙酮、半酮亚胺以 mL 计，连苯三酚以 g 计。

表 4–12　甲基丙烯酸甲酯类灌浆浆液参考配合比

材料名称	代号	作用	用量单位	配方编号				
				1	2	3	4	5
甲基丙烯酸甲酯	MMA	主剂	mL	100	100	100	76.5 g	100
过氧化苯甲酰	BPO	引发剂	g	1	1	1	1.5	1
二甲基苯胺	DMA	促进剂	mL	1	1	1	1.5 g	0.5 ～ 1
对甲苯亚磺酸	TSA	除氧剂	g	1	1	1		1 ～ 2
甲基丙烯酸		改性剂					2	
丙烯酸		改性剂	mL		5	10		10
甲基丙烯酸丁酯		改性剂					20	
使用工程概况				厂房梁	厂房梁	仓库屋架厂房梁	大坝干裂缝	大坝有水裂缝

注：4 号配方材料用量为质量比。

（二）工程实例

实例一：梁裂缝灌浆实例。

上海市某厂房楼板梁产生了大量的纵向裂缝，缝宽最大为 1.8 mm，由于上部浸入酸液，因此混凝土腐蚀严重。采用甲凝浆液灌浆补强，其配合比如表 4–12 所示。修补时先凿除已疏松的混凝土至露出钢筋，然后埋设灌浆嘴，用手摇式压泵灌浆，压力为 0.2 ～ 0.3 MPa。

施工中，现场取样制作试块，测得抗压强度为 80.8 MPa，抗拉强度为 3.6 ～ 4.0 MPa。施工完成后，经多年监测，未见再开裂，而且在附近新建工程打桩的影响下，该梁也未见异常。

实例二：某修配厂修理车间钢筋混凝土吊车梁裂缝灌浆实例。

由于车挡上未设制动装置，使用中吊车碰撞车挡，造成两根吊车梁的翼缘和肋上部分出现了 0.15 ～ 0.4 mm 和 0.05 ～ 0.3 mm 的贯穿裂缝。采用表 4–11 中的配方 8 进行灌浆修补。在施灌过程中一根吊车梁肋部垂直裂缝宽为 0.1 ～ 0.3 mm，灌浆压力为 0.20 ～ 0.35 MPa，进浆情况良好。另一根吊车梁肋部垂直裂缝宽为 0.05 ～ 0.2 mm，在用压缩空气试验时，各灌浆嘴间不够通畅，灌浆压力为 0.20 ～ 0.45 MPa，进浆情况不如前一根。

浆液硬化后，在吊车超载条件下于修补后的吊车梁上反复行驶六趟。检查结果表明裂缝黏合质量良好，使用多年未见异常。

八、减小结构内力法处理及实例

（一）减小结构荷载

（1）减轻结构自重。如改砖墙为轻质墙、钢筋混凝土平屋顶改为轻钢屋盖石棉瓦、保温隔热层改用高效轻质材料等。

（2）改善建筑物使用条件，减小结构荷载。如防止积水、经常清扫厂房屋面积灰等。

（3）改变建筑用途。对有缺陷的个别房间改变其使用性质，以减小使用荷载，如资料档案室改为办公室、藏书库改为阅览室，其活荷载分别从 2.5 kN/m^2 或 5.0 kN/m^2 下降到 1.5 kN/m^2 或 2.0 kN/m^2。

（二）增设支点，减小结构内力

1. 加固原理

在梁、板等受弯构件中，增设新的支柱（支座）后，缩减计算跨度，使结构内力明显减小，裂缝减轻。以均布荷载为例，在增设新的支座后，弯矩发生变化，其变量不仅与新增支座的位置、数量有关，还与支座参与共同工作的程度有关（图 4–6）。

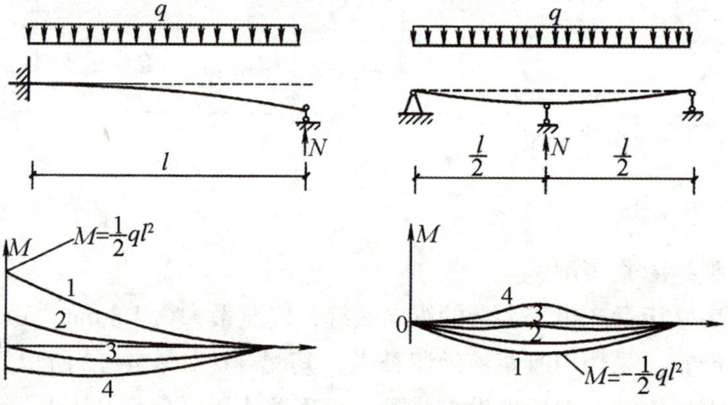

曲线 1 — $N=0$ 时；曲线 2 — $0<N<\frac{1}{2}ql$ 时；曲线 3 — $N=\frac{1}{2}ql$ 时；曲线 4 — $N>\frac{1}{2}ql$ 时。

图 4–6 受弯构件增设支座后的内力变化情况

采用这种方法处理钢筋混凝土结构时，应确认实际配筋情况能否适应弯矩变化后的要求。

2. 工程实例

实例一：湖北省某工程悬臂梁因施工工艺不当，导致施工超载，负弯矩钢筋下沉，造成悬臂梁固定端附近普遍出现宽 0.3 ～ 0.5 mm、长 600 ～ 800 mm 的裂缝。裂缝上宽下窄，从梁顶面开始向下延伸。由于该梁悬出长度和使用荷载均较大，该工程根据工地条件采用加钢支撑的方法补强加固，方法如图 4–7 所示。钢支撑的尺寸构造及材料选用均通过结构计算确定。

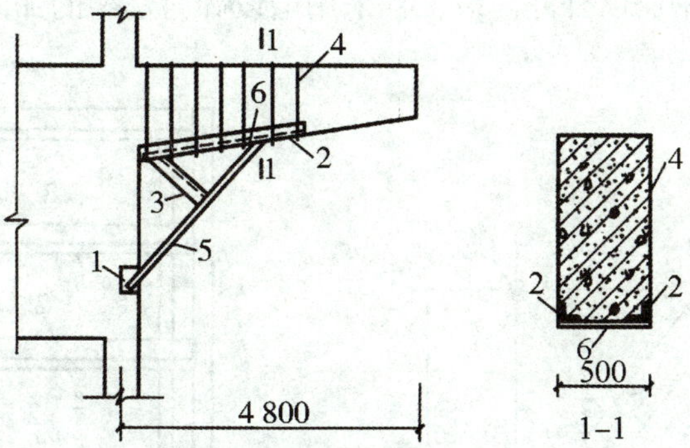

1—预埋钢板；2—∟ 75×8；3—∟ 75×8；4—φ22@400；5—43 号钢轨；6—钢板 500×400×10。

图 4–7　悬臂梁裂缝加固示意图

实例二：现浇板跨中出现过大裂缝或挠度的事故较常见，处理方法之一是增加梁作为新的支点，以减小板跨度。最简单的梁可用工字钢或槽钢（图 4–8）。用钢筋混凝土梁减小板跨度。

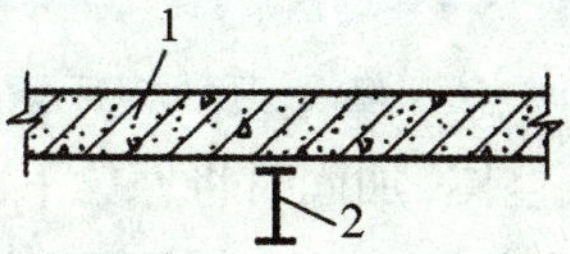

1—楼板；2—型钢梁。

图 4–8　用型钢减小板跨度

（三）增设卸荷结构

1. 加固方法

梁板常用型钢作为卸荷结构，梁跨度较大时，也可用框架作为卸荷结构等。

2. 工程实例

某百货商场 10 m 跨度的钢筋混凝土大梁，因设计错误，加上施工质量低劣，导致其严重开裂，其中一根梁的裂缝在立面上的分布如图 4–9 所示。

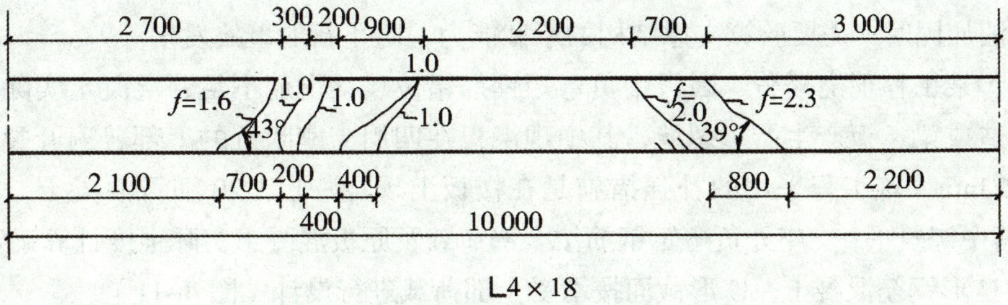

图 4–9　10 m 大梁正立面上裂缝示意图

梁截面尺寸：300 mm × 700 mm。

考虑到梁承载能力严重不足，除了产生较宽的严重裂缝外，还可见受压区混凝土发生局部被压碎，有的部位钢筋已外露。该工程采用增设卸荷框架的加固方式，如图 4-10 所示。

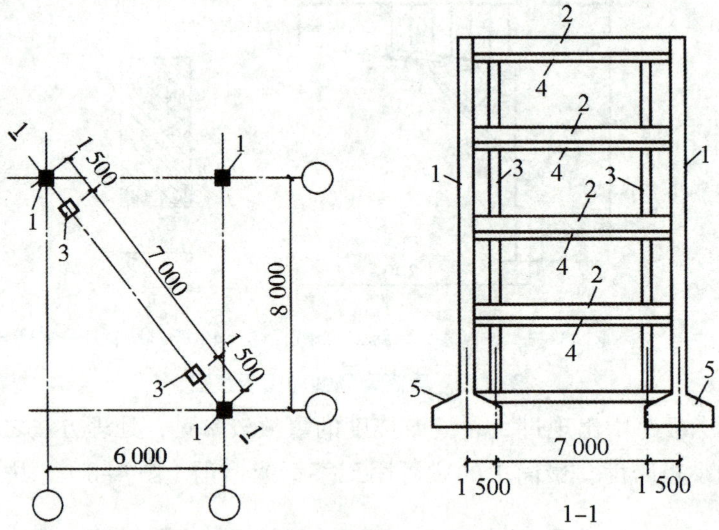

1—原有柱；2—10 m 大梁；3—卸荷框架柱；4—卸荷框架梁；5—原柱基础。

图 4-10　增设卸荷框架示意图

为使增设的框架与原大梁连成整体，加固时将原梁下部的保护层凿去，使全部主筋外露，将新加框架梁的箍筋与梁的箍筋焊接在一起。为保证新增梁与原梁共同工作，施工时还采取了把原梁略顶起，用膨胀水泥灌缝的措施。

九、结构补强法处理及实例

危及结构安全的混凝土裂缝需要做结构补强，常用的方法有增加钢筋、粘贴钢板、加大钢筋混凝土截面、外包钢、增设预应力补强体系、加强结构整体刚度等。

（一）现浇板补强

1. 楼板补强

现浇楼板在支座上部常出现平行于支撑结构的裂缝，主要原因是板内负弯矩钢筋下移。通常采用的加固方法是：将板面凿毛，充分湿润后铺设钢筋网，浇筑 C20 细石混凝土。采用这种方法加固时，需要验算支撑结构的承载能力，防止新的事故发生。

例如，某工程现浇楼盖，因板中负弯矩钢筋错位、梁配筋不足、混凝土实际强度低下等原因，造成梁、板产生严重裂缝，其中现浇板在四周支座附近的上部普遍开裂，板跨中挠度达 55 mm。该工程采用的补强措施是在楼板上现浇一层 C20 细石混凝土，支座处厚 50 mm，跨中浇筑平，支座处负弯矩钢筋按全部荷载及原板混凝土实际强度计算确定。同时，对梁外包 U 形钢筋混凝土，U 形截面按承受全部荷载进行设计（图 4-11）。

2. 阳台板补强

现浇阳台板靠墙边（固定端处）的裂缝较常见，主要原因是负弯矩钢筋往下移位，有的阳台板固定端处的厚度不足也会导致产生裂缝。通常可采用以下两种方法处理。

（1）板上面加小型肋形板。首先在阳台板下设保护性支撑体系，然后将阳台表面凿毛；根据裂缝情况和原阳台板内主筋错位的大小计算所需的补强钢筋，按补强钢筋的设计间距，在板上凿出 25 mm × 25 mm 的沟槽，并凿通墙体，伸入室内配重板内。河南省某住宅楼阳台板加固如图 4-12 所示。

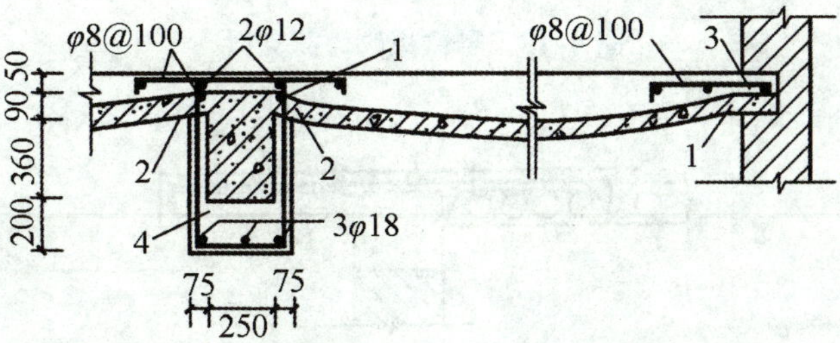

1—板裂缝；2—板上凿孔浇 U 形梁；3—砖墙凿槽；4—外包 U 形梁。

图 4-11　现浇楼盖补强

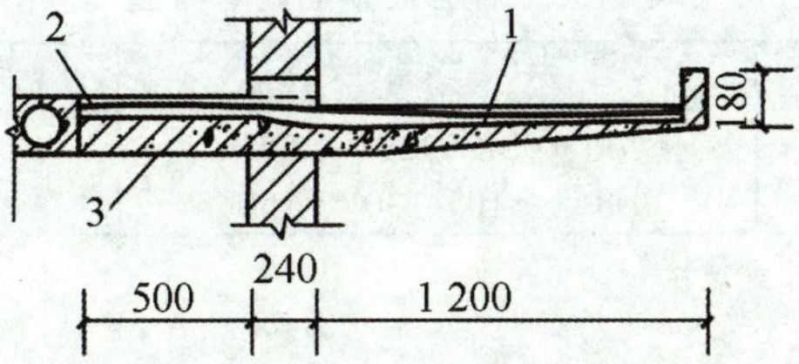

1—补强钢筋；2—1 φ14 与补强钢筋焊接；3—配重板。

图 4-12　肋形板加固阳台板

安放补强钢筋，并绑扎分布筋 φ6@250，清洗阳台板并充分湿润后，浇筑 C20 细石混凝土，面层厚 30 mm，随浇随压实抹平，不另做阳台抹面层，同时补好穿补强钢筋的孔洞。

（2）将悬臂板改为简支板。当板负弯矩钢筋已下移靠近板底时，可采用悬出端加梁，并用扁钢斜拉杆和锚拉筋锚固在构造柱上，再用 2 φ12 钢筋将构造柱与墙进一步锚固（图 4-13）。

3. 挑檐板补强

挑檐板沿墙方向的裂缝较常见。主要原因是负弯矩钢筋下移，对尚未断裂的板可采用墙加钢筋网细石混凝土面层的方法补强。其要点为：先将顶面凿毛，清洗并充分湿润后，布设钢筋网，涂刷水泥净浆后，浇筑 C30 细石混凝土，厚 30 ～ 35 mm。对外挑长度小于 0.9 m、裂缝不严重的板，布筋并刷水泥浆后，也可再抹一层厚 25 mm 的 1∶2.5 水泥砂浆层（图 4-14）。补强用钢筋网参考值如表 4-13 所示（挑檐较重时应按计算确定）。

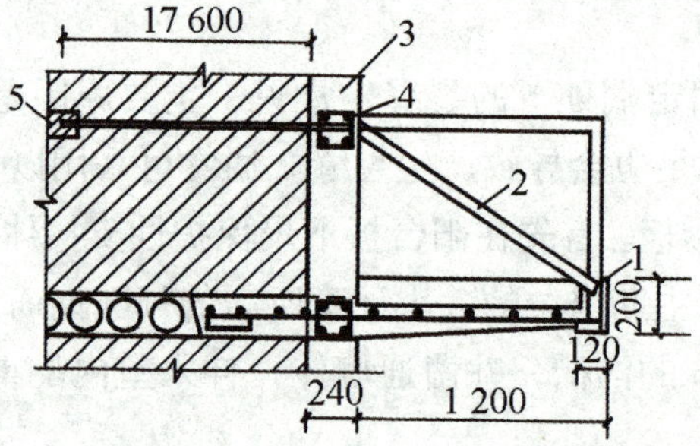

1—后加梁；2—斜拉杆；3—构造柱；4—预埋钢板；5—2 φ12 锚拉筋。

图 4–13　悬臂板改为简支板

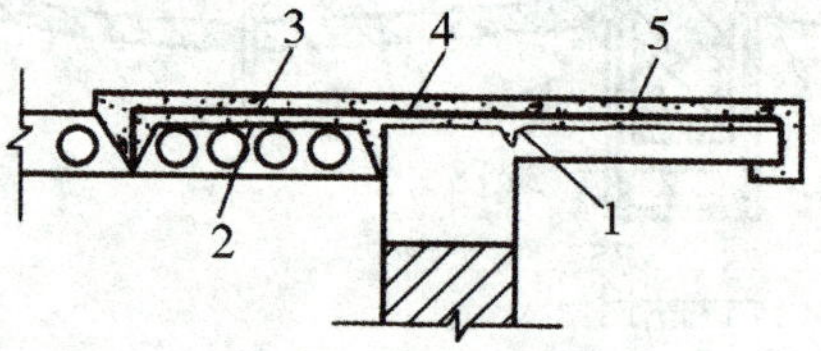

1—裂缝；2—表面凿毛，清洗后刷水泥浆；3—主筋；4—φ4@200；5—细石混凝土或水泥砂浆面层。

图 4–14　挑檐板裂缝补强

表 4–13　补强用钢筋网参考值

外挑长度 /mm	主筋	分布筋
600 ～ 900 1 200 ～ 1 500	φ6 ～ φ8@150 ～ 200 φ8 ～ φ10@130 ～ 150	φ4@200

（二）梁裂缝补强

1. 补焊钢箍补强实例

深圳市某厂房框架梁拆模后产生严重裂缝，最大缝宽达 1 mm（图 4–15）。

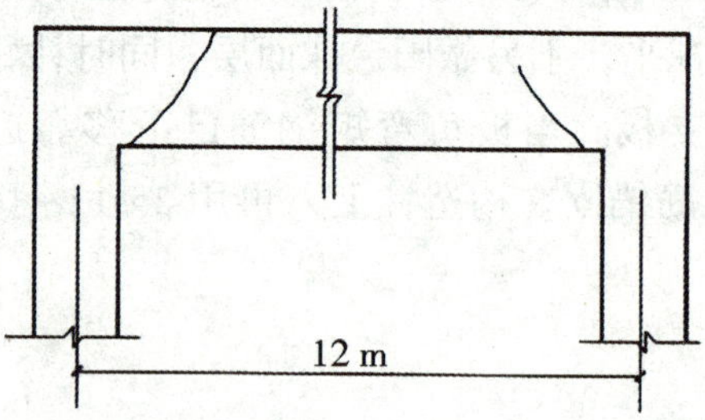

图 4–15　框架梁裂缝示意图

（1）裂缝产生原因。该工程用 32.5 级矿渣水泥配制 C25 混凝土，混凝土浇完后第 11 天就拆模，上面已作用施工荷载。这违反了施工及验收规范的有关规定。规范规定，梁跨度大于 8 m 时，承重模板拆模的混凝土所需强度应达到设计值的 100%。该工程用矿渣水泥配制混凝土，常温下达到设计强度一般需 25 天以上，因此，拆模太早是产生裂缝的主要原因；规范规定，混凝土达到设计值后方可承受全部计算荷载。当施工荷载大于计算荷载时，必须经过核算并加设临时支撑，但施工中没有遵守这些规定。

（2）裂缝处理。立即卸除施工荷载，继续加强混凝土养护至28天，采用灌浆法修补裂缝，再在梁的两端 1.5 m 区段补设 φ12 @100 钢箍，并与主筋焊接牢固后，再浇筑混凝土。

采用此法补强后，该工程投入使用后未见异常。

2. 外包钢筋混凝土—现浇梁裂缝补强实例

某教学楼肋形楼盖因施工质量问题导致板面出现裂缝。增加面层处理后，又因梁承载能力不足，产生更多裂缝。两端裂缝宽 0.5 ～ 1.2 mm，跨中缝宽 0.1 ～ 0.5 mm，有的裂缝贯通梁全高（图 4–16）。采用外包钢筋混凝土 U 形梁补强。补强按 U 形梁承担全部荷载设计，梁补强截面如图 4–17 所示。U 形梁应伸入墙内传递楼盖荷载，或采用增加附墙钢筋混凝土壁柱作为 U 形梁支座，柱下基础是否需要扩大应通过验算确定。

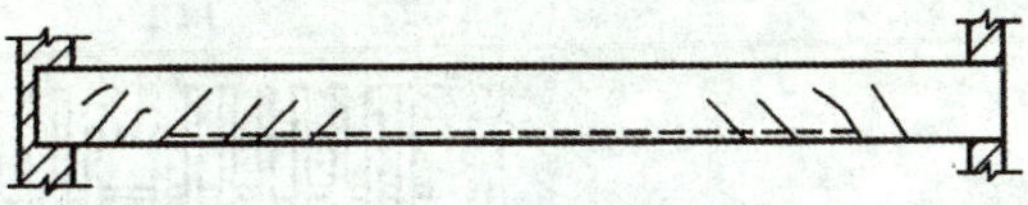

图 4–16　梁裂缝示意图

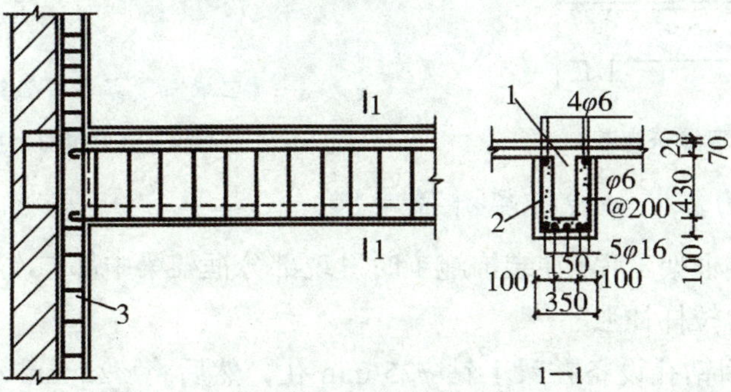

1—原梁；2—补强用 U 形梁；3—增加钢筋混凝土附墙柱 350 mm × 200 mm。

图 4–17　U 形梁补强示意图

3. 外包钢补强—角钢钢箍小桁架补强实例

某俱乐部舞台大梁全长 17.5 m，净跨距 12 m，因混凝土早期受冻和施工超载，导致出现严重裂缝，最大缝宽为 0.5 mm，裂缝如图 4–18 所示。该工程采用角钢钢箍补强法加固，其要点为：用钢箍及角钢焊接成小桁架，包围在梁的裂缝处，并使钢套箍与混凝土表面紧密接触，以保证它们共同工作，然后用细石混凝土或水泥砂浆包裹小桁架。采用此法补强加固，使用多年后情况正常，裂缝无明显变化。

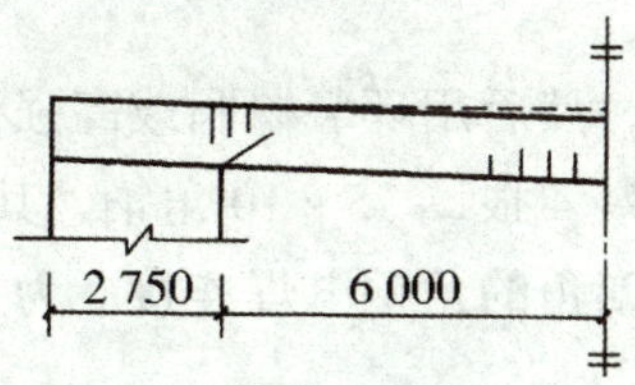

图 4–18　裂缝示意图

4. 结构胶粘贴钢板

用结构胶粘贴钢板处理梁裂缝，已在许多案例中取得良好的效果。常用的结构胶有JC–1型胶黏剂、JGN型胶黏剂等。

胶黏剂应用实例如下。

辽宁省某框架建筑，主体施工完成后，发现有几跨框架梁的跨中出现裂缝，其中最严重的一跨如图4–19所示，最大缝宽达0.4 mm。产生裂缝的主要原因是跨中抗弯承载力严重不足（抗剪能力基本符合要求）。该工程采用JGN胶粘贴钢板法加固（图4–20）。补强箍板除了可加强受拉区钢板锚固外，还可提高梁的抗剪能力。补强钢板的截面为150 mm×2.5 mm，受拉区钢板共3层，其厚度自跨中向支座逐渐减少（图4–20），以节省结构胶和钢板用量。

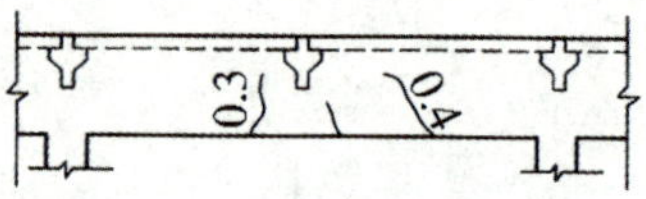

图4–19 梁裂缝示意图

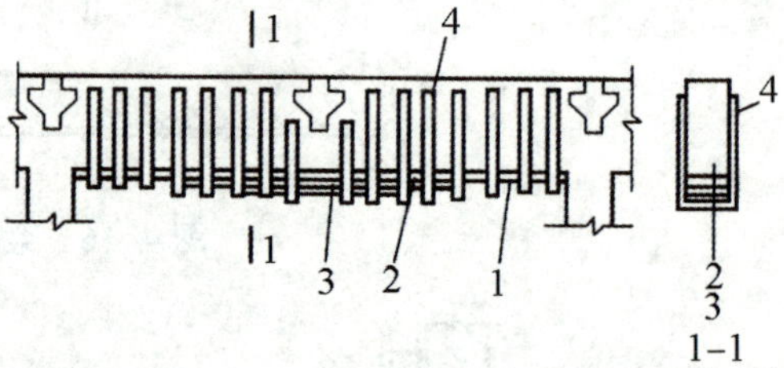

1～3—梁正截面受拉区补强钢板；4—箍板。

图4–20 加固示意图

5. 增设预应力拉杆—现浇梁补强实例

陕西省某展销楼框架工程，在装饰施工时发现部分框架梁中部与次梁相交处出现裂缝，设计要求采用预应力拉杆补强。

施工时先用专用钻孔设备在梁上钻φ25 mm孔，然后将φ22 mm双头螺纹钢销插入孔中，套上钢板，安装张紧套筒后旋紧螺母，将钢板压紧。然后将钢销与钢板用电弧焊连接，并将外伸多余部分割去。钢板固定完后，把2 φ18钢筋两端40～50 mm长的一段与钢板焊牢。安装角钢、张拉卡具、挂钩螺栓，然后同时拧紧挂钩螺栓的螺母，将2 φ18钢筋往下拉40～50 mm，拉到位后，将钢筋与钢板焊牢。焊接应分段分层进行，防止高温烧坏混凝土。焊完后拆除卡具。

该工程采用上述方法补强后，经设计部门和质量部门检查达到要求。

（三）柱裂缝补强—外包钢实例

某厂抗风柱吊装前被汽车撞裂（三面开裂），由于该工程工期限制，不能重新制作，决定采用外包钢补强（图4–21）。

补强施工时，先将裂缝凿开，然后用环氧树脂或高强快硬水泥浆修补裂缝；柱四角抹高强水泥砂浆垫层，在凝固前安装4根∟75×10角钢，其长度需超过裂缝以外500 mm。然后安装∟45×4的缀条，并与四角的角钢电焊连接。为加强角钢与柱的共同工作，也可将柱保护层凿除，露出主筋并与角钢焊接，这种方法补强效果更可靠。

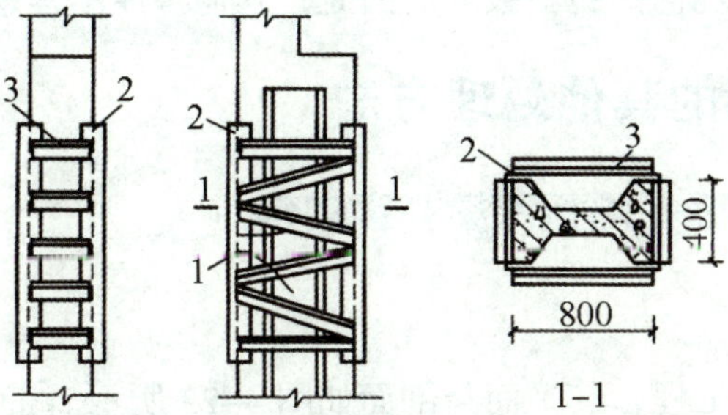

1—裂缝；2—4 ∟ 75×10；3—∟ 45×4。

图 4-21　柱裂缝外包钢补强

（四）屋架裂缝补强—屋架裂缝补强实例

1. 工程与事故概况

新疆某学校食堂屋盖采用 18 m 跨度钢筋混凝土双铰拱屋架，现场预制，拆模养护中发现，有两榀屋架在拱顶附近各有一条裂缝，裂缝垂直于拱轴线，贯通上弦一侧表面后，伸向上表面和底面各约 2 ～ 3 cm，裂缝总长约 40 cm，缝宽 0.5 ～ 1.2 mm。

2. 裂缝处理

经分析后认为，裂缝已危及屋架安全，必须进行加固处理。当时提出以下两种处理方案：

（1）凿裂缝成 V 形槽，用环氧树脂砂浆修补。

（2）外包钢架补强。

考虑到环氧树脂修补方案施工工艺较复杂，为防止处理不好而留下隐患，故采用了第 2 种方案处理。

用角钢焊接成图 4-22 所示的钢套箍，长 1 m，将裂缝及附近的上弦箍紧。

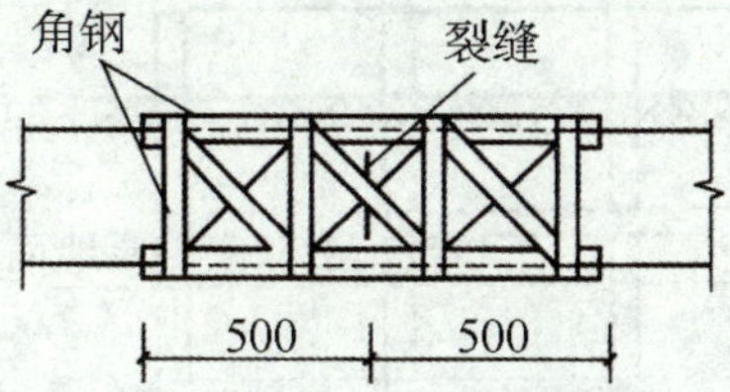

图 4-22　屋架上弦加固示意图

（3）卸载。薄屋盖保温层厚度，以减少屋面荷载。

经以上方法处理后，该工程已交付使用，经多年观察，使用正常。

（五）门式钢架裂缝处理

门式钢架裂缝较为普遍，主要是因设计与构造不当（配筋不足）造成的。虽然受拉区宽度不大的裂缝（如缝宽 0.3 mm）属于混凝土带裂缝工作的正常情况，在设计规范允许范围内，但有些斜裂缝可能导致节点核心混凝土斜压破坏、主筋内混凝土局部破坏，以及斜向劈裂破坏，最终可能出现构件脆性破坏。因此，其危害性不容忽视。

十、混凝土裂缝的其他处理方法

（一）隔板深梁补强—隔板深梁补强实例

1. 工程事故概况

某多层现浇框架结构工程，其平面与剖面如图 4–23 所示。工程竣工后开始使用正常，一年半后发现，在标高 12.31 m 以下的柱与框架转角处产生裂缝，其数量与尺寸不断加大，裂缝最宽达 4 mm，裂缝示意如图 4–24 所示。除了有裂缝外，柱子还发生倾斜且变形严重。

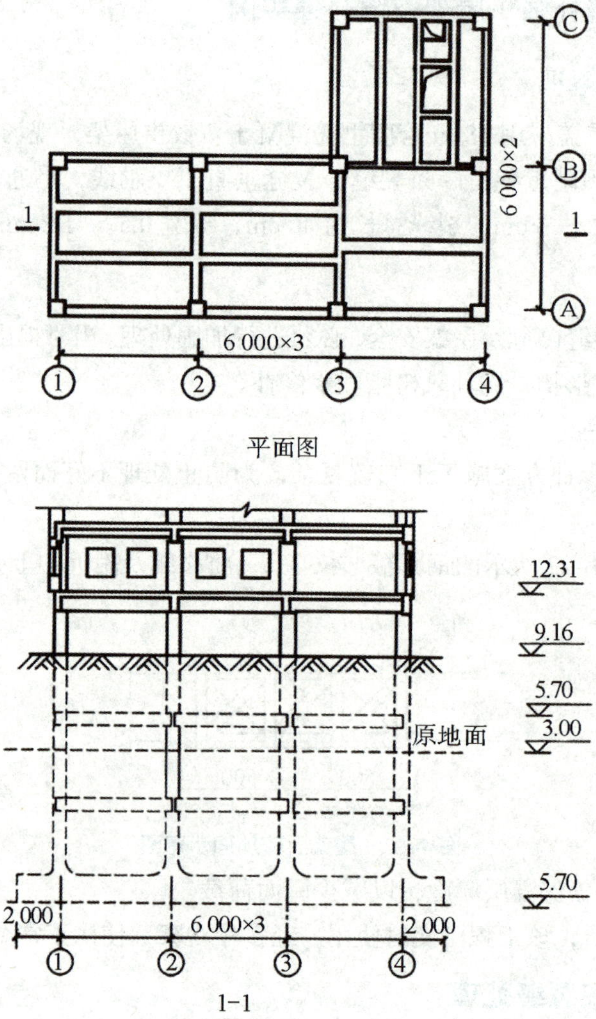

图 4–23　平面图与局部剖面示意图

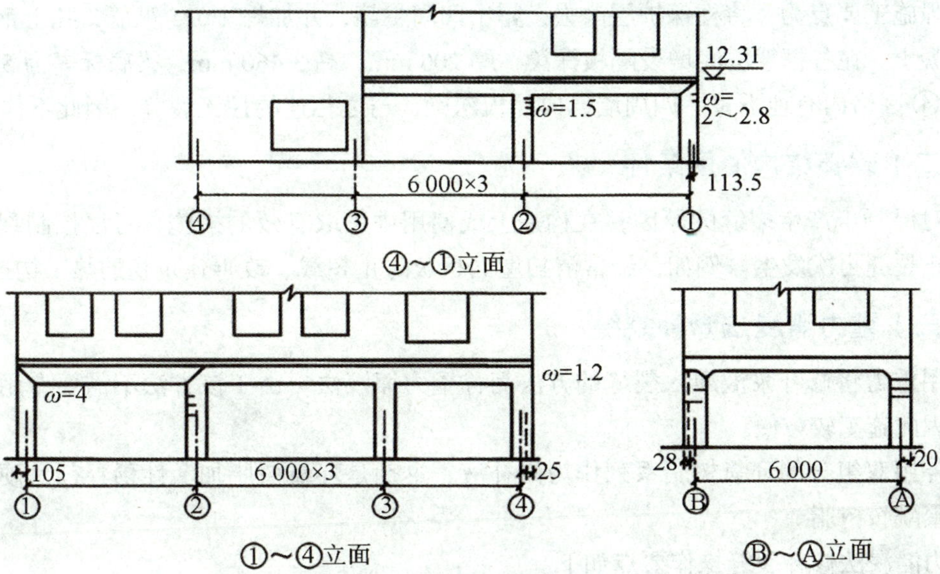

图 4–24　裂缝示意图

2. 事故发生原因

该工程发生事故的原因是连系梁设计存在问题。从图 4–23 可见，原地面标高为 3.00 m，基低标高为 –5.70 m。工程建成后的地面标高为 9.16 m。在地下部分设有两道连系梁。原设计考虑该梁上、下均有回填土，不考虑其承受荷重，故梁内仅配置了构造钢筋。实际上回填土质量再好也达不到这种理想的状况。经过一段时间后，梁下的填土逐渐固结下沉，使梁悬空，梁上填土使梁承受较大荷载。经验算，当梁只承受梁宽以上的矩形土体质量时，尚不致造成梁严重破坏。在土的内摩擦角等因素的影响下，实际上连系梁所受的荷载是一个倒梯形填土质量，因而导致连系梁破坏，并对柱产生了很大的水平方向的拉力，造成柱开裂与倾斜。

3. 处理方案及施工要点

由于裂缝严重，柱变形较大，必须进行补强加固。该工程采用在各框架柱之间增加隔板深梁的处理方案（图 4–25）。

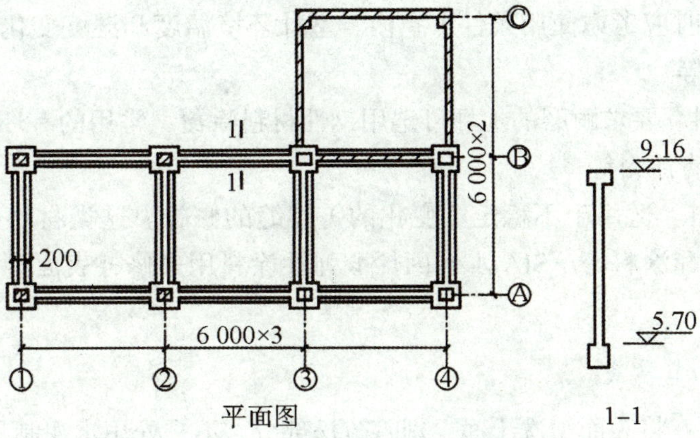

图 4–25　隔板深梁补强示意图

补强施工要点为：将柱保护层凿去，露出四周主筋，并加焊 1 025 纵筋，扎上钢箍后，浇筑混凝土。在各框架柱间增设隔板深梁，厚 200 mm、高 3 460 mm，梁底标高为 5.70 m。由于③④区格内有地下室，四周墙已成隔板深梁，与之相连的柱无裂缝，因此不作处理。

（二）改善结构使用条件

针对混凝土产生裂缝的原因，在构造上或使用中采取有效的措施，可以控制裂缝的发展或防止裂缝再次发生。例如，经常清扫屋面积灰防止超载、改善建筑物的热工构造等。

（三）重力灌浸法修补裂缝

利用重力将修补浆液灌入裂缝的方法简称重力灌浸法。由于该方法不需要专用设备和动力，因此施工较方便。

国外用双组分的环氧树脂系列作为修补液。主剂是环氧树脂加活性稀释剂，硬化剂是改性的聚酰胺树脂。

重力灌浸法修补裂缝操作要点如下。

（1）裂缝调查。测量并记录裂缝情况和数据，做出修补标记。

（2）表面封闭。将 $\varphi 8$ mm 聚氯乙烯软管切成两个半圆形的管片，用胶黏剂将软管片固定在裂缝表面，除了留出加料口外，其他裂缝部位应全部封严，不准出现渗漏。

（3）配制灌浆液。表面封闭固化后，配灌浆液，临灌前加入引发剂、促进剂，并搅拌均匀。一般一次配制 20 ～ 30 g。

（4）灌缝。将拌匀的浆液从预留的加料口灌入，每次以灌满为度。由于渗透和充满裂缝需要一定时间，因此要求每隔 2 ～ 3 h 补加一次浆液，直至不再渗入为止。

（5）修整。修补液聚合后，将软管及多余的浆液铲除，表面磨光。

（四）涂覆法修补量大的表面裂缝

当混凝土表面出现数量较多的表面裂缝时，可采用手工或机械喷涂的方法，将修补材料涂覆于混凝土表面，起到表面封闭的作用。涂膜厚度在 0.3 ～ 2.5 mm，厚度越大则适应裂缝变化能力越强。

1. 修补材料

选用修补材料时应考虑使用条件（室内、室外环境温度和湿度变化、介质腐蚀情况）以及裂缝活动情况等。

（1）刚性材料。要求耐磨的地坪可选用钢性材料涂覆，常用的有环氧沥青涂料、聚氨酯涂料、聚氨酯沥青涂料等。

（2）弹性材料。适用于不稳定（变化的）裂缝的修补。这类材料主要有聚氨酯弹性体、橡胶型丙烯酸酯涂料等。SIA 水性丙烯酸弹性涂料用来修补表面量大的裂缝具有较好的效果。

2. 涂覆法操作要点

（1）表面准备：将表面清洗干净，剔除疏松部分，不平处用水泥制品修补膏将其嵌平。

（2）涂上合适的修补材料。

（3）按修补材料的要求进行养护。

（五）托板换梁法处理预制梁裂缝—托板换梁法处理预制梁裂缝实例

1. 工程与事故概况

黑龙江省某中学教学楼为三层砖混结构，采用 6 m 进深（跨度）的预制梁和空心板构成的屋盖在使用两年多后发现，大部分预制梁在距离端部 600 mm 左右出现数量不等、尺寸不同的裂缝，并且有逐渐发展的趋势。经当地检测部门确认为危险构件，需进行处理。

2. 处理方案

提出以下两种处理方案。

方案一：采用钢桁架加固梁。

方案二：用支架托住空心板，拆除预制梁，换成现浇梁。

根据当地条件决定采用方案二，虽然处理工作量大、工期长，但造价低、材料与设备易于解决。处理前后的楼盖局部截面如图 4–26 所示。

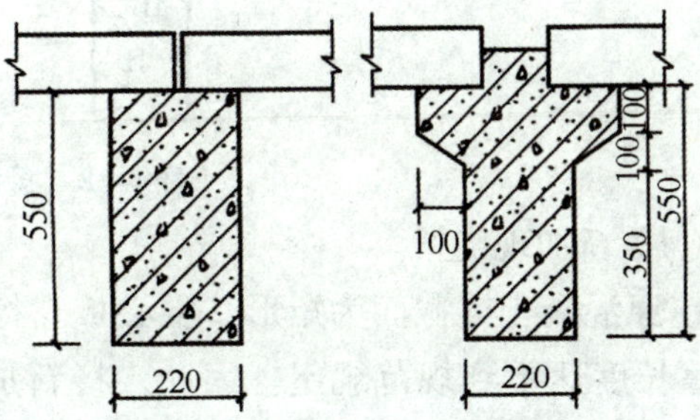

1—通长铺 30 mm 厚木板；2—厚 30 mm 木板；3—梁拆除后，空心板悬挑部分；4—原有预制梁；5—通长木跳板；6—托板支架立柱。

图 4–26　处理前后的楼盖局部截面

3. 处理要点

（1）设支架托住空心板。混合结构常用硬架支模，先安装楼板再浇筑梁，设专用支架托住已安装的空心板。支架构造如图 4–27 所示。

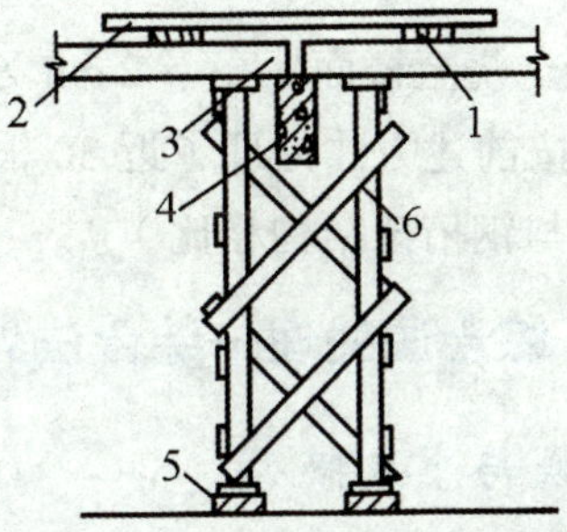

1—通长铺 30 mm 厚木板；2—厚 30 mm 木板；3—梁拆除后，空心板悬挑部分；4—原有预制梁；5—通长木跳板；6—托板支架立柱。

图 4–27　托板支架示意图

支架构造、杆件尺寸及支撑间距均由计算确定，同时注意以下几个问题。

① 考虑施工安全，在计算确定的支撑之间均加设一根支撑，以防某一支撑松脱，造成楼板变形或塌落而影响新增加的梁。

② 托板支架和新浇梁的模板支架各为独立的支撑体系，互不干扰。

③ 梁两侧的支撑间距不超过 500 mm，防止梁拆除后空心板悬挑长度过大。

④ 三层的梁板应架设支架，并保证各层支架的支柱在同一铅垂线上，以保证将施工荷载传至底层地面。

⑤ 托板支架的支撑松紧程度要适度，每根梁上板的支托力度由一人掌握，防止各支撑松紧不一。

⑥ 各支撑均设拉结及剪刀撑，使整个支架具有足够的刚度和稳定性。

⑦ 施工全过程应设专人检查支架有无松脱以及是否稳定，发现问题应及时处理。

（2）局部凿断楼板，以便后加梁的混凝土浇筑。凿板时应注意安全，操作人员不准站在图 4–27 中“3”所示的位置，同时还应注意保护原本敷设在板孔内的各种管线，防止被损坏，避免出现安全事故。

（3）拆除原预制梁混凝土。拆凿混凝土梁应从梁的底侧面开始，拆凿的两种顺序如图 4–28 所示。拆凿时严禁梁两侧同时进行，防止发生安全事故。

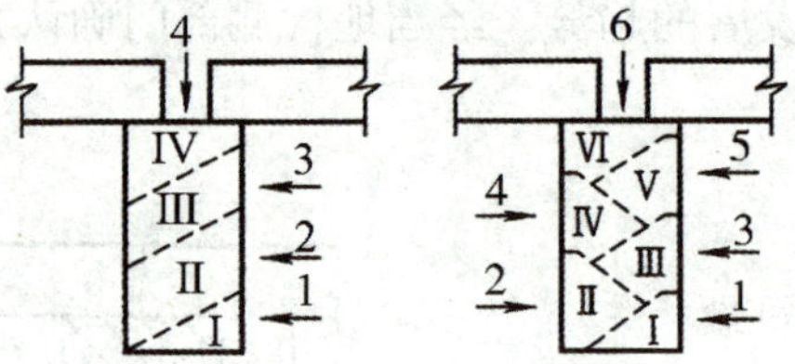

图 4–28　拆凿梁顺序示意图

（4）新加现浇梁。

① 原混凝土梁截面为矩形，空心板支撑长度为 10 cm，空心板局部被凿除后，空心板的支撑长度达不到规范规定。因此，将新加的梁改为花篮梁，截面形状及尺寸如图 4–26 所示。

② 花篮梁的支架与托板支架各成体系，互不干扰，以确保安全。

③ 堵塞楼板端部的孔洞。

④ 为保证新浇混凝土与板底处接触密实，混凝土坍落度宜选用 5 ～ 7 cm，并且充分振捣。

⑤ 混凝土浇至楼面标高下 2 cm 处，以便修复楼地面。

该工程按前述方法处理了近 30 根钢筋混凝土梁，满足结构安全和使用要求，同时节省费用 29%（与钢桁架结构相比）。

（六）综合法处理—综合法处理实例

1. 工程与事故概况

上海市某厂房为两层多跨现浇钢筋混凝土框架，厂房总宽 30 m、长 144 m。底层柱网尺寸（15 + 15）m × 6 m，框架梁为花篮梁，截面尺寸为 300 mm × 1 300 mm，梁支座处均设坡度为 1 : 3 的梁托，混凝土设计强度为 C25，楼、屋盖采用预应力多孔板。

该工程在屋盖施工中发现，顶层框架横梁离中柱与支座 1.5 m 区段处产生裂缝，在已铺设屋面板的⑩～⑤轴线的 12 根框架梁上均可见，裂缝方向均垂直于梁轴线。裂缝宽度一般为 0.3 ～ 0.5 mm，最大宽度为 1.2 mm。裂缝长度一般为 0.6 m，最长约 1 m。有的裂缝已贯穿梁前后截面。

2. 原因分析

首先采用超声回弹综合法检验梁混凝土的实际强度，结果表明强度均已达到设计要求。然后检查施工情况，发现顶层框架花篮梁分两次浇筑，在 15 m 跨框架梁上部钢筋（10 025）还没有浇入混凝土前，就已安装了预应力多孔板，并且拆除了梁下支撑，此时的框架花篮梁实际上是上部为素混凝土的 T 形梁，梁支撑附近的抗负弯矩能力严重不足是产生裂缝的根本原因。

3. 加固方案

在两跨框架的跨中施加反向集中荷载，一方面减小跨中弯矩和挠度，并大幅度释放梁跨中下部主筋的应力；另一方面使支撑附近的裂缝减小或闭合。在保持反向集中荷载的条件下，在支座上部两侧增设抗剪钢板和受力钢筋，然后浇筑花篮梁上半部分的混凝土。此外，对已有的裂缝用化学灌浆进行封闭处理，防止钢筋锈蚀；在后浇混凝土强度达到设计值后，再拆除反向支撑。

4. 加固施工

（1）反向集中荷载施加方法如图 4–29 所示。加载点取屋顶大梁跨中，千斤顶放在底层柱顶面形心处，两跨同步加载。

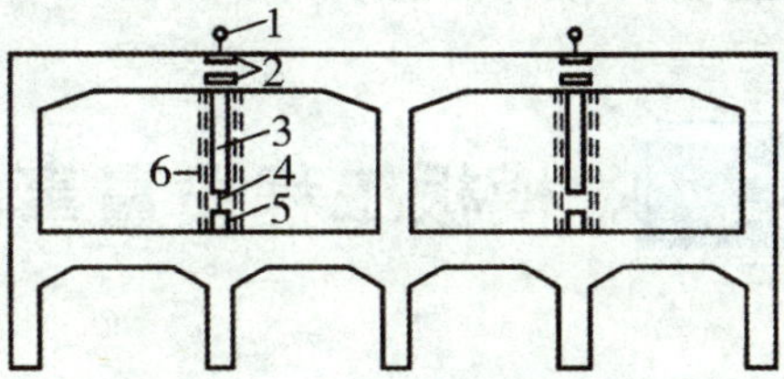

1—百分表；2—应变片；3—支柱；4—压力传感器；5—千斤顶；6—固定支撑。

图 4–29　施加反向荷载示意图

（2）在加载装置两侧设固定支撑，千斤顶加载达到预定值后，顶紧固定支撑，确保千斤顶减压后梁顶下挠不超过 2 mm。

（3）反向加载值的控制。当达到下述条件之一时即终止加载。

① 反力不大于 265 kN（一般为 207 kN）；

② 梁向上位移不大于 9.2 mm（一般大于 7.9 mm）；

③ 梁的上、下应变不大于 870×10^{-6}；

④ 支座附近梁上部裂缝完全闭合。

（4）裂缝修补。固定支撑设置完成后，即可进行裂缝修补及灌浆。灌浆由下向上进行。化学灌浆补缝的抗拉强度应大于 1.3 N/mm^2，现场用断裂试件做黏结强度检验。

（5）梁上部混凝土浇筑。

① 浇混凝土前在裂缝处加放 6φ8 钢筋，其长度为裂缝一侧外伸 350 mm。

② 后浇花篮梁上半部前两侧加焊高 180 mm、厚 6 mm 的钢板，其长度应超出最外处的裂缝 500 mm，如图 4–30 所示。外包钢板与主筋焊接间隔焊，每段焊缝长 70 mm@200，钢板与箍筋焊牢。

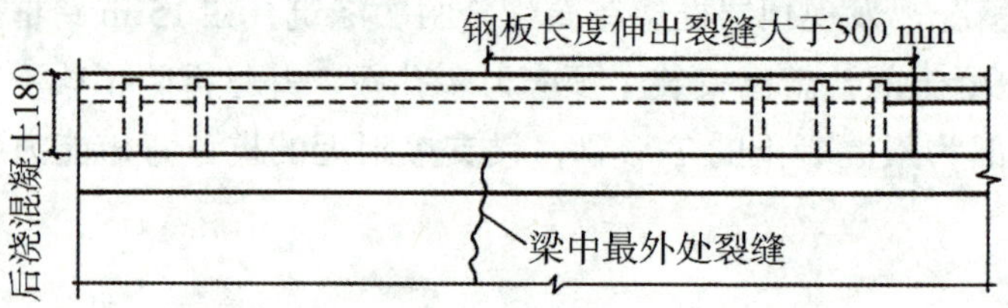

图 4-30　增设钢板立面示意图

对花篮梁一次浇筑、二次浇筑未开裂以及二次浇筑开裂后加固的梁进行对比检测，结果表明，加固梁的刚度与一次浇捣梁的刚度相似，证明加固方案与措施是合理和有效的，经综合计算分析与评估，加固后梁基本能达到原设计要求，可以正常使用。

（七）局部拆除重做

施工中发现部分构件裂缝严重，达不到验收标准时，可以局部拆除重做。例如四川省某宿舍采用普通钢筋混凝土空心楼板及砖墙，砌砖采用里脚手架。脚手架支腿下的空心板因超载严重而开裂，并产生较大挠度。发现问题后，立即停止砌砖，拆除脚手架，凿掉裂缝严重的空心板，支模配筋后浇筑一块等高的现浇板。

任务二　模板工程质量事故处理

任务描述

假设在一个大型的商业综合体建设项目的施工现场，小张施工团队在浇筑混凝土的过程中遇到了模板支架沉降的问题。这个问题是如何发生的？又该如何有效预防和处理呢？接下来我们将深入探讨这些问题，并学习如何通过科学合理的管理和技术手段来避免出现类似的工程质量事故。

任务分析

模板工程质量事故的处理需要全面分析事故产生原因，制订有效的预防措施，并在施工过程中加强管理和监督。通过科学合理的管理和技术手段，可以有效避免类似工程质量事故的发生，确保工程的安全与质量。通过本任务的学习，学生将深入了解模板工程质量事故的各个方面，包括模板、支架系统的破坏、模板尺寸偏差、预留孔洞和预埋件的位置偏移以及过早拆除模板等问题。

任务重点和实施

模板工程是混凝土结构或构件成形的一个十分重要的组成部分。模板系统包括模板和支架两部分，模板作为混凝土结构或构件成形的工具，它本身除了应具有与结构构件相同的形状和相应尺寸外，还应具有足够的强度和刚度以承受新浇混凝土的荷载及施工荷载；支架既要保证模板形状、尺寸及其空间位置的正确，又要承受模板传来的全部荷载。因此，我国《混凝土结构工程施工质量验收规范》（GB 50204—2015）明确规定：模板工程施工应编制专项施工方案，滑模、爬模、飞模等工具式模板工程及高大模板支架工程的专项施工方案应进行技术论证；模板及其支架应根据工程结构形式、荷载大小、地基土类别、施工设备和材料供应等条件进行设计；模板及其支架应具有足够的承载能力、刚度和稳定性，能可靠地承受浇筑混凝土的重量、侧压力以及施工荷载，并能可靠地承受施工过程中所产生的各类荷载，在浇筑混凝土之前应对模板工程进行验收；模板及其支架拆除的顺序及安全措施应按施工技术方案执行。在模板工程中常见以下质量事故。

一、模板、支架系统破坏

（一）底层模板支架沉降

施工支模前，由于底层基土没有夯压密实，或者坑洼处没有分层夯实填平，使得基土承载力达不到承载要求，浇筑混凝土时支架在上部压力作用下产生下沉；另外，未夯实的基土被水淋湿之后软化使支架随之沉陷，造成上部混凝土结构或构件因不均匀沉降变形而开裂。

1. 原因分析

在施工过程中，因管理不善、支模前不进行设计、立模之后不仔细检查支架是否稳固、施工班组和操作技工没有经过培训、不熟悉施工方法、蛮干等导致发生工程事故。

2. 预防措施

按照《混凝土结构工程施工质量验收规范》（GB 50204—2015）规定，支承于地基土上的模板和支架应按《建筑地基基础设计规范》（GB 50007—2011）的有关规定对地基土进行验算。支架立柱和竖向模板直接安装在土层上时，应符合下列规定：应设置具有足够强度和支承面积的垫板，且应中心承受荷载；地基土应坚实，并应有排水措施，对湿陷性黄土应有防水措施，对冻胀性土应有预防冻融的措施；对于软土地基，需要时可以采用堆载预压的方法调整模板面安装的高度。

（二）支架系统失稳

模板的支架材料质量不合格，刚度不够，支柱太细或支柱接头过多，且连接不牢固，有的支撑系统缺少必要的斜撑和剪刀撑，因支撑系统失稳造成结构倒塌或产生严重变形。

1. 原因分析

支模前不进行设计，无切实可行的技术方案。模板上的荷载大小、支架用料粗细、支架高低长短及其间距大小，直接决定着支架构件截面所受应力的情况，如果该应力值超过支架所能承受的极限应力值，则支架就会发生变形失稳而倒塌。

2. 预防措施

《混凝土结构工程施工质量验收规范》（GB 50204—2015）规定，模板及支架的变形限值应符合下列要求：对结构表面外露的模板，挠度不得大于模板构件计算跨度的 1/400；

对结构表面隐蔽的模板，挠度不得大于模板构件计算跨度的1/250；清水混凝土模板，挠度应满足设计要求；支架的轴向压缩变形值或侧向弹性挠度值不得大于计算高度或计算跨度的1/1 000。模板支架的高宽比不宜大于3；当高宽比大于3时，应增设稳定性措施，并应进行支架的抗倾覆验算。模板支架结构钢构件容许长细比应符合规范要求。

（三）模板变形

浇捣过程中因模板鼓出、偏移、爆裂甚至坍塌，出现胀模、炸模现象。

1. 原因分析

模板侧向支撑刚度不够，模板太薄，强度不足，夹档支撑不牢固。在构件高度较大时，浇筑混凝土产生的侧压力会随构件高度的增大而加大，如木支撑的梁模，当梁高大于700 mm时，单用斜撑及夹条就不易撑牢；柱模中如果柱箍间距过大，就会出现炸模现象。

2. 预防措施

模板用料要通过计算确定，模板就位后技术人员应详细检查，发现问题及时纠正。例如，梁模应核算模板用料、夹档、小撑档、支承的用料、间距是否符合要求，一般常在梁的中部用铁丝穿过横档对拉，或用对拉螺栓将两侧模板拉紧；柱模应计算浇筑混凝土时的侧压力，检查箍距是否满足要求，及时加设达到标准的水平撑、斜撑、剪刀撑等。

二、模板尺寸偏差

浇筑好的结构或构件截面尺寸大于设计要求，或模板刚度不够、强度不足，浇捣混凝土时承受不了较大的侧压力作用而产生变形。混凝土硬结后影响结构或构件的形状尺寸，或构件轴线偏差过大（如梁的偏移值过大、柱的竖向倾斜过量）。

1. 原因分析

（1）看错图样。技术人员的责任心不强，最常见的是把柱、墙的中心线看作轴线，或施工放线错误，导致构件轴线偏移。

（2）对细部关键部位管理不到位。不按规范允许偏差值检查支模情况，使用旧模板时不仔细进行检查；或者操作技工缺乏施工经验。如钢制模板，在我国的应用已有多年的历史，同其他材料的模板相比有着明显的优点，具有单块体积小、重量轻、价格较低、灵活通用、组合方便的优势，在安装使用时可手提肩扛，安装方便迅速，具有较好的使用效果。通常使用多次的旧钢模几何尺寸大于实际尺寸，表面不平整或扭曲，甚至局部出现凸凹变形，拼装时还按钢模模数进行，实际尺寸就会有所扩大，并且浇混凝土时有侧压力作用使得截面尺寸又有一定的扩大，所以常常会出现梁柱截面大于设计尺寸现象。

（3）其他原因。如已支撑好的模板遭受意外撞击而变形。

2. 处理方法

对模板的错位、偏差或变形的处理首先要评估其对结构安全的影响，较严重者应对结构的承载力和稳定性做必要的验算，根据验算的结果选择处理方法。可根据具体情况采取纠偏复位或局部调整的方法处理。如果多层现浇框架柱轴线偏差不大，可在上层施工时逐渐纠正到设计位置。例如安徽省某厂房为现浇钢筋混凝土五层框架结构，第二层框架模板支完后，在运输大构件时由于施工场地狭窄碰动了框架模板，使得第二层框架模板严重倾斜，柱模板的倾斜值超出规范允许的偏差，必须进行处理，经过多种方案比较，考虑工程的实际情况，决定对倾斜较大的框架柱，从基础开始至第二层均用四面包裹混凝土的方法进行加固处理。对于偏差太大的模板只能局部拆除重做，注意拆除作业时的安全保障措施。

3. 预防措施

支模前，施工人员应认真检查旧模板，有无超大超宽，有无未修补的孔洞，表面形状是否平直，是否有缺肋、开焊、锈蚀等破损现象，支模时应严格按照规范要求操作，将构件尺寸偏差值控制在允许的范围内（表 4–14 及表 4–15），在模板的安装工程中应多检查，注意垂直度、中心线、标高等各部分尺寸。

表 4–14 预制构件模板安装的允许偏差及检验方法

项目		允许偏差 /mm	检验方法
长度	板、梁	± 4	尺量两侧边，取其中较大值
	薄腹梁、桁架	± 8	
	柱	0，–10	
	墙板	0，–5	
宽度	板、墙板	0，–5	
高（厚）度	梁、薄腹梁、桁架	+2，–5	尺量两端及中部，取其中较大值
	板	+2，–3	
	墙板	0，–5	
	梁、薄腹梁、桁架、柱	+2，–5	
侧向弯曲	梁、板、柱	1/1 000 且≤ 15	拉线，尺量最大弯曲处
	墙板、薄腹梁、桁架	1/1 500 且≤ 15	
板的表面平整度		3	2 m 靠尺和塞尺测量
相邻两板表面高低差		1	尺量
对角线差	板	7	尺量两对角线
	墙板	5	
翘曲	板、墙板	L/1 500	水平尺在两端测量
设计起拱	薄腹梁、桁架、梁	± 3	拉线，尺量跨中

注：L 为构件长度（mm）。

表 4–15 现浇结构模板安装的允许偏差及检验方法

项目		允许偏差 /mm	检验方法
轴线位置		5	尺量
底模上表面标高		± 5	水准仪或拉线、尺量
	基础	± 10	尺量
截面内部尺寸	柱、墙、梁	± 5	尺量
	楼梯相邻踏步高差	± 5	尺量

续表 1

项目		允许偏差 /mm	检验方法
垂直度	柱、墙层高≤ 6 m	8	经纬仪或吊线、尺量
	柱、墙层高＞ 6 m	10	经纬仪或吊线、尺量
相邻两板表面高低差		2	尺量
表面平整度		5	2 m 靠尺和塞尺测量

注：当检查轴线位置有纵、横两个方向时，沿纵、横两个方向测量，并取其中偏差较大的值。

三、预留孔洞、预埋件变位

预留孔洞、预埋件位置不准确，或漏放、漏埋、放反预埋件方向，或盲目使用不合格预埋件，或预埋件固定不牢在浇捣混凝土时产生位移，给安装工作带来很大困难，甚至造成一定损失。

1. 原因分析

对预留孔洞、预埋件不够重视，质量检查不细致。

2. 处理方法

结构或构件中预埋件遗漏或错位严重时，可局部凿除混凝土（或钻孔）后补做预埋件，也可用角钢等固定在构件上，或用射钉枪打入膨胀螺栓来代替预埋件。预留孔洞遗漏时也可补做，但应注意结构或构件中的钢筋处理，当洞口边长或直径≤ 500 mm 时，应在洞口周围增加两排封闭钢箍或环形钢筋，并应注意满足钢筋搭接长度的要求；当洞口边长或直径＞ 500 mm 时，宜在洞口周围增加钢筋混凝土框。

3. 预防措施

即将开工前要绘制预留孔洞、预埋件安装位置图，标明各种预留孔洞及预埋件的规格、型号及制作要求，在浇筑混凝土前将其固定在模板上。施工现场应设专人负责检查，进场后由专人负责验收，不合格者及时改正。预留孔洞和预埋件的允许偏差值如表 4-16 所示。

表 4-16 预留孔洞和预埋件的允许偏差

项目		允许偏差 /mm
预埋钢板中心线位置		3
预埋管、预留孔洞中心线位置		3
插筋	中心线位置	5
	外露长度	+10.0
预埋螺栓	中心线位置	2
	外露长度	+10.0
预留孔洞	中心线位置	10
	尺寸	+10.0

注：检查中心线位置时，应沿纵、横两个方向测量，并取其中的较大值。

四、早拆模板

提前拆除承重梁、板的底模及支撑，造成结构或构件因强度不足而产生裂缝或坍塌。

1. 原因分析

这一事故产生的原因是施工人员不懂规范、不熟悉操作规程，盲目地为了周转模板降低成本，赶工期赶进度。尤其在冬季施工时，气温较低，混凝土强度增长速度缓慢，提前拆模会使梁、板变形、开裂甚至坍塌；对于悬臂结构，其上部还没有足够的抗倾覆荷载时，就提前拆除模板及支架，会造成倾覆破坏。悬臂及大跨度结构发生此类事故的概率最高，应引起足够的重视。

2. 处理方法

根据具体情况进行补强处理或拆除重做。

3. 预防措施

模板拆除时，可按照先支的后拆、后支的先拆，先拆非承重模板、后拆承重模板的顺序，并应从上而下进行拆除。当混凝土强度达到设计要求时，方可拆除底模及支架；当设计无具体要求时，同条件养护试件的混凝土抗压强度应符合表 4–17 的要求。侧模的拆除时间可视具体情况而定，如能保证结构或构件的表面及棱角不因拆除模板而受损（混凝土强度＞1 N/mm²），方可拆除。

表 4–17　底模拆除时的混凝土强度要求

构建类别	构件跨度 /m	按达到设计混凝土强度等级值的百分率计 / %
板	≤ 2 m	≥ 50
	＞ 2 且≤ 8	≥ 75
	＞ 8	≥ 100
梁、拱、壳	≤ 8	≥ 75
	＞ 8	≥ 100
悬臂构件	—	≥ 100

注：本表引自《混凝土结构工程施工质量验收规范》（GB 50204—2015）。

任务三　钢筋工程质量事故处理

任务描述

某天，项目经理在例行检查中，发现了几处令人担忧的问题：部分钢筋的材质似乎并未达到设计要求，表面出现了细微的裂缝；在某些关键部位，钢筋的布置出现了明显的偏差，甚至出现了漏筋或少筋的情况；更令人担忧的是，有几根钢筋在运输或施工过程中发生了脆断，这无疑给整个工程的安全埋下了巨大的隐患。因此，他们决定对这些问题进行深入的分析与处理，以确保工程的顺利进行。本任务将熟悉钢筋工程质量事故处理。

任务分析

钢筋工程质量事故处理是一项复杂且重要的工作。通过本次任务的分析与处理，不仅能够有效解决当前存在的问题，还能够提升工程项目的整体质量和安全性。通过本任务的学习，学生将深入了解钢筋工程质量事故的各个方面，包括事故的类别与原因、处理方法的选择与应用、注意事项以及实际处理案例。

任务重点和实施

一、钢筋工程事故类别与原因

1. 钢筋材质达不到材料标准或设计要求

常见的有钢筋屈服点和极限强度低、钢筋裂缝、钢筋脆断、焊接性能不良等。钢筋材质不合要求主要原因是钢筋流通渠道复杂，大量钢筋经过多次转手，出厂证明与货源不一致的情况较普遍，加上从多个国家进口的不同材质的钢筋，造成进场的钢筋质量问题较多；进场后的钢筋管理混乱，不同品种的钢筋混杂；使用前未按施工规范的规定进行验收与抽查等。

2. 漏筋或少筋

因漏放或错放钢筋造成钢筋设计截面不足。主要原因：看错图；钢筋配料错误；钢筋代用不当等。

3. 钢筋错位偏差

常见的有：基础预留插筋错误、梁板上面钢筋下移、柱与柱或柱与梁连接钢筋错位等。主要原因：看错图；施工工艺不当；钢筋固定不牢固；施工操作中踩踏或碰撞钢筋等。

4. 钢筋脆断

这里所指的钢筋脆断，不包括因材质不合格而发生的钢筋的脆断。常见的有：低合金钢筋或进口钢筋运输装卸中脆断、电焊脆断等。主要原因：钢筋加工成型工艺错误；运输装卸方法不当，使钢筋承受过大的冲击应力；对进口钢筋的性能不够了解，焊接工艺不良，以及不适当地使用了点焊固定钢筋位置等。

5. 钢筋锈蚀

常见的有：钢筋严重锈蚀、掉皮、有效截面减小；构件内钢筋严重锈蚀后，导致混凝土裂缝。主要原因：钢筋储存保管不当；构件混凝土密实度差；保护层小；不适当掺用了氯盐。

二、钢筋工程事故处理方法

1. 补加遗漏的钢筋

如果预埋钢筋遗漏或错位严重，可在混凝土中钻孔补埋规定的钢筋。也可凿除混凝土保护层，补加所需的钢筋，再用喷射混凝土等方法修复保护层。

2. 增密箍筋加固

纵向钢筋弯折严重将降低承载能力并造成抗裂性能恶化等后果。此时可在钢筋弯折处及附近用间距较小（如 30 mm 左右）的钢箍加固。试验结果表明，这种密箍处理方法对混凝土有一定的约束作用，能够提高混凝土的极限强度，推迟混凝土中斜裂缝的出现时间，并保证弯折受压钢筋强度得以充分发挥。

3. 结构或构件补强加固

常用的方法有外包钢筋混凝土、外包钢、粘贴钢板、增设预应力卸荷体系等。

4. 降级使用

锈蚀严重的钢筋，或性能不良但仍可使用的钢筋，可降级使用；因钢筋事故导致构件承载能力等性能降低的预制构件，也可采用降低等级使用的方法处理。

5. 试验分析排除疑点

常用的方法有：对可疑的钢筋进行全面试验分析；对有钢筋事故的结构构件进行理论分析、进行载荷试验等。如果试验结果证明不必采用专门处理措施也可确保结构安全，则不必处理，但需征得设计人员同意。

6. 焊接热处理

电弧点焊可能造成钢筋脆断，可用高温或中温回火或正火处理，改善焊点及附近区域的钢材性能。

7. 更换钢筋

在浇筑混凝土前，若发现钢筋材质有问题，通常采用更换钢筋的方法。

三、处理方法选择及注意事项

（1）处理方法选择如表 4–18 所示。

表 4–18　钢筋工程事故处理方法选择

事故类别	处理方法						
	补筋	设密箍	加固	降级	试验分析	热处理	调换
钢材质量	△		△	△	√		√
漏筋、少筋	√		√	△	√		
钢筋错位、弯折	△	△	△		√		
钢筋脆断			△		√	△	√
钢筋锈蚀	△		√	√	△		

注：√表示较常用；△表示也可采用。

（2）选择处理方法应注意事项除了遵守一般要求外，还应注意以下事项。

① 确认事故钢筋的性质与作用。即区分事故钢筋是受力钢筋还是构造钢筋，或仅是

施工阶段所需的钢筋。实践证明，并非所有的钢筋工程事故都只能选择补强加固的方法处理。

② 注意区分同类性质事故的不同原因。例如钢筋脆断并非都是材质问题，不一定都需要调换钢筋。

③ 以试验分析结果为前提。处理钢筋工程事故前，往往需要对钢材做必要的试验，有的还要做荷载试验。只有对试验结果进行分析才能正确选择处理方法。对于表 4-18 中的设密箍、热处理等方法，还要以相应的试验结果为依据。

四、钢筋工程事故处理实例

1. 现浇板钢筋错位事故处理

现浇板支座附近的负弯矩钢筋，因施工人员踩踏往往造成其位置下移，轻则造成混凝土裂缝，重则影响结构安全。通常的处理方法是补放负弯矩钢筋，加浇一层混凝土。这类事故处理的实例很多，图 4-31 是某工程悬臂板支座钢筋下移后处理的实例。

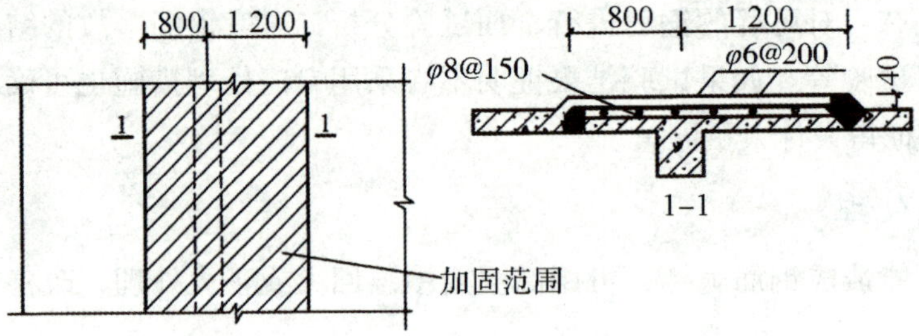

图 4-31 钢筋移位的处理

处理这类事故时，板下应设安全支架，板上面应凿毛、清洗，并应充分湿润。所加受力钢筋数量应根据计算确定。

2. 钢筋横向裂缝事故处理

某构件厂生产板时，发现 $\varphi8$ 受力钢筋弯钩处有横向裂缝。

（1）钢筋裂缝产生原因分析。

① 从弯钩有裂纹的钢筋中取样试验，结果没有发现明显的屈服台阶，延伸率较低，达不到规范要求。尤其是钢筋断裂前没有明显的缩颈现象，而且沿钢筋全长出现很多横向裂缝。这些现象都与常见钢筋试件有很大差异。

② 从无裂纹的钢筋中取样试验，虽然塑性、韧性较好，但几乎有一半试件的极限强度达不到规范的要求，而且屈服强度与极限强度比较接近。

③ 钢筋成分分析结果如表 4-19 所示。经与标准值对比可见，钢材的含碳量偏高，这与塑性差的特性是一致的，但是仅仅含碳量偏高 0.06% 也不至于出现上述严重问题，可能此次分析不能全面反映钢筋的真实成分。

表 4-19　钢筋成分分析结果

元素含量 /%	C	Si	Mn	S	P
φ8 钢筋	0.28	0.23	0.50	0.031	0.015
标准数值	0.14 ～ 0.22	0.12 ～ 0.30	0.40 ～ 0.65	≤ 0.045	≤ 0.055

（2）事故处理。

① 尚未使用在板内的钢筋可降级使用，如 φ8 作为 φ6 用。

② 已用这批钢筋生产的空心板也可降级使用，即降低板的承受荷载级别。在不能降级使用的情况下，可在板缝之间增加钢筋网片，并现浇钢筋混凝土肋，也能加强空心板的承载能力（图 4-32）。

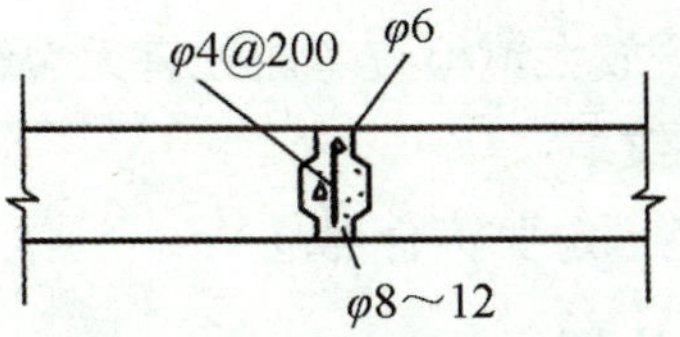

图 4-32　空心板补强示意图

3. 钢筋脆断事故处理

Ⅱ、Ⅲ级粗钢筋在制作、运输、装卸中脆断时有发生，其常见原因除了材质不良外，还有钢筋加工制作工艺不当、野蛮装卸、钢筋遭受冲击碰撞等。钢筋脆断后，首先需要复验钢材质量，然后检查加工制作工艺和运输装卸方法等。对于因材质不良发生的钢筋脆断事故，通常采用调换钢筋的方法处理；对于施工原因造成的脆断，通常采取改变施工工艺等措施处理。

钢筋脆断事故处理实例如下所示。

（1）事故情况。四川省某单层厂房建筑面积 12 000 m^2，屋盖主要承重构件为 12 m 跨的薄腹梁，梁高 1 300 mm，主钢筋 5 φ25，其中两根为元宝形钢筋，其外形如图 4-33 所示。

图 4-33　钢筋外形示意图

第一次脆断的两根钢筋是在运输过程中发生的，钢筋的 A 段弯钩在混凝土门桩上脆断，断点在 B 处；第二次脆断的 5 根钢筋是在卸车时发生的，断口也在 B 处。当时已制作完成这种钢筋 210 根，其中两次脆断 7 根，占已制作钢筋的 3.3%。

（2）原因分析。为了确定钢筋材质是否有问题，首先检查了钢筋进场的材质证明和使用前的施工检验报告。在钢筋脆断后，又重新取样检验，最后还对两根断的钢筋进行拉伸试验，前后共做了 6 次拉伸与冷弯试验，其结果全部符合Ⅱ级钢筋的标准。尤其需要指出的是延伸率 δ_5 达到 22.5% ～ 36%，超过标准值的 16% 以上，有 83% 试件的屈服强度大于 400 N/mm^2（标准值 340 N/mm^2），92% 试件的极限强度大于 600 N/mm^2（标准值

520 N/mm²）。此外，还对断钢筋以其制作时的弯心直径 60 mm（标准规定弯心直径为 4 d = 100 mm）做冷弯检验，试件均无裂缝。综上所述，这批钢筋的物理力学性能全部达到或超过了标准的规定。钢筋脆断后，对钢材成分提出怀疑，因而进行了成分分析，结果表明：试件 2 完全符合要求，试件 1 的 P、S 含量符合要求，C、Si、Mn 含量超出或略高于标准的规定，这与钢筋强度较高有一定关系，其中 C 超过 0.01% 等因素不可能造成钢筋脆断。综上所述，钢筋脆断的主要原因不是材质问题，而是撞击、摔打，钢筋弯曲时弯心太小，也造成了不利的影响。

（3）处理意见。在上述分析的基础上，提出了以下处理意见。

① 这批钢筋的材质可以满足设计要求，因此可以用于工程。

② 必须改变目前的运输、装卸方法，避免对钢筋造成撞击或冲击。

③ 对已制作的钢筋，用 5 倍放大镜检查弯曲处有无裂纹。有裂纹者暂不使用，另行研究处理。实际检查后没有发现裂纹。

④ 再加工钢筋时，弯心直径一定要符合规范。

4. 现浇梁少配钢筋事故处理

现浇梁大多数为主要承重构件，一旦发现少配了钢筋，必须认真分析处理，如果影响结构安全或正常使用，应采取补强加固措施处理。但是也有些梁配筋虽少于设计值或规范规定的计算值，仍可满足使用要求，则无须专门处理。

现浇梁少配钢筋事故处理实例如下所示。

（1）工程事故概况与原因。某三层混合结构办公楼，砖墙承重，现浇梁板，板厚 8 cm。二层和三层共有八个大间（图 4–34）。每个大间中间设置一根肋形梁，尺寸为 22 cm × 40 cm。工程交工使用数月后，发现梁配筋比设计少配了 2/3。

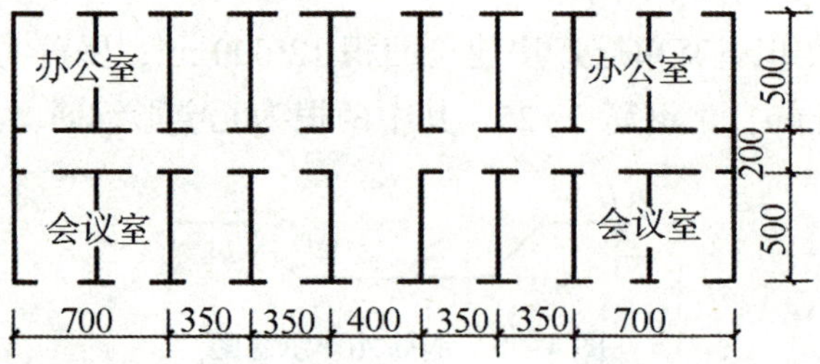

图 4–34　二、三层平面示意图

造成这一事故的原因属设计错误，按规范计算梁主筋截面应为 7.09 cm²，而施工图中主筋截面积仅为 2.26 cm²。

（2）事故分析。

① 由于梁实际配筋量明显少于按设计规范计算的需要量，因此必须分析由此造成的影响和危害。

② 工程使用情况调查表明，工程交工后使用的数月中，大房间中曾集中五六十人开会（相当于活荷载约 1 kN/m²）。发现问题后，对梁进行了检查，在二楼只发现梁跨中有两

条裂缝，宽 0.1 mm，裂缝伸展到梁高的 2/3；在三楼只发现梁的跨中有一条宽约 0.2 mm 的裂缝，裂缝伸展至板的下边缘。因此对此梁能否安全使用必须做进一步分析。

③ 按照使用荷载的要求，分四级加荷进行结构荷载试验，并测量跨中挠度、支座转角和钢筋应变。结果表明，它们均与荷载基本呈线性关系，这说明构件处于正常使用状态。在设计荷载 2 kN/m^2 作用下，二层和三层梁跨中的最大挠度分别为 5.08 mm 和 5.3 mm，挠跨比分别为 1/984 和 1/983，均小于规范规定值 1/200，可见在使用荷载作用下的结构变形满足使用要求。在 2 kN/m^2 荷载作用下，裂缝宽度与长度无变化，均都在规范允许范围内。在 2 kN/m^2 活荷载作用下，钢筋应力约为 110 N/m^2，加上自重产生的应力也不可能达到屈服强度。以上试验数据说表明，结构在使用荷载作用下处于正常工作状态。

④ 梁内少配 2/3 钢筋后仍能正常工作的原因分析。在计算钢筋混凝土肋形楼盖使用阶段的内力时，采用了下述两条基本假定：一是不考虑混凝土材料的弹塑性变形和裂缝对刚度的影响，按弹性理论计算；二是周边按简支条件考虑。结构的实际工作情况与上述假定有较大的差别。现仅就梁支座约束和梁板共同工作问题做如下简要分析。

关于梁支座约束问题，通常称支座平均弯矩与跨中弯矩之比为支座约束度。根据该工程荷载试验所测得的支座角位移和跨中挠度可以求得支座约束度。该工程二层梁的平均支座约束度为 75.87%，三层为 54.03%。由于支座约束度的影响，使梁跨中弯矩明显减少。

关于梁板共同工作问题。设计肋形楼盖时，通常将作用在楼盖上的荷载分成两部分进行计算：一部分为直接作用在梁上的荷载；另一部分为作用在板上的荷载。实际上由于梁板的共同作用影响，梁上的荷裁并非全部由梁承担，板也承担一部分。通过理论分析并与荷载试验结果对比证明，考虑梁板共同工作，按弹性理论分析是比较符合构件实际工作状况的。这种计算分析的方法使跨中弯矩进一步减小。

（3）事故处理。

荷载试验与理论分析证明：结构在使用荷载下工作正常，梁虽然少配了 2/3 钢筋，但由于支座约束和梁板共同工作等有利因素的影响，实际所配钢筋仍能满足使用要求，因此不用做结构加固处理。经过多年使用观察检查，结构一直处于正常工作状态。

但需强调：应用这种分析处理方法必须十分慎重，切勿盲目套用。

5. 梁钢筋长度不足事故处理—梁钢筋长度不足事故处理实例

（1）事故概况及原因分析。

某工程钢筋混凝土梁一端为悬臂梁，外墙内侧的大梁上部出现了较宽的裂缝（图 4-35）。其主要原因是悬臂梁主筋伸入邻跨内的长度不足，次要原因是梁混凝土强度未达设计要求。

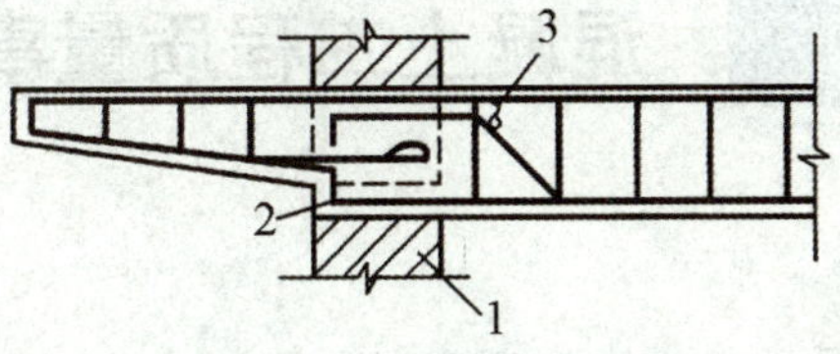

1—外墙；2—圈梁；3—裂缝。

图 4-35　梁配筋示意图

（2）事故处理。

由于这类事故危及结构安全，必须进行加固处理。该工程采用结构胶粘贴钢板加固（图 4-36）。加固钢板厚 3 mm，由两部分组成：一是梁上部两侧的抗拉钢板，为加强其锚固，在支座处弯折成 90° ，用 φ19 螺栓锚固在圈梁上；二是梁两侧的抗剪钢板，用于混凝土强度不足的抗剪能力补强。该工程经加固处理后，使用效果良好。

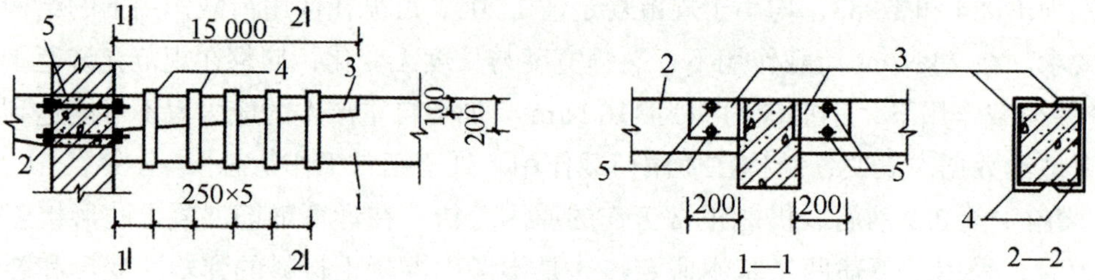

1—大梁；2—圈梁；3—抗拉钢板；4—抗剪钢板；5—φ19 螺栓。

图 4-36　梁粘贴钢板加固示意图

6. 预制柱配筋不足事故处理—预制柱配筋不足事故处理实例

某单层厂房使用后，在预制柱上部出现多条水平裂缝，其主要原因是配筋不足。处理方法是在该柱的外侧加大钢筋混凝土截面（图 4-37）。

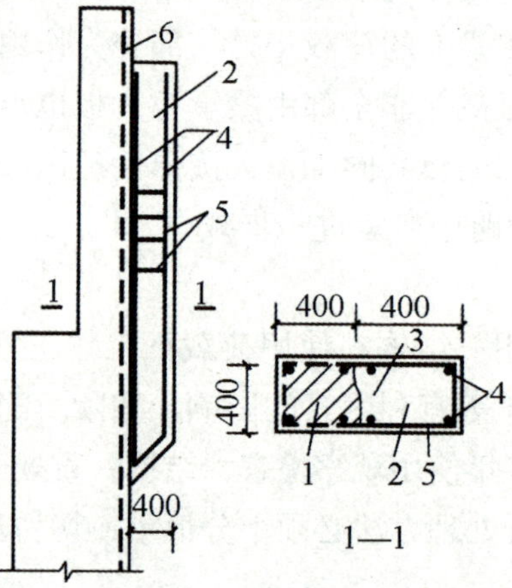

1—原柱截面；2—加固截面；3—结合面凿毛；4—加配主筋 4 B28；

5—加配箍筋 A8@300，与主筋焊接；6—原主筋。

图 4-37　预制柱配筋不足加固示意图

任务四　混凝土工程质量事故处理

任务描述

项目经理李明在工地发现混凝土强度不足，立即停止施工并进行检测，结果发现水泥、骨料和外加剂存在问题。他们决定拆除不合格部分，重新浇筑，并加强骨料筛选清洗，确保外加剂使用正确。本任务将全面开展混凝土工程质量事故的处理工作，以确保工程整体质量符合设计要求及行业规范。

任务分析

在整个处理过程中，要加强对施工过程的监控和质量控制，确保每一个环节都按照设计要求和行业规范进行。这有助于及时发现并纠正潜在的问题，防止类似事故再次发生。通过本任务的学习，学生将深入了解混凝土工程质量事故的各个方面，包括材料质量控制、施工配合比、搅拌过程、运输浇筑以及裂缝事故等方面的问题及其处理方法。

任务重点和实施

混凝土是以胶凝材料、水、骨料，按适当的比例均匀拌制、振捣密实，经过一定时间的养护后，成型硬化的人工石材，有时还需要掺加一定量的外加剂或矿物混合材料。由于混凝土的组成较复杂，硬化成型过程易受到和易性、稠度、振捣工艺、养护条件、凝结时间等诸多因素的影响，因此混凝土施工过程中的任何一个环节处理不当，就会影响混凝土工程的最终质量，造成工程质量缺陷或事故。

一、材料质量控制不严

（一）水泥质量低劣、数量不足

水泥质量低劣或在混凝土中含量不足，常造成建筑结构或构件混凝土强度不足，从而产生裂缝、折断、倒塌等严重事故。

1. 原因分析

水泥加水搅拌后呈塑性浆体，能够在空气和水中硬化，并能把砂石等材料牢固地胶结在一起，具有一定的强度。

（1）水泥的强度低。受潮结块必将直接导致混凝土的强度降低。

（2）水泥的安定性不良。水泥熟料中含有过多的游离氧化钙或游离氧化镁，遇水后熟化过程极其缓慢，所产生的体积膨胀延续时间很长，若在混凝土硬化后产生体积变形，则将导致混凝土开裂，有些安定性不合格的水泥所配置的混凝土表面虽无明显裂缝，但强度极低。例如，上海某20层大厦使用了安定性不合格的水泥，试验发现混凝土劈拉强度降低25%，抗压强度降低15%，由于混凝土中存在超量的游离氧化钙所产生的膨胀作用，使混凝土产生严重的不规则裂缝，影响结构的安全及建筑物的使用寿命。

（3）水泥实际质量不足。有些水泥包装标明为50 kg，而实际质量不足，施工配比仍按50 kg计算，使得配制的混凝土强度等级下降。例如，某工程使用的袋装混凝土标示为50 kg，但实际重量只有48 kg，少的只有42～43 kg，计量的误差已明显超出规范的要求，造成混凝土强度偏低，不符合设计要求，混凝土强度保证率大幅下降。

2. 处理方法

一旦发现不合格水泥，施工人员应立即停止使用，已经浇筑的混凝土应立即测定其强度，如不符合设计强度要求，应拆除并换合格水泥重新浇筑。

3. 预防措施

施工验收规范明确规定：水泥进场时应对其品种、级别、包装或散装仓号、出厂日期等进行检查，并应对其强度、安定性及其他必要的性能指标进行复验，其质量必须符合《通用硅酸盐水泥》（GB 175—2007）等的规定。当在使用中对水泥质量有怀疑或水泥出厂超过三个月（快硬硅酸盐水泥超过一个月）时，应进行复验，并按复验结果使用。

（二）骨料含泥量超标、石子质量差

混凝土中石子强度低、石子形状及表面状态不良，以及骨料中含泥量超标等除了会降低混凝土强度外，还会降低混凝土的抗渗、抗冻性能。

1. 原因分析

（1）石子的表面形状影响其与水泥的结合。具有粗糙多孔表面的石子与水泥的结合较好，对混凝土的强度有利，最普遍的一个现象是在水泥用量和水灰比相同的情况下，碎石混凝土比卵石混凝土的强度提高约 10%。

（2）骨料含泥量大。骨料表面附着黏土或有机杂质，影响水泥浆与砂石骨料的胶结，进而影响混凝土的强度，施工人员不重视骨料含泥量的影响，采购低价含泥量高的砂石，或者不肯使用人工清洗砂石，最终使得工程质量受到影响。

（3）砂石中有机物质含量过多，如云母含量过多，将会使混凝土的和易性下降，抗拉、抗压强度降低，抗渗性、抗冻性、耐磨性等耐久性要求降低；三氧化硫含量过多，将会使已硬化的混凝土中产生硫铝酸钙结晶，体积膨胀，在混凝土内部产生破坏作用；海砂中含有较多的氯盐，会破坏混凝土中钢筋表面的碱性保护膜，促使钢筋锈蚀，锈蚀不但削弱了钢筋的截面面积，降低结构强度，而且还会由于锈蚀的膨胀作用使混凝土保护层剥落，影响结构的正常使用。

2. 处理方法

含泥量超标的砂石必须停止使用，待清洗干净后再用。已浇筑的结构或构件必须测试其强度，不合格者应返工或进行补强处理。

3. 预防措施

对于混凝土中所用的粗细骨料，应严格把关，其质量必须符合《普通混凝土用砂、石质量及检验方法标准》（JGJ 52—2006）的相关规定。砂、石含泥量（指砂中所含粒径小于 0.080 mm 的尘屑、淤泥和黏土的总含量）限值如表 4–20 所示，砂、石泥块含量（指砂中粒径大于 1.25 mm 经水洗、手捏后变成小于 0.63 mm 颗粒的含量）限值如表 4–21 所示。

表 4-20　砂、石含泥量限值

材料品种	混凝土强度等级	含泥量按质量计不大于 / %
砂	C30 或 C30 以上	2.0
	C30 以下	5.0
石	C30 或 C30 以上	1.0
	C30 以下	1.0

表 4-21　砂、石泥块含量限值

材料品种	混凝土强度等级	泥块含量按质量计不大于 / %
砂	C30 或 C30 以上	1.0
	C30 以下	1.0
石	C30 或 C30 以上	0.5
	C30 以下	0.7

（三）外加剂使用不当

为了达到改善混凝土某些性能的效果，需要掺加一定量的外加剂，如掺入速凝剂、减水剂、防冻剂、膨胀剂、缓凝剂等。当外加剂的品种、用量、掺入方法等不符合要求时，不但达不到预期的目的，还会使得混凝土出现强度降低、异常凝结、加速混凝土的碳化等现象，使结构存在质量隐患或引发工程质量事故。例如，刚性屋面中因掺入防水剂不当产生的快速凝结，会使屋面因形成冷缝而大面积漏水；高层建筑通常采用泵送混凝土，如浇灌中产生速凝，输送过程中极易引起堵管以至炸管；当混凝土中掺入的木质素减水剂用量超标一倍时，不仅会过多的延续凝结时间，而且还会使混凝土的强度降低 30% 以上。

1. 原因分析

（1）外加剂质量不合格，一些不合规厂家生产的不合格外加剂通过各种渠道流入市场。

（2）施工人员对外加剂的各项技术指标、质量标准不明确，不清楚其作用，又不做试配试验。

（3）计量不准确，或仅凭个人的经验主观臆断等。

2. 预防措施

外加剂的作用原理是依靠其物理作用（如吸附、分散等）或化学作用而生效，所以掺入适量外加剂，可使得混凝土的某些性能得到改善，达到保证工程质量、加快工程进度和节约水泥的目的。但是大多数外加剂对结构性能有直接影响。合理选择外加剂的品种，其掺加量应考虑施工工艺的要求、建筑物所处的环境和气温条件、混凝土原材料中水泥品种等因素，经过实际试验，符合要求后方可使用。掺量应以水泥重量的百分率表示，称量误差不应超过规定计量的 ±2%；同时应符合《混凝土外加剂》（GB/T 8076—2024）的要求。通常外加剂应提前进场进行复试，复试合格后方可使用。

【知识拓展】

对于混凝土的拌合用水质量，施工人员也应给予重视，因为若使用含有有机杂质较高的水（如沼泽水），或酸、盐含量较高的水（如工业废水、污水、海水），可能造成混凝土的力学性能下降，加快钢筋的锈蚀速度。

二、混凝土施工配合比不当

混凝土中各种材料施工配合比不当，首先会使其强度波动过大或低于设计要求，造成返工和质量事故，或高于设计要求浪费水泥和外加剂；其次，混凝土的和易性差，在运输、浇筑过程中，产生分层离析、泌水、不易凝结、不易密实等现象，影响混凝土强度。

1. 原因分析

（1）机械地套用书本、定额等资料上的配合比，或仅根据混凝土的强度等级随意套用配合比，不根据实际情况做配比试验。

（2）使用的原材料不匹配，配合比不科学，如用高强度等级水泥配置低强度等级的混凝土，因水泥用量少而造成混凝土和易性差；或砂石级配不好，石子粒径小，砂率过小。

（3）混凝土配制时配合比以质量折合成体积比，砂石计量不准确，造成配合比不准确。

（4）用水量加大；加水计量不准确；不考虑砂石的含水量，或者操作工素质低，责任心差，加水量失控，使混凝土的水灰比和坍落度增大，强度不足。

（5）在制作检测混凝土强度的试块时，弄虚作假，使得试块强度与结构实际强度不符。

2. 处理方法

一旦发现上述质量事故，施工人员应立即停止施工，并尽快检测已浇筑混凝土的实际强度，供有关方面制订处理对策。

3. 预防措施

组成材料之间的配合比是决定混凝土性能的重要因素。水泥、粗细骨料及拌合水等均应符合相应规定。通常根据原材料的性能及对混凝土的技术要求进行计算，经试验室试配及调整，然后定出满足设计、施工要求且经济合理的混凝土配合比。混凝土施工验收规范明确规定：混凝土应按《普通混凝土配合比设计规程》（JGJ 55—2011）的有关规定，根据混凝土强度等级、耐久性和工作性等要求进行配合比设计。

（1）混凝土的施工配制强度可按下式确定：

$$f_{cu,t} \geq f_{cu,k}+1.645\sigma$$

式中　$f_{cu,t}$——混凝土的施工配制强度，N/mm^2；

$f_{cu,k}$——设计的混凝土立方体抗压强度标准值，N/mm^2；

σ——施工单位的混凝土强度标准差，N/mm^2。

σ的取值可对照规定用统计方法求得。若无近期同一品种混凝土强度资料，则可参照表4–22取值。

表4–22　σ 取值表

混凝土强度等级	≤C15	C20～C35	≥C40
σ/（N/mm^2）	4	5	6

（2）计算出的混凝土水灰比值应满足耐久性的要求，最大水灰比和最小水泥用量应按表4–23核对。

表4–23　结构混凝土耐久性的基本要求

环境类别		最大水灰比	最小水泥用量限值/（kg/m^3）	最低混凝土强度等级	最大氯离子含量（%）	最大碱含量/（kg/m^3）
一		0.65	225	C20	1.0	不限制
二	a	0.60	250	C25	0.3	3.0
二	b	0.55	275	C30	0.2	3.0
三		0.50	300	C30	0.1	3.0

注：1. 氯离子含量指其占水泥用量的百分率。

2. 预应力构件混凝土中的最大氯离子含量为0.06%，最小水泥用量为300 kg/m^3；最低混凝土强度等级应按表中规定提高两个等级。

3. 素混凝土构件的最小水泥用量不应少于表中数值减25 kg/m^3。

4. 当混凝土中加入活性掺合料或能提高耐久性的外加剂时，可适当降低最小水泥用量。

5. 当有可靠工程经验时，处于一类和二类环境中（表4–24）的最低混凝土强度可降低一个等级。

6. 当使用非碱活性骨料时，对混凝土中的碱含量可不做限制。

表4–24　混凝土结构的环境类别

环境类别		条件
一		室内正常环境
二	a	室内潮湿环境；非严寒和非寒冷地区的露天环境、与无侵蚀性的水或土壤直接接触的环境
二	b	严寒或寒冷地区的露天环境、与无侵蚀性的水或土壤直接接触的环境
三		使用除冰盐的环境；严寒和寒冷地区冬季水位变动的环境；滨海室外环境
四		海水环境
五		受人为或自然的侵蚀性物质影响的环境

注：严寒和寒冷地区的划分应符合国家现行标准《民用建筑热工设计规范》（GB 50176—2016）的规定。

（3）结合施工工艺的具体情况选择合适的配合比。当设计泵送混凝土配合比时，除了必须满足强度和耐久性的要求外，还必须考虑配合比对混凝土可泵性的影响，以保证混凝土连续稳定地通过输送管道。若混凝土的水灰比小，水泥用量太大，则水泥浆体的黏度增大，混凝土与管壁的摩阻力增加，不利于泵送。各国对水泥用量有不同要求，一般在260～300 kg/m^3，我国规定为300 kg/m^3。若混凝土的坍落度较大（水灰比较大），则混凝土易产生离析，造成骨料堵塞管道，各国对泵送混凝土的坍落度也做了规定，一般认为在80～200 mm较合适。

三、混凝土搅拌过程控制不当

混凝土拌合物中，水泥砂浆填不满石子间缝隙，质地不均匀，骨料间松散离析，不易黏结密实，使混凝土的和易性变差，强度降低，甚至达不到设计要求。

1. 原因分析

混凝土是以水泥和水相互反应形成水泥石，水泥石将砂石骨料颗粒牢固地胶结成为混合物，在一定的时间内通过搅拌、捣实、硬化，使该混合物达到强化、塑化而形成的人造石材。搅拌的目的是使混凝土中各种物料颗粒相互穿插、渗透、扩散，形成一种颗粒相互分散、均匀分布的混合物。若拌和不均匀，则水泥水化反应不彻底，各组分之间的“界面”状况不良，直接影响混凝土的性能。常见的原因如下：

（1）计量方法不当或计量误差过大，各材料的实际配合比与计算配合比相差较大。

（2）搅拌方法不当，颠倒加料顺序。

（3）混凝土的搅拌时间太短。

2. 预防措施

有了正确的施工配合比，还应重视操作过程的科学管理。

（1）严格控制材料配合比。在搅拌机旁挂牌公示，便于检查。原材料按重量计量时允许偏差不得超过表 4–25 的规定。

表 4–25　原材料每盘称量的允许偏差

材料名称	允许偏差
水泥、掺合料	± 2%
粗、细骨料	± 3%
水、外加剂	± 2%

注：1. 本表引自《混凝土结构工程施工质量验收规范》（GB 50204—2015）。

2. 各种衡器应定期校验，每次使用前应进行零点校核，保持计量准确。

3. 当遇雨天或含水率有显著变化时，应增加含水率检测次数，并及时调整水和骨料的用量。

水泥不论是袋装还是散装，每次配料均应过秤，要经常测定砂石的含水率（尤其是雨天），根据其含水率，随时调整搅拌时的配合比，及时在浇筑地点随机取样制作试件，每一工作班检测坍落度应不少于一次，混凝土浇筑时的坍落度如表 4–26 所示。

表 4–26　混凝土浇筑时的坍落度　　单位：mm

结构种类	坍落度
基础或地面等的垫层、无配筋的厚大结构（挡土墙、基础或厚大的块体等）或配筋稀疏的结构	10 ～ 30
板、梁及大型中型截面的柱子等	30 ～ 60
配筋密列结构（薄壁、斗仓、筒仓、细柱等）	50 ～ 70
配筋特密结构	70 ～ 90

注：本表指采用机械振捣的坍落度，采用人工捣实时可适当增大。

（2）根据工程任务大小、施工现场条件、机具设备等具体情况，制订合理的搅拌方法。采用机械搅拌时目前采用最普遍的是“一次投料法”。加料顺序为：先装石子（或砂子），再上水泥，最后装砂子（或石子），使水泥夹在砂石之间且不易飞扬或黏附在筒壁上，易于搅拌均匀。当混凝土用量很小又缺乏机具设备时，可用人工搅拌，拌和时应将砂石、水泥先干拌均匀，再按规定的用水量随加水随湿拌至颜色一致，达到石子与水泥浆无分离现象为准。

（3）严格控制搅拌时间，保证水泥水化反应充分。通过搅拌使混凝土的各种组成材料混合均匀、颜色一致，高强混凝土、干硬混凝土则更严格。在实际生产中，可根据工程的具体要求规定合理的搅拌时间，但最短的搅拌时间应符合表 4–27 的规定。

表 4–27 混凝土搅拌的最短时间 单位：s

混凝土坍落度 /mm	搅拌机类型	搅拌机容积 /L		
		＜ 250	250 ～ 500	＞ 500
≤ 30	自落式	90	120	150
	强制式	60	90	120
＞ 30	自落式	90	90	120
	强制式	60	60	90

注：1. 掺有外加剂时，搅拌时间应延长。

2. 高强混凝土应采用强制式搅拌机搅拌，搅拌时间应适当延长。

3. 全轻混凝土宜采用强制式搅拌机搅拌，砂轻混凝土可采用自落式搅拌机，搅拌时间均应延长 60 ～ 90 s。

四、混凝土运输、浇筑不当

（一）拌合料产生初凝、离析后继续使用

混凝土搅拌后运输、储存时间过长，使拌合物水分蒸发过多，浆液流失，失去了流动性，并已经产生初凝，造成浇筑振捣时不密实；或由于运输过程中振荡，混凝土产生分层离析。这些现象都严重影响结构或构件的强度。

1. 原因分析

（1）施工组织不周全，搅拌混凝土的速度快于浇筑速度，使拌和好的材料堆积的时间超过规定时间。

（2）由于临时停水、停电、天气变化等，施工出现间歇，重新生产时不采取有效措施仍利用已初凝的拌合物灌注。

（3）现场技术人员质量意识淡漠，发现离析现象仍视若无睹，导致混凝土强度不足。

2. 处理方法

利用初凝、离析后的混凝土浇筑的构件必须返工重做。

3. 预防措施

通常应由专人控制混凝土的搅拌速度和预拌混凝土的进场速度，使拌合物的储存时间不超过表 4–28 的规定。混凝土运至浇筑地点，应符合浇筑要求的坍落度，运送混凝土的容

器，应不吸水、不漏浆，在冬夏季都要有保温隔热措施；运输道路应尽量平坦，以减少对混凝土的振动，避免发生离析，运至浇筑地点如发现离析现象，必须在浇筑前进行二次搅拌。混凝土运输、浇筑和间歇的允许时间应符合表 4-29 的规定。

表 4-28　混凝土从搅拌机中卸出到浇筑完毕的延续时间　　单位：min

气温	采用搅拌车		采用其他运输设备	
	≤ C30	＞ C30	≤ 030	＞ 030
≤ 25 ℃	120	90	90	75
＞ 25 ℃	90	60	60	45

表 4-29　混凝土运输、浇筑和间歇的允许时间　　单位：min

混凝土强度等级	气温	
	≤ 25 ℃	＞ 25 ℃
≤ C30	210	180
＞ C30	180	150

（二）浇筑不当使构件存在缺陷

拆模后构件表面出现蜂窝、麻面、凸凹不平、露筋（主筋没有被混凝土包裹而外露的缺陷），混凝土内部有孔洞（深度超过保护层厚度，但不超过构件截面尺寸 1/3 的缺陷）、夹渣（混凝土中夹有杂物）等，构件表面平整度严重超过规定限值，使得混凝土强度降低或波动过大，影响结构的耐久性要求。

1. 原因分析

（1）混凝土产生蜂窝、麻面、凸凹不平的原因：模板接缝不严密，缝隙大于 3 mm，板缝跑浆漏浆；模板本身表面凸凹不平或有孔洞，或黏有结硬的混凝土未清理干净，或模板表面未按规定涂隔离剂。

（2）混凝土产生露筋的原因：支模时钢筋垫块漏放、少放，或底模上垫块固定不牢，振捣时脱落导致钢筋贴模；混凝土产生离析、少浆、坍落度过小时仍然使用；钢筋密集处水泥砂浆被骨料阻挡不能包裹钢筋；振捣时碰撞钢筋使之移位；振捣不密实；拆模过早，混凝土失去支撑后不能有效地与钢筋黏结而开裂。

（3）混凝土产生孔洞的原因：振捣操作人员缺乏振捣经验或不按施工规范操作，对振捣机具工作性能，如移动距离、插入深度、振捣时间等不了解。移动距离过大或一次投料过多，没有分层捣实，产生漏振区；使用坍落度过小甚至已经初凝的混凝土；浇筑方法不当，如混凝土浇筑时入模落差太大，未使用溜槽或串筒造成混凝土离析；对钢筋密集或有预留孔洞预埋件的局部区域，不采取适当措施使得混凝土被阻塞；在混凝土中错误地加入了外加剂；大体积混凝土浇筑的施工工艺不当。

（4）混凝土产生夹渣的原因：浇筑混凝土前没有及时清理模板内部的杂物，或浇筑过程中落入杂物；分层浇筑时，上下层间隔时间过长，又没有采取有效措施处理。

（5）振捣时间掌握不好，时间过短不易捣实，时间过长可能引起混凝土产生离析现象。

（6）构件养护措施不当：已成型的混凝土水分供应不足、水泥水化不彻底，会使构件表面出现裂缝，严重时造成混凝土强度降低。

2. 处理方法

由于这类事故的严重程度差别很大，根据《混凝土结构工程施工质量验收规范》（GB 50204—2015）的要求，现浇结构的外观质量缺陷，应由监理（建设）单位、施工单位等各方面根据其对结构性能和使用功能影响的严重程度，按表 4–30 确定。现浇结构的外观质量不应有严重缺陷，对已经出现的严重缺陷，应由施工单位提出技术处理方案，并经监理（建设）单位认可后进行处理。对于以上缺陷十分严重、修复又不易保证质量者应考虑拆除重建。常用的处理方法有局部修复、灌浆、补强等。

表 4–30　现浇结构外观质量缺陷

名称	现象	严重缺陷	一般缺陷
露筋	构件内钢筋未被混凝土包裹而外露	纵向受力钢筋有露筋	其他钢筋有少量露筋
蜂窝	混凝土表面缺少水泥砂浆而形成石子外露	构件主要受力部位有蜂窝	其他部位有少量蜂窝
孔洞	混凝土中孔穴深度和长度均超过保护层厚度	构件主要受力部位有孔洞	其他部位有少量孔洞
夹渣	混凝土中央有杂物且深度超过保护层厚度	构件主要受力部位有夹渣	其他部位有少量夹渣
疏松	混凝土中局部不密实	构件主要受力部位有疏松	其他部位有少量疏松
裂缝	缝隙从混凝土表面延伸至混凝土内部	构件主要受力部位有影响结构性能或使用功能的裂缝	其他部位有少量不影响结构性能或使用功能的裂缝
连接部位缺陷	构件连接处混凝土缺陷及连结钢筋、连接件松动	连接部位有影响结构传力性能的缺陷	连接部位有基本不影响结构传力性能的缺陷
外形缺陷	缺棱掉角、棱角不直、翘曲不平、飞边凸肋等	清水混凝土构件有影响使用功能或装饰效果的外形缺陷	其他混凝土构件有不影响使用功能的外形缺陷
外表缺陷	构件表面麻面、掉皮、起砂、玷污等	具有重要装饰效果的清水混凝土构件有外表缺陷	其他混凝土构件有不影响使用功能的外表缺陷

注：本表引自《混凝土结构工程施工质量验收规范》（GB 50204—2015）。

（1）对较小面积的蜂窝、麻面等，可用 1∶2 ～ 1∶1.5 的水泥砂浆抹平，在抹砂浆之前，必须用钢丝刷或加压力的水洗刷基层面，使之湿润，抹浆初凝之后要加强养护。

（2）对较大面积的蜂窝、露筋等，应按其深度凿除薄弱层，然后用钢丝刷洗刷或加压力的水洗刷表面充分湿润，再用比原混凝土强度高一个等级的细石混凝土填塞并振捣密实，应注意对其合理养护。关于裂缝的处理措施见后述内容。

（3）对不易清理且较深的蜂窝、孔洞，由于清理敲打会加大蜂窝的尺寸，使结构遭到更大的削弱，因此需进行补强处理。如采用压浆法补强，认真检查蜂窝、孔洞等不密实之处的深度，对较薄构件，用小铁锤仔细敲击，听其声音；对较厚构件，可做灌水检查，或采用压力水做试验；对大体积混凝土，可采用钻孔的方法检查。查明其深度范围后，清理干净薄弱处，并冲水保持湿润。每个孔洞处要凿成楔形，避免有死角，以便浇筑混凝土。在补填混凝土前，预先埋设压力管（每一灌浆处埋管两根，管径 25 mm，一根压浆、一根排气或排除积水），在补填混凝土凝结 2 天，即相当于强度达到 1.2 ～ 1.8 N/mm^2 后，用砂浆输送泵压力灌浆。在第一次压浆初凝后，再用原埋入的管子进行第二次压浆，大部分都能压进不少水泥浆，且从排气管挤出清水。压浆完毕 2 ～ 3 天后割除管子，剩下的管子孔隙用砂浆填补，如图 4–38 所示。

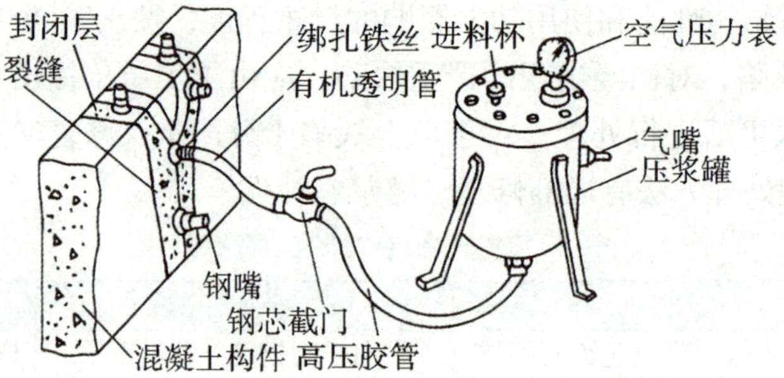

图 4–38　灌浆操作示意图

3. 预防措施

在浇筑混凝土过程中，振捣、养护是保证工程质量的关键环节，应加强管理。

（1）施工人员应制订合理的施工技术方案，明确各项操作要求，并向工作班组交底，明确责任，实行分界挂牌制。

（2）根据具体工程结构特点、振捣机具及具体条件，严格控制每层混凝土的浇筑厚度，如表 4–31 所示。

表 4–31　混凝土浇筑厚度　　单位：mm

捣实混凝土	插入式振捣		振捣器作用部分长度的 1.25 倍
	表面振动		200
	人工捣固	在基础、无筋混凝土或配筋稀疏的结构中	250
		在架、墙板、柱结构中	200
		在配筋密列的结构中	150
轻骨料混凝土		插入式振捣	300
		表面振动（振动时需加荷）	200

（3）根据振捣机具的工作性能，合理布置振捣点间距，确定振捣深度、时间，注意掌握振捣工艺。如插入式振动器，分层浇灌时每层混凝土厚度应不超过振动棒长的 1.25 倍，在振捣上一层时应插入下层中 50 mm 左右，以消除两层之间的接缝，同时在振捣上层时要在下层混凝土初凝之前进行（图 4–39）；振动器插入点应均匀排列（图 4–40），每次移动位置的距离应不大于振动棒作用半径的 1.5 倍（一般振动棒的作用半径为 300 ～ 400 mm）；一般每点振捣时间为 20 ～ 30 s；振动器操作时应做到“快插慢拔”，快插是为了防止先将表面混凝土振实而与下面混凝土层发生分层离析，慢拔是为了使混凝土能够填满振动棒抽出时所造成的空洞，在振捣时还宜将振动棒上下略微抽动以使上下振捣均匀。

（4）浇筑的混凝土成型后，需要有一个良好的环境条件对其进行养护。现浇结构通常采用湿润养护，应在浇筑完毕后的 12 h 内进行覆盖和浇水（当气温低于 5 ℃时不得浇水）。

浇水养护的时间应根据水泥的技术性能决定，如用硅酸盐水泥、普通硅酸盐水泥拌制的混凝土，则不得少于 7 天；如用掺有缓凝剂或有抗渗性能要求的混凝土，则不得少于 14 天。养护期内浇水的次数应能保持混凝土处于湿润状态，养护用水应与拌制用水相同。采用塑料布覆盖养护的混凝土，其敞露的全部表面应覆盖严密，并应保持塑料布内有凝结水。在成型混凝土强度未达到 1.2 N/mm^2 前，不得踩踏或安装模板、支架。对于大体积混凝土，应根据气温条件采取控温措施，并应测定浇筑后的混凝土表面和内部温度，将温差控制在设计要求之内。

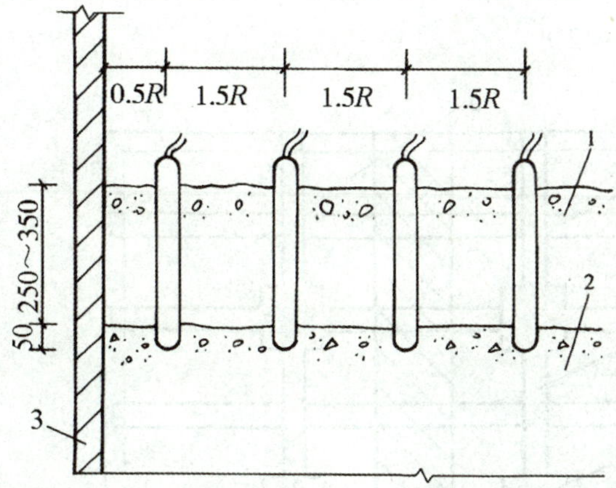

1—上层混凝土；2—下层混凝土；3—模板；R—有效作用半径。

图 4-39　混凝土分层浇筑厚度示意图

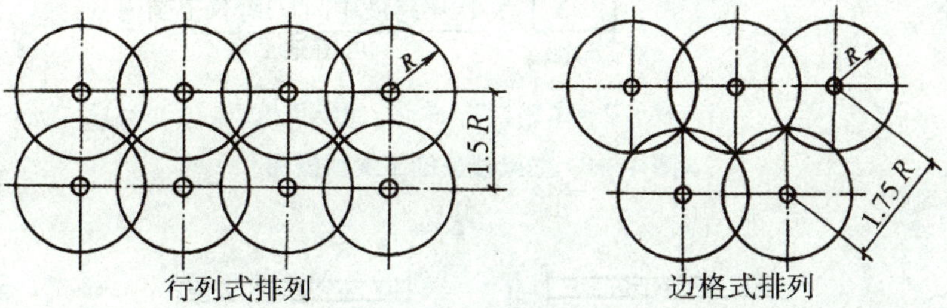

R—有效作用半径。

图 4-40　插入式振捣器插入点排列图

（5）模板在使用前要检查整修，不得使用不合格旧模板；模板接缝处要嵌补密实平整，嵌缝材料常用橡皮条、胶带、泡沫塑料、厚纸板、油灰腻子等，以防止漏浆。

（6）浇筑混凝土前应清理模板内部，不得有碎砖、木屑等杂物。

（7）加强现场管理，浇筑混凝土时要注意观察模板受荷后的情况，如果发现支架立柱下沉、支撑松动、移位、鼓胀、漏浆等，应及时采取有效措施加以处理。

（三）施工缝处理不当

因施工缝位置不当或处理不好，使混凝土振捣困难，不易密实，强度不足，或结构开裂，形成薄弱部位，尤其对于有抗震（抗剪要求）、抗渗漏要求的结构极为不利，轻则影响使用寿命，重则危及结构安全。

1. 原因分析

混凝土浇筑前没有预先确定施工缝的位置，而是随意留置，或操作人员不遵守操作规程，违章设置施工缝。

2. 预防措施

施工缝的位置应在混凝土浇筑前按设计要求和施工技术方案确定，原则上宜留置在结构内力较小且便于施工的部位。如肋梁楼盖的施工缝常设置在次梁跨度中间的 1/3 跨长范围内（图 4–41），柱施工缝宜留在基础顶面、梁或吊车梁牛腿的下面、吊车梁的上面、无梁楼盖柱帽的下面（图 4–42）。

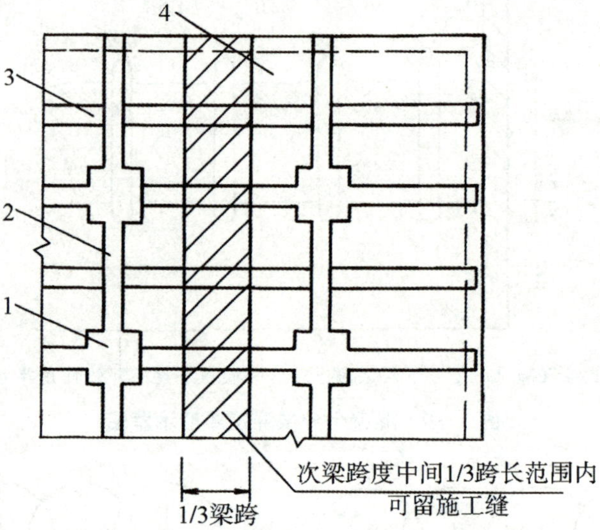

1—柱；2—主梁；3—次梁；4—楼板。

图 4–41　肋梁楼盖施工缝留置图

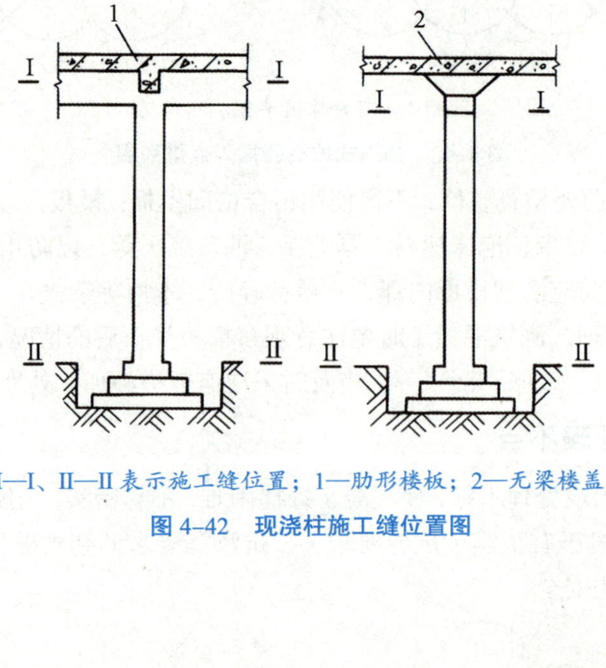

I—I、II—II 表示施工缝位置；1—肋形楼板；2—无梁楼盖。

图 4–42　现浇柱施工缝位置图

施工缝的处理通常应符合下列要求：

（1）在施工缝处继续浇筑混凝土的时间不能过早，以免使已凝固的混凝土受到振动而破坏，必须待其抗压强度大于 1.2 N/mm^2 时方可进行。混凝土达到 1.2 N/mm^2 强度要求所需的时间，应根据水泥品种、外加剂的种类、混凝土的配合比及外界的温度等确定，通常可通过试块试验确定。

（2）为解决好新、旧混凝土的结合问题，应对已硬化的混凝土表面进行处理，清除水泥、薄膜和松动的石子及软弱混凝土层，必要时还要凿毛；清除钢筋上的油污、浮锈等杂物，并充分湿润、冲洗干净，不得积水。在浇筑混凝土前，宜在施工缝处刷一层与混凝土内成分相同的水泥浆或水泥砂浆，浇筑混凝土时应仔细振捣密实，使新、旧混凝土紧密结合。

（3）在施工缝施工过程中，应及时认真做好施工记录。在进行施工缝处理的过程中，每一项操作都应被详细、准确地记录下来。这些施工记录不仅是施工过程的真实反映，也是工程验收、质量追溯及未来维护的重要依据。

五、混凝土裂缝事故

（一）收缩裂缝

混凝土浇筑后体积收缩，易产生收缩裂缝。常见的收缩裂缝有干燥收缩裂缝、塑性收缩裂缝和沉降收缩裂缝。干燥收缩裂缝为表面性裂缝，宽度多在 0.05 ～ 0.2 mm 之间，其走向没有规律性，在较薄的梁、板类构件中多沿短向分布，在整体性结构中多发生在结构的变截面处，平面裂缝多延伸至变截面边缘处，大体积混凝土的表面部位最为多见；塑性收缩裂缝一般出现在新浇结构构件表面或侧面，纵横交错，形状很不规则，裂缝较浅，多为中间宽两端窄且长短不一，类似干燥的泥浆面（图 4–43），并随着温、湿度的变化而逐渐发展（俗称龟裂）；沉降收缩裂缝在混凝土成型后 1 ～ 3 h 沿主筋通长方向的表面断续出现，也可能在相邻断面显著变化的部位出现，或在预埋件附近出现，裂缝形状宽且浅呈梭形，宽度在 1 ～ 4 mm，深度到钢筋表面为止（图 4–44），常在混凝土浇筑凝结后停止发展。

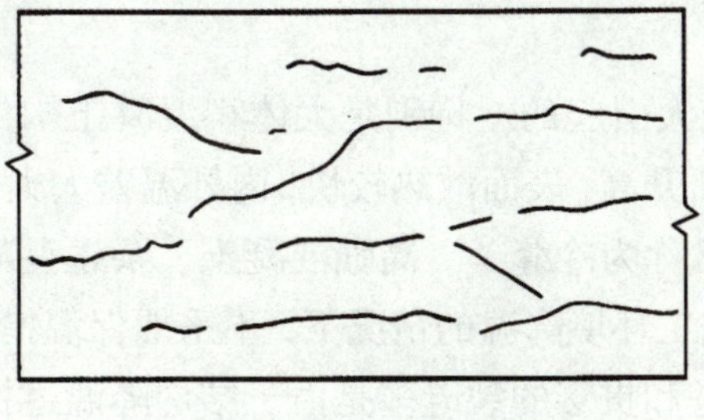

图 4–43　塑性收缩裂缝

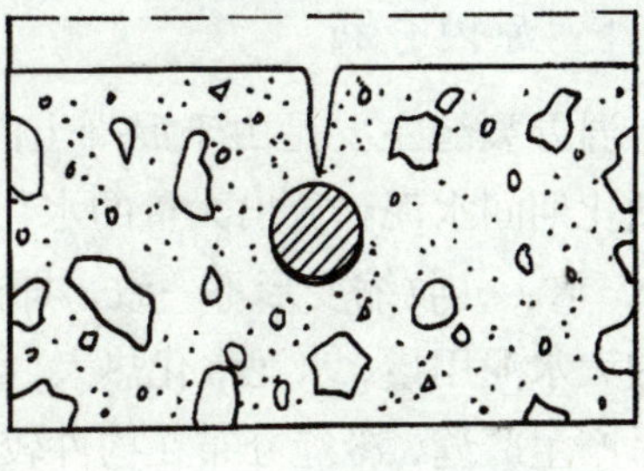

图 4–44　沉降收缩裂缝

1．原因分析

（1）混凝土早期养护不当、表面水分散失过快，使混凝土体积收缩急剧，混凝土此时强度较低，在变形应力的作用下易引起混凝土表面开裂。

（2）混凝土体积收缩受到地基或垫层的约束（如模板、垫层过于干燥，阻止混凝土的收缩），导致开裂。

（3）构件露天堆放、混凝土内部材质不均匀、水灰比大或使用收缩率较大的水泥、采用含泥量大的粉细砂配制混凝土等均易导致出现裂缝。

（4）沉降收缩裂缝产生的直接原因是在结构浇捣后，骨料颗粒下沉，水及水泥浆液上升与粗骨料分离产生泌水现象，使混凝土表面拌合料的含水量大，硬化后面层的混凝土强度低于内部混凝土的强度。

2. 处理方法

这种裂缝虽然宽度不大，但会使钢筋锈蚀，有损观感。通常用钢丝刷或砂轮机磨除水泥膜做毛化处理，随即冲洗干净，用1:1的水泥砂浆刮平抹实。对于正在施工的构件，终凝前采取二次压实抹光，并及时遮盖湿润养护。当表面裂缝较细且数量不多时，可用清水将裂缝处冲洗后，用水泥浆抹补。

3. 预防措施

（1）在夏季高温、干燥或风大的情况下施工时，施工人员应及时用潮湿材料覆盖已浇筑混凝土表面，使其保持湿润状态不少于7天，一般可采用喷洒养护液、塑料薄膜覆盖、蓄水养护等。

（2）配制稠度适宜的低流动性拌合料，严格控制粗细骨料的级配及水灰比，正确掌握振捣方法，确保混凝土均匀密实，初凝时再进行二次振捣或在终凝前二次压抹光表面。对于断面有差别或高度不同的结构，先浇低深部位，静停一定时间待沉降稳定后，再与上部混凝土同时浇灌。

（二）温差裂缝

温差裂缝多发生在施工期间，冬季发生的裂缝较宽，夏季发生的裂缝较窄，裂缝宽度一般在0.5 mm左右。裂缝走向无规律，有在构件表面较浅范围内的，也有深入到构件内部较深的，深进和贯穿的温差裂缝对混凝土有很大的破坏性。

1. 原因分析

温差裂缝主要是由于混凝土内部和表面温差较大引起的。特别是大体积混凝土构件，在硬化期间水泥释放出大量的水化热，内部温度不断升高，表面散热较快，内外温差太大（超过25 ℃），收缩变形不一致，即产生冷缩裂缝（常称为冷缝）。高强混凝土、泵送混凝土常加大水泥用量，水泥水化热大，浇筑速度快，在施工环境降温的情况下，不采取保温措施，极易产生冷缝，冷缝分布在构件较浅的范围内。深进和贯穿的裂缝多是由于结构降温过快，内外温差过大，或受到外界约束引起的。另外，采用蒸汽养护的预制构件，降温控制不严，使混凝土表面剧烈降温，但又受到肋部或胎模的约束，导致构件表面或肋部开裂。

2. 处理方法

对于表面较浅裂缝，可将裂缝附近的混凝土表面凿毛，或沿裂缝方向凿成深为15～

20 mm、宽为 100 ～ 200 mm 的 V 形凹槽，清理干净并洒水湿润，先刷水泥净浆一遍，然后用 1∶1.5 ～ 1∶2 的水泥砂浆分 2 ～ 3 层涂抹，总厚度控制在 10 ～ 20 mm，并压实抹光。为使砂浆与混凝土表面结合良好，抹光后的砂浆面应覆盖塑料薄膜，并用支撑模板顶紧压实；当裂缝宽度在 0.1 mm 以上时，可采用环氧树脂压力灌浆嵌补；当裂缝宽度大于 0.5 mm 时，可采用水泥压力灌浆补缝。对于结构强度产生严重影响的裂缝，应经过设计采取结构加固、补强的办法。

3. 预防措施

防止温差裂缝产生的有效措施：首先，严格控制混凝土的各组成材料的质量、配比，选用低热或中热水泥，优先选用矿渣水泥（强度等级为 32.5、42.5），选用级配良好的砂石骨料，加入一定量的粉煤灰混合料减少水泥用量，或掺入减水剂等；其次，合理安排施工工序，分层浇筑，留置后浇带减小约束应力，根据环境气温变化采取有效措施，构件内外温差不超过 25 ℃，降温速度 1.5 ℃ /d。另外，可适当配置防止出现裂缝的钢筋。

（三）不均匀沉降裂缝

这种裂缝多属于贯穿性的，呈八字形或倒八字形，一般沿着与地面呈 45° ～ 90° 方向发展。裂缝的宽度与荷载的大小有关，与不均匀沉降值呈正比例关系。

1. 原因分析

结构或构件下面的地基未经夯实，或地基未经过必要的加固处理，或地基遭到破坏，或模板刚度不足、支撑间距过大、支撑底部松动，使混凝土浇筑后地基产生不均匀沉降。另外，过早拆模、混凝土强度不足也会引起不均匀沉降裂缝。

2. 处理方法

根据裂缝对结构的影响程度，采取前文所述方法处理，如嵌缝、补缝、补强加固等。

3. 预防措施

绝对不允许在松软的回填土上直接预制构件、支立模板，必须经过夯实处理，支架的底部还要有满足要求的垫板，以使地基表面受力均匀，模板必须有足够的刚度；浇筑混凝土时应随时检查模板及支撑的变化情况，养护水应向外排除，不宜流入基础和支撑底部，拆模时间不宜过早，要注意拆除顺序。

（四）其他裂缝

其他裂缝，如早期受冻引起的裂缝，在有季节性冻胀地区，进入初冬或开春时，在结构表面多沿主筋或箍筋方向出现宽窄不一的裂缝，深度至钢筋表面；施工控制不当，如脱模起吊、运输码放、吊装过程中，因多种原因会产生纵向、横向、水平或斜向的裂缝；预应力混凝土强度等级低于设计要求，张拉钢筋时产生裂缝；钢筋锈蚀裂缝。对于这些裂缝应积极采取防护措施，以确保构件的质量。

任务五 混凝土结构工程的加固

任务描述

假设你是一位经验丰富的结构工程师，受雇于一家知名的建筑加固公司。最近，你接到了一个紧急项目——对一座历史悠久的办公楼进行结构加固。这座办公楼曾是城市的地标，见证了无数的重要时刻，但如今，由于年久失修，其混凝土结构出现了严重的质量问题，急需进行加固处理，以确保其继续安全使用。本任务将深入探讨各种加固方法的原理、优缺点及适用场景。

任务分析

在加固过程中，应确保施工质量和安全，同时保护办公楼的历史风貌。加固完成后，应定期进行检查和维护，确保其长期安全使用。通过本任务的学习，学生能够有效地识别和评估混凝土结构工程加固的需求，并能够根据实际情况选择合适的加固方法。

任务重点和实施

钢筋混凝土结构出现质量问题后，除了倒塌、断裂等事故必须重新制作外，通常情况下可以用加固的办法进行处理。下面介绍几种常用的加固方法。

一、加大断面法

混凝土构件因孔洞、蜂窝或强度达不到设计要求需加固时，可用扩大断面、增加钢筋的方法。扩大的断面可用单面、双面、三面及四面包套的方法，所需增加的断面一般应通过计算确定。由于增加的部分断面往往较小，故常用细石混凝土，增加的钢筋应与原构件钢筋有可靠连接。这种加固方法的优点是对技术要求不高、易于掌握，因此常用来加固柱、梁、板、屋架弦杆和腹杆及连接的节点；缺点是施工繁杂、工序多、现场施工时间长。

二、喷射混凝土法

喷射混凝土（或喷浆）是用压缩空气将水泥砂浆或细石混凝土喷射到受喷面上，保护、参与或替代原结构工作，以恢复或提高结构的承载力、刚度和耐久性。其常用于结构或构件的局部损伤，如蜂窝、孔洞、疏松等质量缺陷（参见表4–30），也可用来加强整个构件的混凝土强度，在建筑物的加固中应用较广泛，常常与钢筋网、钢丝网、钢筋套箍、扒钉等共同使用。其特点如下：喷射层以原有结构作为附着面，不需要另外加设模板，对高空作业施工较方便；喷射层密度较大，除了满足强度要求外，还具有较高的抗渗性；在喷射混凝土中掺入速凝剂，可大大提高施工速度，缩短工期。需要注意的是，喷射混凝土（或喷浆）加固法在喷射施工完毕后，加强喷射层的养护是非常重要的。

三、粘钢补强法

采用高强黏结剂，将钢板粘于钢筋混凝土构件需要补强部分的表面，以达到增加构件承载力的目的。如对于跨中抗弯能力不够的梁，可将钢板粘于梁跨中间的下边缘；对于支座处抵抗负弯矩不足的梁，可在梁的支座截面处上边缘粘贴钢板；对于抗剪强度不够的梁，可在梁的两侧粘贴钢板。粘贴钢板的截面可由承载力计算确定。一般钢板的厚度为 3 ～ 5 mm，黏结前应除锈并将黏结面打毛（粗糙化），以增强黏结力。粘钢板施工后 3 天即可正常受力发挥作用。这种方法的优点是：不占用室内使用空间，几乎不增加被加固构件的断面尺寸和质量，黏结剂硬化速度快，可在短时间内达到需要的强度；另外，黏结剂的黏结强度高于混凝土等材料的强度，可使加固体系形成一个良好的整体，受力均匀，不会在混凝土中产生应力集中现象，可大幅度提高结构构件的抗裂性，抑制裂缝的开展，提高承载力。缺点是：工艺要求较高，且目前胶黏剂的耐高温性能差，当温度达到 80 ～ 90 ℃时，其强度就会下降。此外，胶黏剂的老化问题也需要进一步研究。

四、焊接钢筋或钢板法

焊接钢筋或钢板法是将钢板或钢筋、型钢焊接于原构件的主筋上，适用于整体构件的加固。通常做法是：将混凝土保护层凿开，使主筋外露，用直径大于 20 mm 的短筋将新增加的钢筋、钢板与原构件主筋焊接在一起，然后用混凝土或砂浆将钢筋包裹住。由于焊接时钢筋受热形成焊接应力，因此施工中应注意加临时支撑并设计好施焊顺序。目前这种方法常与扩大断面法结合使用。

五、锚接钢板法

由于冲击钻及膨胀螺栓的应用，可以将钢板锚接于混凝土构件上，以达到补强加固的目的。这种方法的优点是：可充分发挥钢材的延性性能、锚接速度快、锚接构件可立即承受外力作用。锚接钢板可以厚一点，甚至用型钢，这样可大幅度提高构件承载力。当混凝土孔洞较多、破损面大而不能采用粘钢补强法时，用锚接法效果更好。缺点是：加固后表面不平整美观，对钢筋密集区锚栓困难，钢材孔径位置加工精度要求较高，并且锚栓对原构件有局部损伤，处理不当会引起反作用。

六、预应力加固法

预应力加固法是采用预加应力的钢杆或撑杆对结构进行加固。钢拉杆的形式主要有水平拉杆、下撑式拉杆和组合式拉杆三种。这种方法几乎不缩小使用空间，不仅可提高构件的承载力，而且可减小梁、板的挠度，缩小原梁的裂缝宽度甚至使之闭合。这种方法广泛用于加固受弯构件（梁、板类构件），也可用于加固柱子，但这种方法不宜用于处在高温环境下的混凝土结构。

七、其他加固方法

除了上述常用的加固方法外，还可以根据工程具体情况采用其他加固方法。例如，增设支点法，以减小梁的跨度；另加平行受力构件，如外包钢桁架、钢套柱等；增加圈梁、拉杆，加强房屋的整体刚度等。

项目工单

【实训主题】

混凝土裂缝事故处理实训

【实训目标】

（1）理解混凝土裂缝产生的原因。

（2）学习如何识别不同类型的裂缝。

（3）掌握基本的裂缝处理方法。

【实训步骤】

步骤一：准备实训材料

教师准备混凝土样品（模拟裂缝）

步骤二：裂缝识别

（1）观察：观察提供的混凝土样品上的裂缝，尝试判断裂缝的类型。

（2）记录：记录裂缝的位置、走向和宽度。

（3）讨论：小组讨论裂缝产生的原因，并参考提供的文档资料来验证假设。

步骤三：裂缝测量

（1）测量：使用裂缝宽度测量卡尺等工具测量选定裂缝的宽度。

（2）记录数据：记录裂缝的具体尺寸。

步骤四：裂缝处理

（1）选择方法：根据裂缝的类型和宽度选择合适的处理方法。

（2）准备材料：准备好所需的填充材料。

（3）实施处理：对于表面裂缝，可以使用水泥砂浆进行填补。对于较深的裂缝，可以使用环氧树脂等填充材料进行灌浆处理。

（4）固化保养：确保填充材料完全固化，并做好保养。

步骤五：成果展示

（1）成果报告：撰写一份简短的实训报告，总结裂缝的类型、测量结果、处理方法及效果。

（2）小组展示：每个小组向全班展示自己的实训成果。

【实训评定】

在实训结束后，教师根据每个学生在活动中的表现进行评定，如表 4–32 所示。

表 4-32　评定表

评定项目	分数（满分 10 分）	教师点评
准确识别裂缝类型		
正确使用测量工具并记录数据		
选择正确的处理方法并实施		
实训报告完整、准确		

项目小结

本项目旨在深入理解和掌握钢筋混凝土工程中常见的质量问题及其处理方法。通过理论学习与实践操作相结合的方式，提高学生对钢筋混凝土结构的认识，掌握混凝土裂缝的分析与处理技能，并学会如何预防和解决施工过程中可能出现的问题。通过本项目的系统学习，学生不仅能够深入理解钢筋混凝土工程中可能出现的各种问题及其原因，还能够掌握有效的处理方法和技术，这对于提高工程项目的成功率和确保结构的安全性具有重要意义。

课后习题

一、填空题

1. 裂缝深度的主要区别有：________、________、________、________。

2. 最常见的裂缝是________、________。

3. 电弧点焊可能造成钢筋脆断，可用________或________处理，改善焊点及附近区域的钢材性能。

4. 预应力加固法是采用预加应力的________或________对结构进行加固。

二、简答题

1. 列举三种常见的裂缝处理方法。

2. 简述模板工程质量事故中的模板变形原因。

项目五

砌体结构工程事故处理

项目导读

砌体结构工程是建筑工程中不可或缺的一部分，广泛应用于住宅、商业建筑以及其他各类建筑物中。本项目旨在全面解析砌体结构工程中常见的质量问题及其处理方法，以确保结构的安全性、稳定性和耐久性。通过五个任务的深入探讨，学生将能够掌握从砌体工程质量控制到砌体加固技术等一系列关键技术和策略。

学习目标

知识目标

◆ 掌握黏土砖和混凝土小型空心砌块的质量控制标准，包括抗压强度、外观、泛霜、石灰爆裂、抗冻性、干缩率等。

◆ 了解砂浆的配制方法和质量控制要求，包括材料选择、配合比、拌制、强度要求、和易性要求。

◆ 熟悉砌体工程砌筑的质量控制要点，如砖墙墙体尺寸控制、砌筑方法控制、构造控制等。

◆ 了解砌体承载能力不足造成的裂缝的特点、形态、出现时间和变化规律。

◆ 掌握砌筑砂浆质量问题的原因分析和预防措施。

◆ 理解砌块质量问题的原因分析和预防措施。

◆ 认识砌筑过程中常见的问题及其预防措施。

能力目标

◆ 能够识别和评估砌体材料的质量，包括黏土砖和混凝土小型空心砌块。

◆ 能够正确配制和使用砂浆，并确保其质量和性能符合要求。

◆ 能够按照规范进行砌筑操作，确保砌体的尺寸准确、强度达标。

◆ 能够判断砌体结构中的裂缝问题，并采取适当的处理措施。

◆ 能够预防和解决砌筑过程中常见的质量问题，如砂浆不饱满、接槎不牢等。

◆ 能够执行合理的砌筑方案，避免采用错误的砌筑方法。

◆ 能够采取有效的措施加固和修复有问题的砌体结构。

素质目标

- 培养严谨细致的工作态度，确保砌体结构的安全性和耐久性。
- 提升团队合作精神，在砌体工程中与他人有效沟通和协作。
- 强化质量意识，重视砌体结构的质量控制和质量管理。
- 增强创新意识，积极探索新的砌体材料和技术。
- 加强环保意识，合理利用资源，减少施工过程中的浪费。
- 培养解决问题的能力，面对砌体工程中的突发情况能够迅速做出反应。
- 提升职业道德，确保施工过程遵守相关法律法规和行业标准。

思政目标

砌体结构的质量直接关系到建筑物的安全性和耐久性。学生应当严格按照国家标准和规范进行材料选择、砂浆配制和砌筑施工，确保每一个环节都符合质量要求。只有这样，才能真正做到以人为本，保障使用者的生命安全。

任务一 砌体工程质量控制要点

任务描述

在某大型建筑项目的施工过程中，为了确保建筑结构的稳固与耐久性，施工团队需要对砖墙砌筑及混凝土小型砌块墙的施工进行严格的质量控制。本任务聚焦于材料选用、拌制、强度与和易性要求，以及砌筑过程中的质量控制等多个关键环节。

任务分析

施工团队需根据任务要求，制订详细的施工方案与操作规范。在材料进场前进行严格的质量检验与验收，确保原材料质量合格。在拌制过程中，加强搅拌设备的维护与保养，确保搅拌精度与效率。在砌筑过程中，加强现场监督与指导，确保砌筑工艺符合规范要求。同时，定期组织质量检查与验收，对发现的问题及时整改与纠正。通过本任务的了解，学生能够明确砌体工程质量控制的关键要点，包括块材的质量控制、砂浆的质量控制以及砌筑时的质量控制三个方面，从而有效地提高砌体工程的整体质量和安全性能。

任务重点和实施

确保砌体结构质量，先要从块材和砂浆的材料控制，以及砌体工程砌筑的质量控制做起。

一、块材的质量控制

（一）黏土砖

黏土砖质量控制的各项技术性能应符合《烧结普通砖》（GB/T 5101—2017）的规定。

（1）强度。随机抽样（在成品堆垛中按机械抽样法抽样）取有代表性的 10 块砖做抗压试验；其平均强度$\bar{f}$和标准值f_k要满足规范要求。$\bar{f}$取 10 块砖抗压强度的算术平均值；f_k按下式算得，其强度保证率为 98.2%：

$$f_k = \bar{f} - 2.1s \qquad s = \sqrt{\frac{1}{(10-1)}\sum_{i=1}^{10}(f_i - \bar{f})^2}$$

式中 f_i——单块砖抗压强度测定值，MPa；

s——10 块砖的抗压强度标准差，MPa。

（2）外观检查。随机抽样 200 块砖做外观检查，其结果应满足要求。

（3）泛霜试验。随机抽样 10 块砖做泛霜试验，其结果应满足要求。

（4）石灰爆裂试验。随机抽样 5 块砖做石灰爆裂试验，其结果应满足要求。

（5）抗冻试验。随机抽样 10 块砖，其中 5 块做吸水率和饱和系数试验，5 块做冻融试验，其结果应满足要求。

（二）混凝土小型空心砌块

混凝土小型空心砌块的各项技术性能应符合《混凝土小型空心砌块》（GB 8239–1987）的规定。

（1）强度。随机抽样 5 个砌块，用砌块受压面的毛面积除以破坏荷载可以得到抗压强度；此抗压强度应满足要求。

（2）规格尺寸。应满足要求。

（3）干缩率。承重墙和外墙砌块要求干缩率小于 0.5 mm/m，非承重墙和内墙砌块要求干缩率小于 0.6 mm/m。

（4）抗冻性。经 15 次冻融循环后的强度损失≤ 15%，且外观无明显酥松、剥落和裂缝。

（5）自然碳化系数（1.15× 人工碳化系数）≥ 0.85。

二、砂浆的质量控制

（一）材料选用控制（采用质量比）

（1）水泥宜使用普通或矿渣硅酸盐水泥，出厂日期不超过 3 个月；配料精确度 ±2%。

（2）砂以中砂为宜（勾缝可用细砂），砂中含泥量不应超过 5%（砂浆强度等级≥ M5）或 10%（砂浆强度等级＜ M5）；配料精确度 ±5%。

（3）掺合料可用石灰膏、磨细生石灰粉、电石膏、粉煤灰等，石灰膏熟化时间不少于 7 天；配料精确度 ±5%。

（4）水泥混凝土工程中水的要求。

（5）材料配比应经试验室确定，不得套用。

（二）拌制

砂浆应采用机械拌制，搅拌自投料结束算起不得少于 1.5 min；若采用人工拌制，要拌合充分和均匀；若拌合过程中出现泌水现象，应在砌筑前再次搅拌；要求随拌随用，不得使用隔夜或已凝结砂浆；已拌制砂浆须在 3 ～ 4 h 内用完。

（三）强度要求

强度要求（分 M15、M10、M7.5、M5、M2.5、M1、M0.4　7 个等级）用标准养护的试块的抗压强度确定。每一层楼或每 250 m^3 砌体中的各种强度的砂浆，每台搅拌机至少制作一组（每组 6 个试块，每个分项工程不少于两组）。

（1）同品种、同强度砂浆各组试块平均强度不小于该强度等级所示抗压强度值 f_m，k，任一组试块不小于 0.75 f_m，k。如仅有一组试块时，不应低于 f_m, k。

（2）一个验收批内有若干分项工程时，每分项工程试块平均强度应达到 f_m, k，其中任一最小值不小于 0.75 f_m, k。

（四）和易性要求

沉入度应符合要求。分层度不应大于 20 mm（混合砂浆）或 30 mm（水泥砂浆）。过大分层度的砂浆易离析，分层度 ≈0 时砂浆易干缩。

三、砌筑时的质量控制

扫一扫

砌筑时的质量控制

（一）砖墙墙体尺寸控制

（1）砌筑前应弹好墙的轴线、边线、门窗洞口位置线、校正标高，以便进行施工控制。并应在墙转角和某些交接处立好皮数杆（每 10 ～ 15 m 立一根）。

（2）墙体轴线位置、顶面标高、垂直度、表面平整度、灰缝平直度的允许偏差应符合规范。

（二）砖墙砌筑方法控制

（1）实心砖墙体宜采用一顺一丁、梅花丁或三顺一丁砌法。砖块排列遵守上下错缝、内外搭砌原则，错缝或搭砌长度不小于 60 mm；长度小于 25 mm 的错缝为通缝，连续 4 皮通缝视为不合格。砖柱、砖墙均不得采用先砌四周后填心的包心砌法。

（2）宜采用一铲灰、一块砖、一揉挤的“三一砌筑法”；水平灰缝的砂浆饱满度不低于 80%；竖缝宜采用挤浆或加浆法，使其砂浆饱满。若采用“铺浆法”砌筑，砂浆长度不宜超过 500 mm。水平灰缝厚度和竖向灰缝宽度应控制在 10 mm 左右，不宜小于 8 mm，不宜大于 12 mm。

（三）砖墙墙体砌筑时的构造控制

（1）墙体转角处严禁留直槎；墙体转角和交接处应同时砌筑，不能同时砌筑时应砌成斜槎，斜槎长度不应小于高度的 2/3[图 5–1（a）]；如交接（非转角）处留斜槎有困难亦可留直槎，但必须砌成阳槎，并加设拉筋 [图 5–1（b）]；也可做成老虎搓 [图 5–1（c）]。

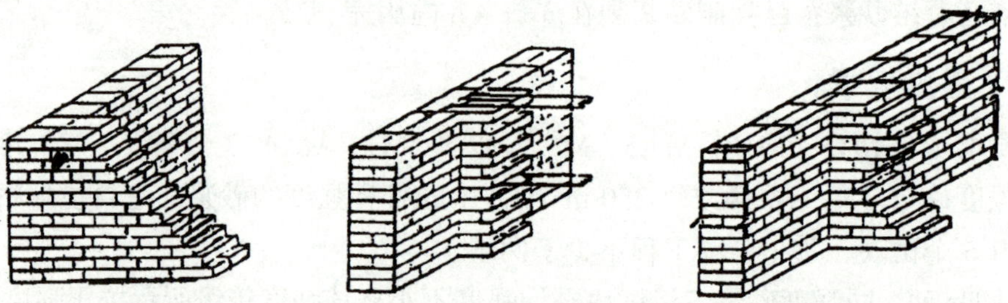

（a）斜槎　　　（b）阳槎　　　（c）老虎槎

图 5-1　墙体交接处留槎示意图

（2）对于承重墙与隔断墙的连接，可在承重墙中引出阳槎，并在灰缝中预埋拉结钢筋，每层拉结钢筋不少于 2 B6；承重墙与钢筋混凝土构造柱的连接应沿墙高每 500 mm 设置 2 B6 拉结筋，每道伸入墙内不少于 1 m，墙体砌成大马牙槎，槎高 4 或 5 皮砖，先退后进，上下顺直，底部及槎侧残留砂浆清理干净，先砌墙后浇混凝土。

（3）相邻施工段高差不得超过一层楼或 4 m，每天砌筑高度不宜超过 1.8 m，雨天施工不宜超过 1.2 m。

（4）施工段的分段位置宜设于变形缝处及门窗洞口处。

（5）对于尚未安装楼（屋）面板的墙柱，为保证施工阶段砌体的稳定性，允许自由高度不得超过规范规定。

（四）混凝土小型砌块墙质量控制

（1）砌块宜采用“铺浆法”砌筑，铺灰长度 2 ～ 3 m，砂浆沉入度 50 ～ 70 mm。水平和竖向灰缝厚度 8 ～ 12 mm。应尽量采用主规格砌块砌筑，对孔错缝搭砌（搭接长度不小于 90 mm）。纵横墙交接处也应交错搭接。砌体临时间断处应留踏步槎，槎高不得超过一层楼高，槎长不应小于槎高的 2/3，每天砌体的砌筑高度不宜大于 1.8 m。

（2）有钢筋混凝土或混凝土柱芯时，柱芯钢筋应与基础或基础梁预埋筋搭接。上下楼层柱芯钢筋需搭接时的搭接长度不应小于 35 d（d 为钢筋直径）。柱芯混凝土随砌随灌随捣实。

（3）墙面应垂直平整，组砌方法正确，砌块表面方正完善，无损坏开裂现象。砌块墙体尺寸允许偏差符合要求。

任务二　砖（石）砌体工程

任务描述

在建筑工程领域，砌体结构作为一种常见的建筑结构形式，其稳定性和耐久性直接关系到建筑物的安全性和使用寿命。然而，在实际施工过程中，由于地基处理不当、温差影响、设计缺陷、施工不规范等多种因素，砌体结构常常会出现各种裂缝问题，严重影响建筑物的整体性能。本任务旨在解决砖（石）砌体工程中出现的裂缝问题。

任务分析

在实际施工过程中，应加强对砌体工程的质量控制和监督，确保各项施工方案得到有效执行。通过本任务的了解，学生将深入探讨砖（石）砌体工程中常见的裂缝问题及其产生的原因。

任务重点和实施

砌体工程的质量事故从现象上来看，有砌体裂缝、砌体错位变形、砌体倒塌等。引起砌体裂缝的主要原因：地基不均匀沉降、温差变形、砖砌体承载力不足。

在建筑工程中，砌体裂缝出现频率高，且有的裂缝难于避免。《砌体工程施工质量验收规范》（GB 50203—2011）对砌体开裂做了如下规定：

对有可能影响结构安全性的砌体裂缝，应由有资质的检测单位检测鉴定，需返修或加固处理的，待返修或加固满足使用要求后进行二次验收；

对不影响结构安全性的砌体裂缝，应予以验收，对明显影响使用功能和观感质量的裂缝，应进行处理。

从上述规定来看，完全避免砌体裂缝有一定的难度。

一、引起砖、石砌体裂缝的原因

（一）地基不均匀沉降

（1）地基沉降差大，造成砌体下部出现斜向裂缝。

（2）地基局部塌陷，造成墙体出现水平或斜向裂缝。

（3）地基冻胀，造成基础埋深不足。

（4）填土地基浸水，造成不均匀沉降。

（5）地下水位较高的软土地基，因人工降低地下水位引起附加沉降。

（二）温差收缩变形

（1）温差导致不同材质或同一材质不同部位出现线膨胀差异。

（2）在北方寒冷地区，砌体胀缩受到地基约束。

（三）设计不当或设计构造处理不当

（1）设计安全度不足，受压砌体强度安全系数小于设计规范的规定。

（2）任意改变砌筑砂浆的品种和强度等级。

（3）任意改变建筑物的用途或构造，例如，把横向承重的小开间改用为大开间；把非承重的纵墙当作承重墙；在设计过程中，进行节点构造处理时省去梁垫。

（4）建筑盲目加层，加大了承重墙的荷载。

（5）任意改变挡土墙后的填土料或排水、泄水构造不良，致使挡土墙抗剪强度不足，引起砌体水平裂缝。

（6）变形缝设置位置不当或缝宽过小，应力致使墙体开裂。

（7）建筑结构整体刚性较差，混凝土圈梁不闭合交圈。

（8）不同结构混合使用或新旧建筑连接不当。前者如在钢筋混凝土梁上砌砖墙，因梁挠度引起开裂；后者新旧建筑的基础分离，在新旧砖墙结合处产生裂缝。

（四）承载力不足

砌体承载力不足，主要原因是砌体的抗压强度不够和砌体的稳定性不足。

1. 影响砌体抗压强度的主要原因

（1）砖和砂浆的标号是确定砌体强度的两个主要因素。在施工中如降低了标号，势必会降低砌体的强度。

（2）砖的形状和灰缝厚薄不一会影响砌体的强度。如果砖表面不平整或厚度不均匀就会造成砂浆层厚薄不一，引起较大的附加弯曲应力，使砖破裂；砂浆和易性差、灰缝不饱满也会使单砖内受到的弯曲和剪切应力增加，降低砌体的强度，据有关科研单位试验结果表明，当竖缝砂浆很不饱满或完全无砂浆时，砌体的抗剪强度会降低 40% ～ 50%。

2. 影响砌体稳定性的主要原因

（1）墙、柱的高厚比超出了规范允许范围，使其刚度变小、稳定性变差。

（2）砌体受温差收缩变形影响，当收缩引起的应力超过砌体的抗拉强度时，易在纵墙中部沿砌体高度方向产生上下贯通的竖向裂缝，降低砌体的稳定性。

（3）砖砌组合不当。砖通过一定的排列，依靠砂浆的黏结形成一个整体（砌体）。如砌体是在受压状态下承受压力，则为了使所有砖均能平均承受外力和自重，必须将受到的压力沿 45° 线向下传递，令整个砌体由交错 45° 应力线联为整体。如果在砌筑砖砌块时，排序不合理，就会降低砌体抗压强度和稳定性、引起裂缝。

（4）在砌筑石料时，料石自重大、表面不规则、没有使石料的重心尽量放低、忽视设置拉结石、设置了拉结石但没有相互错开、每 0.7 m^2 墙面拉结石少于 1 块等都会造成砌体不稳定（图 5-2）。此外，砌体裂缝还有使用方面的原因。

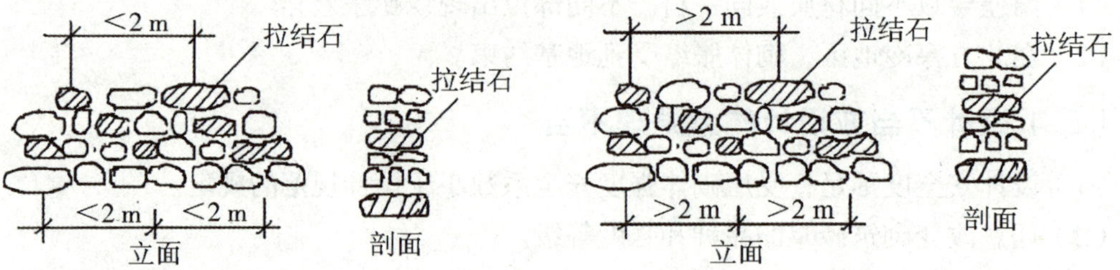

（a）正确砌法　　（b）错误砌法

图 5-2　石砌体组砌示意图

二、分析砌体常见裂缝的产生原因

（一）温度变形造成的裂缝

（1）裂缝的位置。多出现在房屋顶部附近，以两端最为常见。

（2）裂缝的形态。常见的为斜裂缝，裂缝呈一头宽一头窄或两头窄中间宽；其次是水平裂缝，形态为中间宽两头窄，呈断续状；最后是竖向裂缝，缝宽不均匀。

（3）裂缝出现的时间。多数出现在冬、夏两季以后。

（4）裂缝的变化。裂缝会随温度变化产生裂缝宽度和长度的变化，但不会无限制增宽和增长。

（二）地基不均匀沉降造成的裂缝

（1）裂缝的位置。多数出现在房屋下部；等高的一字形房屋，裂缝一般出现在房屋两端；其他形状的房屋，裂缝多数出现在沉降最为剧烈处；一般裂缝都发生在纵墙体。

（2）裂缝的形态。常见的为斜向裂缝，位于门窗洞口较宽处；贯穿房屋全高的裂缝呈上宽下窄。地基局部塌陷呈水平裂缝，缝宽比较大。

（3）裂缝出现的时间。一般在房屋建成不久后出现，施工期间出现裂缝的情况不多见。

（4）裂缝的变化。随着地基的不均匀沉降，裂缝增多、增宽、增长；地基变形稳定后，裂缝不再变化。

（三）砌体承载能力不足造成的裂缝

（1）裂缝的位置。多数出现在砌体应力较大部位。轴心受压柱裂缝常发生在柱下部1/3处，如梁或梁垫下因局部承压强度不足出现的裂缝。

（2）裂缝的形态。裂缝方向与应力一致，裂缝两头窄中间宽，受拉裂缝与应力垂直，受弯裂缝在受拉区外边缘较宽，受剪裂缝与剪力作用方向一致。

（3）裂缝出现的时间。大多数裂缝发生在荷载突然增加时。

（4）裂缝的变化。随着荷载和作用时间的增加，裂缝宽度逐渐增大。

任务三 砌筑质量事故分析与处理

任务描述

想象一下，你站在即将进行砌筑作业的施工现场，四周是待砌筑的墙体框架。你的目标不仅仅是完成这些墙体的砌筑，更是要确保它们在未来的使用过程中能够经受住时间的考验，保持结构的完整与稳定。本任务将了解砌筑过程中可能出现的质量事故，并探讨如何进行有效的分析与处理。

任务分析

在建筑施工过程中，砌筑作为结构施工的重要环节，其质量直接关系到整个建筑的安全性和耐久性。然而，由于材料、工艺、环境等多种因素的影响，砌筑过程中难免会出现各种质量事故。通过本任务的了解，学生将对砌筑工程中的砂浆质量问题、砌块质量问题以及砌筑过程中的常见问题有全面的认识。

任务重点和实施

一、砌筑砂浆质量问题

砌筑砂浆的和易性差、保水性不好，导致砌筑时铺摊和挤浆存在困难，影响砂浆与砖的黏结力，降低砌体的抗压、抗拉和抗剪强度；或砌筑砂浆强度波动较大、匀质性差。

（一）原因分析

使用的材料质量不合格或者拌制砂浆的配合比错误。水泥的质量直接影响砂浆的性能，使用不合格厂家生产的稳定性差的水泥，或使用储存时受潮结块的水泥，往往造成砂浆的强度等级偏低；砂的含泥量大，使得砂浆的黏性大、收缩性大、强度低、耐久性差；拌制砂浆时各组成材料不计量，砂浆的配合比不准确，常使其强度波动性大，且多数强度偏低。从建筑倒塌事故分析来看，发生倒塌事故建筑的砌筑砂浆强度等级一般都低于设计要求。

（二）预防措施

（1）水泥砂浆采用的水泥，在使用前要进行抽样测试，合格后方可使用。严禁使用废水泥。

（2）不同品种的水泥不能混用。这是由于各种水泥成分不同，混合使用后往往会造成材料性质变化，使强度降低，从而引起工程事故。

（3）砂浆中砂的含泥量应符合规范的规定。

（4）严格控制配合比。按规范中有关砂浆配比的规定，认真计算配合比，在搅拌时必须认真计量；水泥、外加剂的计量，允许偏差应控制在 ±2% 以内；砂、石灰膏、生石灰计量精确度应控制在 ±5% 以内。建立施工计量工具校检、维修、保管制度。

（5）为改善砂浆的和易性及保水性，常掺入石灰膏作为塑化剂。生石灰熟化成石灰膏时，应用网过滤，熟化时间不少于 7 天，储存的石灰膏应经常浇水，保持湿润，防止干燥、冻结和污染。严禁使用脱水硬化的、受冻的、受污染的石灰膏。

（6）灰槽中的砂浆必须随拌随用，杜绝隔日砂浆不经处理就继续使用。

（7）砂浆强度等级要按规定到现场随机抽样制作试块，以标准养护 28 天的抗压试验结果为准。

（8）砂浆宜采用机械搅拌，搅拌时间要符合规范要求。搅拌时分两次投料，先加入部分砂子、水及全部石灰膏，通过叶片搅拌及砂子搓动，将石灰分散后，再投入其余的砂子和全部水泥。

二、砌块质量问题

用不合格的次砖砌墙，砌体强度达不到设计要求，使砌体产生裂缝，严重的还会产生倒塌事故；用干砖砌墙，砂浆很难铺摊，砖缝不易饱满，干砖与砂浆的黏结性差，使得墙体很容易渗水，导致砌体质量低劣，强度不满足要求。

（一）原因分析

砖的强度符合设计要求是保证砌体受力性能的基础，如果采用强度低的砖，尤其是烧制过程中欠火的砖砌墙，必定使砌体的承载能力降低，达不到设计要求。另外，砖砌筑前浇水是砖砌体施工工艺的一部分，砖的湿润程度对砌体的施工质量影响较大。对比试验证明，适宜的含水率不仅可以提高砖与砌体之间的黏结力，提高砌体的抗剪强度，还可以使砂浆的强度保持正常增长，提高砌体的抗压强度。有测试结果表明：用干砖砌的墙，其抗剪强度比用湿砖砌的墙低 41.6%。

（二）预防措施

砌体用砖必须先抽样检测合格后方可用于砌墙，凡不合格砖块严禁入场和使用；对已进场的砖需进行检查，必须剔除不合格的砖块；如有 1/2 的次砖已夹砌在墙体中，必须拆除；砌砖前和砌砖中要加强砖浇水的工序管理，设专人浇水，并提出浇砖方法和要求。规范规定，砌筑砖砌体时，普通砖、空心砖应提前浇水湿润，含水率宜为 10% ～ 15%；灰砂砖、粉煤灰砖含水率宜为 8% ～ 12%。现场检验砖含水率的方法一般采用断砖法。

三、砌筑过程中常见问题

（一）砌筑方案错误

砖柱采用包芯砌法，砖块之间没有错缝搭接，垂直缝从下至上为通缝，而通缝不能传递剪力，砖柱不能成为整体，当砖柱承受大偏心荷载时，产生部分压缩和部分拉伸，使包芯柱在外力作用下失稳破坏；砌筑砌体时采用了错误的组砌方式，如实心墙采用五顺一丁甚至二十多顺一丁的组砌方式，砖之间互不衔接，导致不能相互传递剪力而过早破坏。

1. 原因分析

管理人员对砌体质量的重要性认识不足；瓦工未经培训即上岗，对操作规程不熟悉，砌砖的基本功不扎实。

2. 预防措施

为了保证砖砌体的整体性，瓦工应严格按规范进行施工，规范要求在砌筑砖砌体时应上、下错缝，内外搭接，实心砖砌体可采用一顺一丁、梅花丁或三顺一丁的组砌方式，并特别提出“砖柱不得采用包芯砌法”。工长应加强管理，认真协调好交接面处的施工，明确责任。

【知识拓展】

包心砌法是指大截面柱，先砌四周外围砖，后砌中间填心砖，外围砖与填心砖之间不搭接，形成周圈通缝的组砌方法。

（二）纵横墙接槎不牢

砌体的转角处和交接处普遍采用留直槎，且不按规定放置拉结钢筋；有的工程留斜槎不符合要求，如只在墙身下面 1 m 范围留斜槎，上部还是留直槎；有的工程先将一层的外墙砌至平口，在所有的内外墙交接处均留直槎，然后转入砌内墙；接槎马虎，有的接槎处灰缝中几乎没有砂浆。这些都严重影响房屋的整体性和抗震性。

1. 原因分析

现场管理混乱、对砌砖的瓦工安排不当、交接面处协调不到位；瓦工的基本素质低，对操作规程不熟悉或违章作业。

2. 预防措施

砖混建筑施工中，砌体的转角处和交接处的牢固性是保证房屋整体性的关键。规范要求砖砌体的转角处和交接处应同时砌筑，严禁无可靠措施的内外墙分砌施工。对不能同时砌筑而又必须留置的临时间断处应砌成斜槎。若留斜槎确有困难，除了转角外，也可留直槎，但必须是凸槎，并沿墙高每隔不大于 500 mm 的距离加设拉接筋，其埋入长度每边均不得小于 500 mm。砖砌体的施工临时间断处的接槎部位本身就是受力薄弱环节，必须清理、润湿并填实砂浆。

（三）灰缝砂浆不饱满

块体间砂浆不饱满，空缝处的砌体抗拉和抗剪强度下降，荷载作用下易使砌体产生裂缝，从而影响其强度。另外，雨水会从缝中渗入，导致隔声、隔热、保温性能变差，影响建筑物的正常使用。

1. 原因分析

由于水泥砂浆的和易性较差，砌筑时挤浆困难，操作者用大铲或瓦刀铺刮砂浆后，使底灰产生空穴，砂浆层不饱满，砖与砂浆层的黏结较差；有时由于铺灰过长，砌筑速度跟不上，砂浆中的水分被底砖吸收，使砌上的砖层与砂浆不能黏结；用干砖砌墙，使砂浆早期脱水而降低强度，干砖表面的粉屑起隔离作用，减弱了砖与砂浆层的黏结；操作工的基本功不扎实，砌砖时挤浆不足，产生空头缝或瞎缝。

2. 预防措施

水平灰缝的砂浆饱满程度对砌体强度和整体性影响很大，竖向灰缝对砌体抗剪强度影响显著，若竖向灰缝不饱满，则砌体的抗剪强度将降低 40% ～ 50%。规范规定水平灰缝的砂浆饱满程度不得小于 80%。具体措施如下：

（1）改善砂浆的和易性是确保灰缝砂浆饱满和提高黏结强度的关键。

（2）改进砌筑方法，应推广“三一砌砖法”，又称挤揉法，即“一刀灰、一块砖、一挤揉”。

（3）严禁用干砖砌墙。对于按设计烈度九度设防的地震区，在严冬无法浇砖的情况下，不宜进行砌筑。

（四）清水墙面质量问题

清水墙面水平灰缝不直，墙面凹凸不平；清水墙面“游丁走缝”，即大面积清水墙面出现丁砖竖缝歪斜、宽窄不均匀，丁不压中（丁砖在下层条砖上不居中），窗台部位与窗间墙部位的上下竖缝发生错位、搬家等，产生所谓的“螺旋墙”，即砌完一个层高的墙体时，同一层的标高差一皮砖的厚度，不能交圈等。

1. 原因分析

砌墙时不立皮数杆，使得水平缝失控，层高误差大；断砖的应用不当，有的将断砖集中砌在某一部位，造成连续通缝。

2. 预防措施

针对清水墙面质量问题，施工人员应严格按施工工艺要求进行施工。砌墙前要在建筑物的四角及沿长度方向的一定距离立好皮数杆，根据设计要求将砖和砌块的规格及灰缝厚度在皮数杆上标明，并将竖向构造变化部位注明，灰缝的厚度应控制在 8 ～ 12 mm；断砖必须及时随整砖分散砌筑在内墙和受力较小的部位，不得砌在窗间墙或受力较大的墙垛处，也不能砌成四皮以上通缝。

四、加气混凝土砌块砌体施工时应注意的问题

加气混凝土砌块砌体施工时，应注意以下事项。

1. 加气混凝土砌块承重墙设计要点：横墙承重与局部承压处理

采用加气混凝土砌块的承重墙体，在设计时最好选择横墙承重的刚性方案。不得直接承受过大的集中荷载，并注意避免砌块局部承压。当这种情况不可避免时，应在梁下设置梁垫或在砌体中铺设增强钢筋。

2. 加气混凝土砌块承重墙结构增强措施：圈梁与错缝咬砌

用加气混凝土砌块作承重墙的房屋时，宜每层均设置圈梁，内外墙的交接处和外墙的转角处均应错缝咬砌，外墙原则上尽量避免与其他传统材料同时混用。砌块承重墙房屋的伸缩缝最大间距为 50 m。

3. 承重墙体门窗洞口设计指南：钢筋混凝土过梁的应用

承重墙体的门窗洞口采用钢筋混凝土或其他材料的过梁。对于自承重外墙，当门窗洞

口宽度在 1.2 m 以内时，可采用平砌式过梁；当门窗洞口宽度为 1.2 ~ 1.5 m 时，可适当配筋。其伸入支座长度应大于或等于 500 mm，砂浆层厚度应为 20 ~ 30 mm。

4. 非承重隔墙与围护墙施工要点：钢筋拉结与砌筑规范

用砌块作非承重隔墙或围护墙时，宜沿墙高 1 ~ 1.5 m 采用 2 φ6 钢筋与承重墙或柱子拉结。

5. 砌筑灰缝与砂浆选择：确保墙体强度与稳定性

砌筑灰缝应横平竖直，砂浆饱满。砌筑砂浆宜采用大于或等于 M2.5 的混合砂浆，水平灰缝厚度和竖向灰缝厚度宜分别为 15 mm 和 20 mm。砌筑前一天要将砌块充分湿润，保证砌块与砂浆具有较好的黏结性。

6. 填充墙砌筑与抹灰前准备：充分湿润与分层抹灰

填充墙砌体砌筑前，块材应提前 2 天浇水湿润。内外墙基层抹灰的前一天，应充分在墙面上浇水，施工开始时再浇一遍水，抹灰时宜分层抹，每层厚度不大于 10 mm。

7. 加气混凝土砌块应用限制与防水措施

加气混凝土砌块砌体避免用作地下基础。若用于潮湿环境，则需采取防水措施（如涂刷甲基硅醇钠或醛硅醇钠等）。

8. 墙面抹灰材料选择与质量控制

墙面抹灰所用砂的含泥量不得超过 4%，抹灰砂浆的弹性模量应与加气混凝土材性基本一致。

9. 拉结钢筋与埋入件防锈处理

拉结钢筋及埋入件应做好防锈处理或用砂浆保护。

10. 加气混凝土制品搬运与存放注意事项

加气混凝土制品应轻搬轻放，避免损坏。临时堆放应选择能排水的平整的场地。进场后应按品种、规格分别堆放整齐，堆置高度不宜超过 2 m。加气混凝土砌块应防止被雨淋。

11. 填充墙与梁板底空隙处理：确保砌筑质量与稳定性

加气混凝土砌块用作填充墙砌至接近梁、板底时，应当留空隙，待填充墙砌筑完成并应至少间隔 7 天后，再将其补砌挤紧。

五、小型混凝土空心砌块墙体施工应注意的问题

1. 小型混凝土空心砌块墙体的某些部位不能用空心砌块砌筑

（1）底层室内地面以下砌体不能用空心砌块砌筑。

（2）当楼板支承处无圈梁时，板下应砌一皮实心砌块或用 C15 混凝土填实。

（3）次梁支承处应设置预制垫块或用 C15 混凝土填实，其宽度不应小于 400 mm、厚度不应小于 190 mm。

（4）当挑梁的悬挑长度大于或等于 1.2 m 时，其支承处的内外墙交接处五个孔洞内应用 C15 混凝土填实，填实高度不小于 600 mm。

（5）对于 5 ～ 6 层的房屋，四角及外墙转角处应各用 C15 混凝土填实三个孔洞以构成芯柱；对于 6 层以上的房屋，亦应适当加强。

2. 小型混凝土空心砌块墙体施工应注意的问题

（1）砌筑前不能浸水或浇水，因为小型混凝土空心砌块的吸水率很低，仅为黏土砖吸水率的 12% ～ 41%。为避免砌块吸水后出现膨胀和“走浆”，从而影响砂浆的饱满和黏结，导致砌体抗剪强度下降，因此砌筑前不应浇水。又因小型混凝土空心砌块干缩值约为 0.235‰～ 0.427‰，其砌墙后受温度、湿度变化及相邻构件位移的影响，或在外界约束力限制墙体自由变形的情况下易产生墙体裂缝。因此，在露天堆放、雨期施工时，应采取必要的覆盖措施。施工时所用的小砌块的产品龄期不应小于 28 天。

（2）砌筑墙体时，必须孔肋相对、错缝搭砌。因为小型空心砌块是空腹薄壁体（空心率可达 45% ～ 50%，肋壁厚度约 27 ～ 35 mm），长短肋同时传递压力，若不注意孔肋相对，则影响传递压力，削弱砌体强度。

（3）砌筑时，应将砌块底面向上，实行“反砌”。这样做会增大砂浆的支承面，使其灰缝抗剪强度较高，墙面干净整齐。

（4）宜采用平铺竖向抹砂浆方法，满足砂浆饱满要求。先将砌块端面朝上排列，于端面平铺满浆，然后再将砌块旋转墙上，认真完成铺砌。

（5）砂浆强度等级必须符合如下设计要求：

① 砂浆强度等级必须按设计规定配置。

② 不能用水泥砂浆代替混合砂浆使用。

③ 全部灰缝必须横平竖直，砂浆饱满密实，忌用水冲浆灌缝或用木块垫灰缝。

④ 灰缝厚度宜控制在 8 ～ 12 mm。砌筑前，应根据砌块尺寸和灰缝厚度要求，预先计算皮数，再进行排块，坚持立皮数杆施工。

（6）确保小型空心砌块钢筋混凝土芯柱（构造柱）的施工质量。

① 砌筑芯柱和浇灌混凝土前，必须清除孔洞底部毛边。

② 芯柱混凝土所用集料应具有良好的级配，分层（每层 400 ～ 500 mm）捣实，切勿在浇满一个楼层高度后才捣实。

③ 每楼层开始砌筑第一皮砌块时，应采用特制的开口形小砌块（槽形三边开口砌块或通孔主规格砌块侧面留出 130 mm × 130 mm 操作孔）。

④ 芯柱与层间圈梁最好同时浇筑，芯柱竖向钢筋应与基础或基础梁埋筋搭接，上、下楼层钢筋可在圈梁中搭接，搭接长度不应小于 35d（d 为芯柱竖向钢筋直径）。

⑤ 当砌筑砂浆强度大于 1 MPa 时，则可浇筑芯柱混凝土。

（7）不与黏土砖或其他材质的砌体混合砌筑用于承重的墙体。

（8）不使用断裂砌块砌筑。

案例

镇江市某小区建于20世纪八九十年代，由于年久失修，2020年下半年开始，政府部门开始对该小区进行重新改造，包括墙面粉刷、屋顶平改坡、道路水泥换沥青等。

工程完工两年后，墙面乳胶漆大面积脱落，屋顶平改坡质量也不合格，还有居民反映，工程完工后没多久，他们家就开始漏水了。居民质疑工程质量存在问题，于是多次联系施工方。施工方相关负责人表示，他们属于分包商，但据他了解，当初确实有部分工序没有按照施工图纸施工，存在偷工减料现象，最终影响工程质量。

任务四 砌体加固技术

任务描述

小王是一位资深的结构工程师，最近接手了一项任务——对一座老旧建筑进行结构安全评估和必要的加固改造。这座建筑的部分墙体出现了不同程度的裂缝，还有一些承重墙和柱子显示出承载能力不足的迹象。为了确保建筑的安全性并延长其使用寿命，他需要制订一套详细的加固方案。考虑到建筑的具体情况，他决定采用多种加固技术来解决这些问题。本任务分析涵盖了从砌筑砂浆质量要求到多种加固方法及特定结构改造方案的全面分析。

任务分析

通过合理选择加固方法和精心施工，可以显著提高建筑结构的承载能力和稳定性，保障建筑安全。同时，也需要加强后期维护和管理，确保加固效果的持久性。通过本任务的了解，学生将深入探讨砌体加固技术的不同方法及其适用范围。

任务重点和实施

一、加固方法及选择

（一）水泥灌浆法

水泥灌浆法主要适用于砌体裂缝的补强。

（二）扩大砌体截面法

扩大砌体截面法主要适用于砌体承载能力不足但砌体尚未被压裂，或仅有轻微裂缝，而且要求扩大截面面积不太大的情况。一般的独立砖柱、砖壁柱、窗间墙和其他承重墙的承载能力不足时，均可采用此法加固。

1. 加固要求

（1）材料要求。砌体扩大部分的砖强度等级与原砌体相同，砂浆强度等级比原有的提高一级，且不低于 M2.5。

（2）连接构造。扩大砌体截面加固法通常考虑新旧砌体共同承受荷载，因此，加固效果取决于两者之间的连接状况，常用的连接构造有下述两种。

① 砖槎连接。原有砌体每隔 4 皮砖高剔凿出一个深为 120 mm 的槽，扩大部分砌体与此预留槽仔细连接，新旧砌体形成锯齿形连接（图 5–3）。

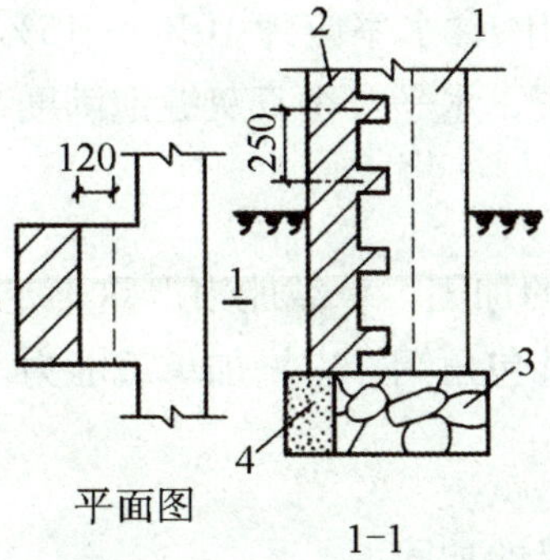

1—原砌体；2—扩大砌体；3—原基础；4—扩大基础。

图 5–3　砖槎连接构造

② 钢筋连接。原有砌体每隔 6 皮砖高钻孔或凿开一块砖，用 M5 砂浆锚固 $\varphi 6$ 钢筋将新旧砌体连接在一起（图 5–4）。

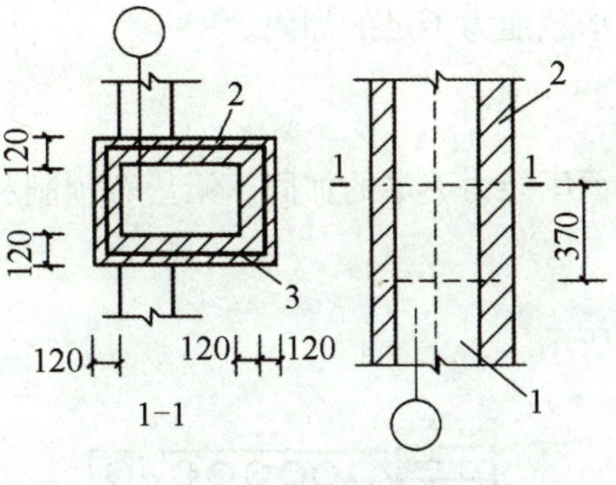

1—原砌体；2—扩大砌体；3—$\varphi 6$ 钢筋。

图 5–4　钢筋连接构造

2. 承载能力

扩大砌体截面后的承载能力可用下述两种方法之一进行验算。

（1）简化计算。将新旧砌体作为一个整体，按照《砌体结构设计规范》（GB 50003—2011）的有关规定进行验算，所有的砌筑砂浆强度都采用原砌筑砂浆的实际强度值。

（2）考虑应力滞后的计算。砌体扩大后的承载力由两部分组成：一是原砌体的承载力，按材料实际强度和砌体实际尺寸计算；二是新砌部分的承载力。因此，扩大部分的实际承载力应乘以折减系数 0.9。

3. 施工注意事项

（1）结构卸荷和临时支撑。采用这种加固方法，原砌体承载能力已不足，加固时又要部分折减或剔凿，使有效截面减小，因此加固宜在结构卸荷后进行。如卸荷困难，则应在上部结构可靠支撑后再施工。

（2）原砌体准备。原有砌体被剔凿后，要将其认真清理干净，浇水并保持充分湿润。

（3）扩大砌体砌筑。新砌体含水率应为 10% ～ 15%。砌筑砂浆要有良好的和易性，砌筑时应保证新旧砌体接缝严密，水平及垂直灰缝饱满度都要达到 90% 以上。

（三）钢筋水泥夹板墙

主要用于墙承载能力不足的加固。承载能力严重不足的窗间墙或楼梯踏步承重墙采用此法加固时，往往在墙的四角外包角钢，以增加承载能力。

（四）外包钢筋混凝土

主要用于砖柱承载能力不足的加固。

（五）增设或扩大扶壁柱

扶壁柱有砖砌和钢筋混凝土两种，主要用于提高砌体承载能力和稳定性。

（六）外包钢

主要用于砖柱或窗间墙承载能力不足的加固。

（七）托梁加垫

主要用于梁下砌体局部承压能力不足的加固，梁垫有预制和现浇两种。

1. 加预制梁垫法

加预制梁垫法如图 5-5 所示。

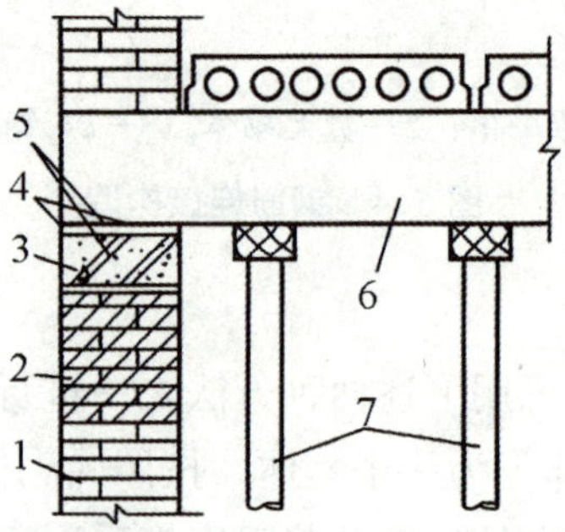

1—原有砌体；2—拆除重砌部分；3—钢筋混凝土垫块；4—钢楔子；
5—1 : 2 水泥砂浆；6—钢筋混凝土大梁；7—临时支撑。

图 5-5　加预制梁垫补强

（1）梁下加支撑。通过计算确定梁下应加的支撑种类、数量和截面尺寸，梁上荷载由临时支撑承受。

（2）部分拆除重砌。将梁下被压裂、压碎的砖砌体拆除，用同强度砖和强度高一级的砂浆重新砌筑并留出梁垫位置。

（3）安装梁垫。当砂浆达到一定强度后（一般不低于原设计强度的 70%），给新砌砖墙浇水润湿，铺 1 : 2 水泥砂浆再安装预制梁垫并适当加压，使梁垫与砖砌体接触紧密。

（4）楔紧和填实梁与梁垫之间的空隙。梁垫上表面与梁底面间留 10 mm 左右空隙，用数量不少于 4 个的钢楔子挤紧，然后用稠度较小的 1 : 2 水泥砂浆将空隙填塞严实。

（5）拆除临时支撑。待填缝砂浆强度达 5 MPa 和砌筑砂浆达到原设计强度时，将临时支撑拆除。

2. 加现浇梁垫法

（1）、（2）同前述。

（3）现浇梁垫。支模浇筑 C20 混凝土梁垫，其高度应超出梁底 50 mm（图 5-6）。

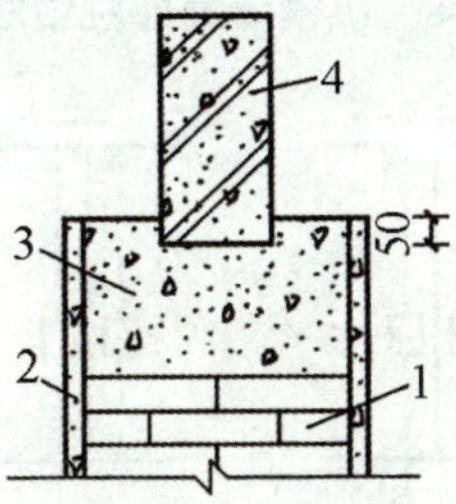

1—砖柱；2—模板；3—现浇梁垫；4—钢筋混凝土梁。

图 5-6　加现浇梁垫补强

（4）拆除临时支撑。当现浇梁垫混凝土强度达到 14 MPa 后，拆除临时支撑。

（八）托梁换（或加）柱

主要用于砌体承载能力严重不足及砌体碎裂严重可能倒塌的情况。

（1）托梁换柱。主要用于独立砖柱承载力严重不足时。首先加设临时支撑，卸除砖柱荷载，然后根据计算确定新砌砖柱的材料强度和截面尺寸，并在柱顶梁下增加梁垫。

（2）托梁加柱。主要用于大梁下的窗间墙承载能力严重不足时。首先设临时支撑，然后根据《混凝土结构设计规范》（GB 50010—2015）的规定，并参照全部荷载均由新加的钢筋混凝土柱承担的原则，计算所加柱的截面和配筋。部分拆除原有砖墙，接槎口成锯齿形（图 5-7），然后绑扎钢筋、支模、浇混凝土。此外，还应注意验算地基基础的承载力，如不足还应扩大基础。

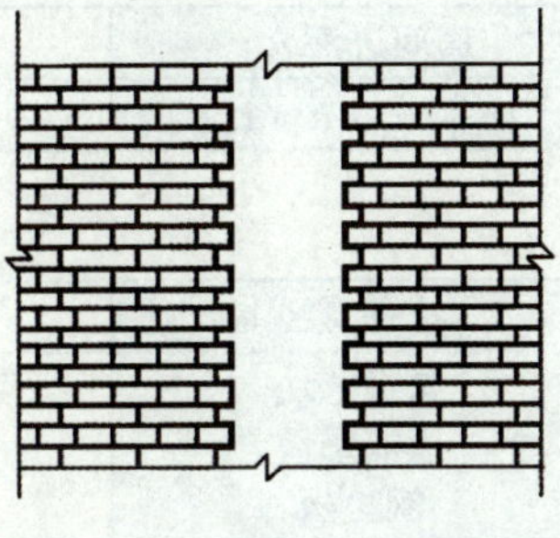

图 5-7　砖墙部分拆除加柱

（九）增加预应力撑杆

主要用于大梁下砌体承载能力严重不足时。通过增加预应力型钢支柱，达到对原结构进行加固的目的。

（十）增设钢拉杆

主要用于纵横墙接槎不好、墙稳定性不足的加固。钢拉杆局部拉结法加固如图 5-8 所示，通长拉结加固，如图 5-9 所示。

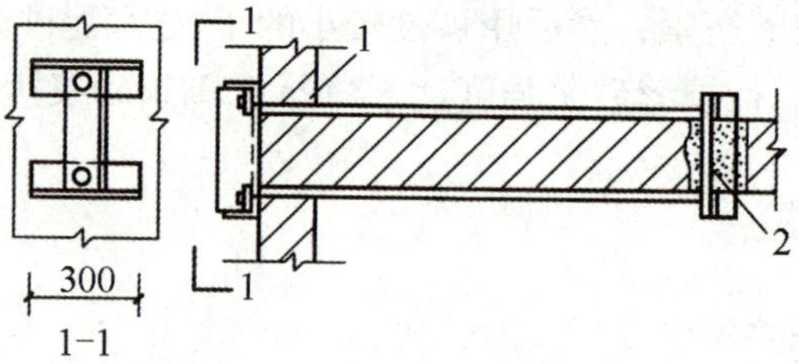

1—墙钻孔穿拉杆后用 1∶1 水泥砂浆堵塞；2—C20 细石混凝土。

图 5-8　纵横墙局部拉结法加固

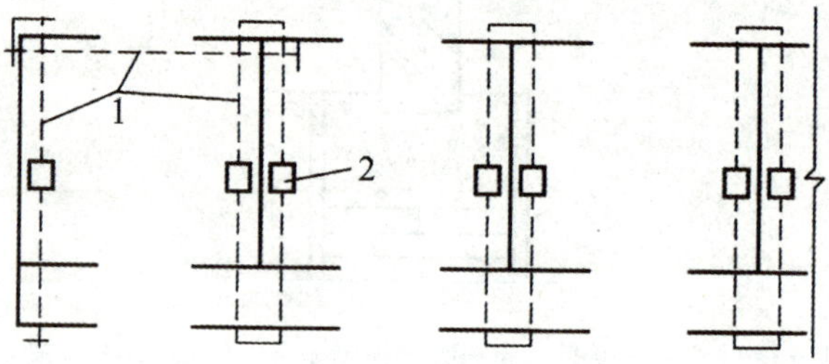

1—通长钢拉杆；2—花篮螺栓。

图 5-9　通长拉杆平面布置示意图

一般采用通长拉结法加固。每一开间均加一道拉杆时，拉杆钢筋直径的选择如表 5-1 所示。拉杆直径与钢垫板或型钢尺寸如表 5-2 所示。沿墙长方向设几道拉杆应根据实际情况而定。纵横墙接槎处裂缝严重时一般每米墙高设一道拉杆。

表 5-1　钢拉杆与房间进深关系

房间进深 /m	5 ～ 7	8 ～ 10	11 ～ 14
钢拉杆 /mm	2 φ16	2 φ18	2 φ20

表 5-2　拉杆直径与钢垫板或型钢尺寸关系　　单位：mm

拉杆直径	φ16	φ18	φ20
角钢垫块 槽钢垫块 钢垫板	∟ 90 × 8 [100 × 48 80 × 80 × 8	∟ 100 × 10 [100 × 48 90 × 90 × 9	∟ 125 × 10 [120 × 53 100 × 100 × 10

（十一）改变结构方案

（1）增加横墙。对于空旷房屋应增加足够刚度的横墙，其间距不超过《砌体结构设计规范》（GB 50003—2011）的规定，将房屋的静力计算方案从弹性改为刚性。

（2）砖柱承重改为砖墙承重。原来是砖柱承重的仓库、厂房或大房间，因砖柱承载能力严重不足而改为砖墙承重，成为小开间建筑。

二、水泥灌浆

（一）水泥灌浆方法

水泥灌浆主要用于砌体裂缝的补强加固。常用的灌浆方法有重力灌浆和压力灌浆两种。

1. 重力灌浆

利用浆液的自重将浆液灌入砌体裂缝中，达到补强的目的。

（1）施工要点。

清理裂缝：形成灌浆通路。

表面封缝：用 1∶2 水泥砂浆（内加促凝剂）将墙面裂缝封闭，形成灌浆空间。

设置灌浆口：在灌浆入口处凿去半块砖，埋设灌浆口（图 5-10）。

冲洗裂缝：用灰水比为 1∶10 的纯水泥浆冲洗并检查裂缝内浆液流动情况。

灌浆：在灌浆口灌入灰水比为 3∶7 或 2∶8 的纯水泥浆，灌满并养护一定时间后，拆除灌浆口，再继续对补强处局部养护。

（2）效果检验。清华大学曾先将砌体试件压裂，灌浆补强后，再对砌体进行压力试验，基本上能达到或超过原砌体强度，效果良好。

2. 压力灌浆

应用灰浆泵将浆液压入裂缝中，达到补强的目的。这种方法在北京、天津、上海等地使用过，并做过试验，证明修补效果良好。

（1）压力灌浆工艺流程如图 5-11 所示。

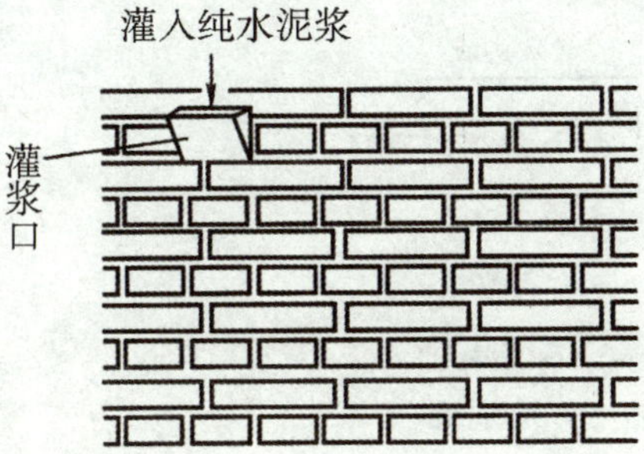

图 5-10　重力灌浆示意图

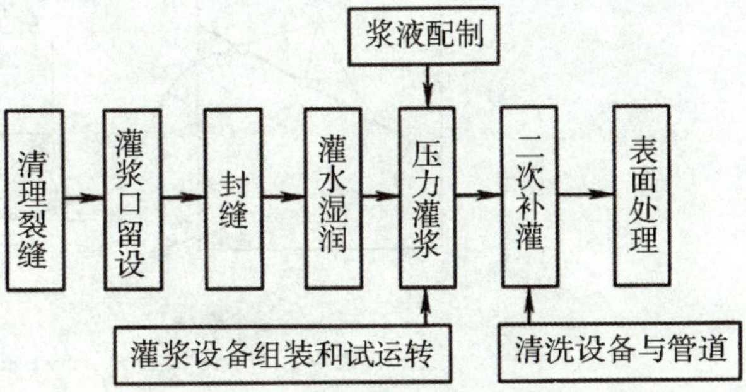

图 5-11　压力灌浆工艺流程

（2）操作要点。

① 裂缝清理：清理的目的在于形成灌浆通道。

② 灌浆口留设：水泥压力灌浆可通过预留的灌浆口进行。灌浆口预留的方法是先用电钻在墙上钻孔，孔直径为 30 ～ 40 mm、深为 10 ～ 20 mm，冲洗干净；再用长 40 mm 的 1/2 in 钢管作芯子，放入孔中；然后用 1：2 或 1：2.5 水泥砂浆封堵压实抹平，待砂浆初凝后，拔除钢管芯即成灌浆口。灌浆嘴的做法与灌浆口相似，不同的是钢管直径常为 5 ～ 10 mm，管子预埋后不拔除，即成灌浆嘴。

③ 灌浆口布置：在裂缝端部及交叉处均应留灌浆口，其余灌浆口的间距如表 5-3 所示。当墙厚≥ 370 mm 时，应在墙两面都设灌浆口。

表 5-3　灌浆口间距

裂缝宽度 /mm	＜ 1	1 ～ 5	＞ 5
灌浆口间距 /mm	200 ～ 300	300 ～ 400	400 ～ 500

④ 封缝：清除裂缝附近的抹灰层，冲洗干净后，用 1：2 或 1：2.5 水泥砂浆封堵裂缝表面，形成灌浆空间。

⑤ 灌水湿润：在封缝砂浆达到一定强度后，用灰浆泵将水压入灌浆口，压力为 0.2 ～ 0.3 MPa（也可将自来水直接注入灌浆口），使灌浆通道通畅。

⑥ 浆液配制：浆液可参考表 5-4 选用。水泥灌浆浆液中需掺入悬浮型外加剂，常用的有 107 胶和水玻璃等。其目的是提高水泥的悬浮性，延缓水泥沉淀时间，防止灌浆设备及输送系统堵塞。掺入 107 胶还可增强黏结力，但掺入量过大会使灌浆材料的强度降低。

表 5-4　裂缝宽度和浆液种类选用

裂缝宽度 /mm	0.3 ～ 1.0	1.0 ～ 5.0	＞ 5.0
浆液种类	纯水泥稀浆	纯水泥稠浆	水泥混合砂浆

⑦ 灌浆设备组装：常用灰浆泵或自制灌浆设备（图 5-12）。空气压缩机容量为 0.6 m^3/min，压力为 0.4 ～ 0.6 MPa，压浆罐容量为 15 L 左右，耐压 0.6 MPa。

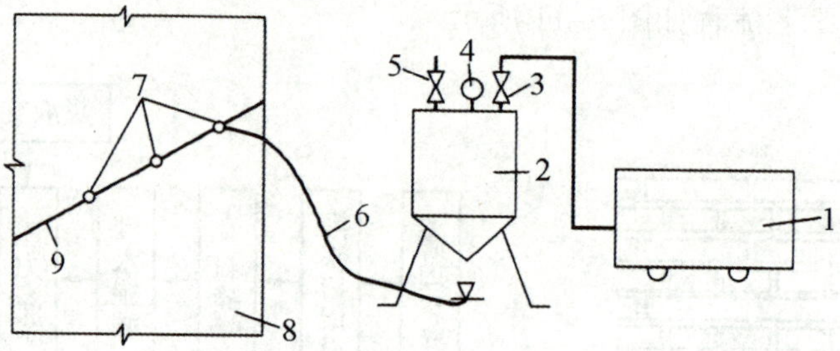

1—空气压缩机；2—压浆罐；3—进气阀；4—压力表；
5—进浆口；6—输送管；7—灌浆嘴；8—墙；9—墙裂缝。

图 5-12　灌浆装置示意图

⑧ 压力灌浆：灌浆顺序自下而上进行，压力为 0.2 ～ 0.25 MPa，当附近灌浆口流出浆

液或被灌口停止进浆后，方可停灌。当墙面局部漏浆时，可停灌 15 min 或用快硬水泥砂浆封堵后再灌。在靠近基础或空心板处灌入大量浆液后仍未灌满时，应增大浆液浓度或停 1 ～ 2 h 再灌。

⑨ 二次补灌：全部灌完后，停 30 min 再进行二次补灌，提高灌浆密实度。

⑩ 表面处理：封堵灌浆口或拆除（切断）灌浆口，表面清理抹平。

（二）砌体裂缝灌浆实例

北京市某单位用压力灌浆法修补裂缝，其强度超过原来的砌体强度。

1. 灌浆原材料

水泥为 32.5 级或 42.5 级普通硅酸盐水泥。砂粒直径小于 1.2 mm。外加剂选用下述四种之一：107 胶，即聚乙烯醇缩甲醛，固体含量 12%，pH 值 7 ～ 8；水玻璃，即硅酸钠，相对密度 1.36 ～ 1.52，模数 2.3 ～ 3.3；聚醋酸乙烯，固体含量 40%；二元乳液，固体含量 50%（北京建筑工程研究所配制）。

2. 灌浆浆液配合比

灌浆浆液配合比如表 5-5 所示。

表 5-5　灌浆浆液配合比

灰浆种类		水泥	水	砂	107 胶	二元乳液	水玻璃	聚醋酸乙烯
第一种配方	稀浆	1	0.9		0.2			
	稠浆	1	0.6	1	0.2			
	砂浆	1	0.6		0.2			
第二种配方	稀浆	1	0.9			0.2		
	稠浆	1	0.6	1		0.15		
	砂浆	1	0.6 ～ 0.7			0.15		
第三种配方	稀浆	1	0.9				0.01 ～ 0.02	
	稠浆	1	0.7	1			0.01 ～ 0.02	
	砂浆	1	0.6				0.01	
第四种配方	稀浆	1	1.2					0.06
	稠浆	1	0.74	1				0.055
	砂浆	1	0.4 ～ 0.7					0.06

三、混凝土扶壁柱加固

混凝土扶壁柱加固砖墙的形式如图 5-13 所示，它可以帮助原砖墙承担较多的荷载。

混凝土扶壁柱与原墙的连接十分重要。对于原带有壁柱的墙，新旧柱间可采用图 5-13（a）所示的连接方法，它与砖扶壁柱基本相同。当原墙厚度小于 240 mm 时，U 形连接筋应穿透墙体并进行弯折 [图 5-13（b）]。图 5-13（c）、（e）的加固形式能较大幅度地提高原墙体的承载力。图 5-13（a）、（b）、（c）中的 U 形箍筋的竖向间距不应大于 240 mm，纵筋直径不宜小于 12 mm。图 5-13（d）、（e）所示为销键连接法，销键的纵向间距不应大于 1 m。

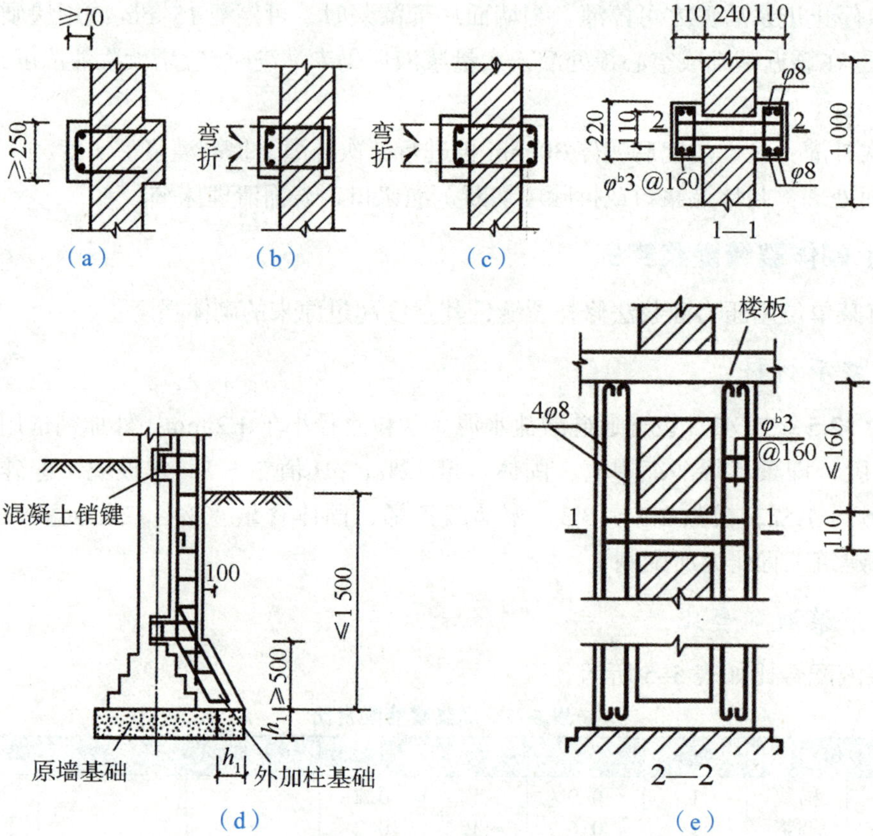

图 5-13 混凝土扶壁柱加固砖墙的形式

混凝土扶壁柱用 CI5 ~ C20 级混凝土，截面宽度不宜小于 250 mm、厚度不宜小于 70 mm。

用混凝土加固原砖墙壁柱的方法如图 5-14 所示，补浇的混凝土最好采用喷射法施工。为了减少现场工作量，对图 5-14（a）所示的原砖墙壁柱的加固，可采用 2 个开口箍和 1 个闭口箍间隔放置的办法。开口箍应插入原墙体砖缝内，深度不小于 120 mm，闭口箍在穿过墙体后再行弯折。当插入箍筋有困难时，可先用电钻钻孔，再将箍筋插入。纵筋的直径不得小于 8 mm。

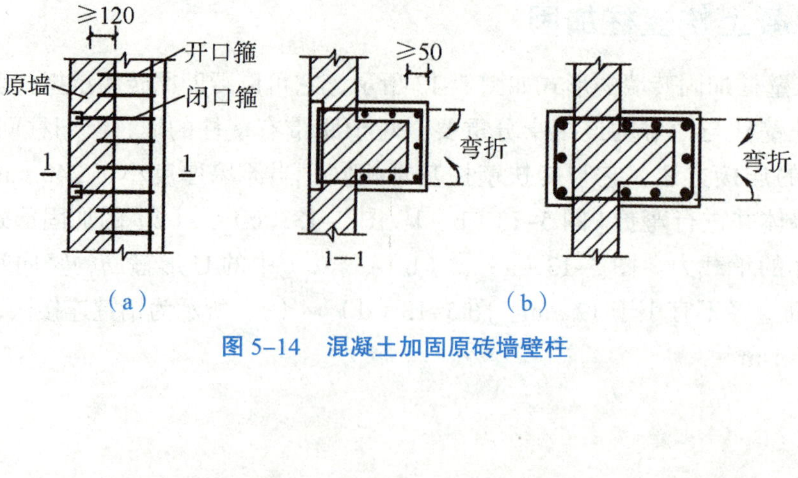

图 5-14 混凝土加固原砖墙壁柱

四、钢筋网水泥砂浆加固

钢筋网水泥砂浆法加固砖墙是指把需加固的砖墙表面除去粉刷层后，两面附设 φ4 ～ 8 的钢筋网片，然后喷射砂浆（或细石混凝土）的加固方法（图 5–15）。由于通常对墙体做双面加固，所以加固后的墙俗称夹板墙。夹板墙可以较大幅度地提高砖墙的承载力、抗侧刚度。

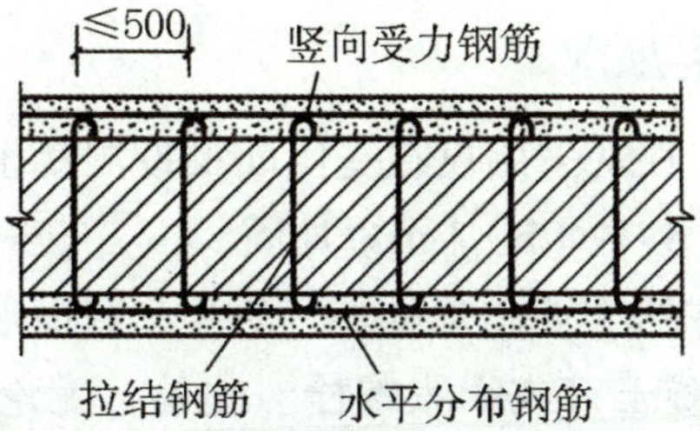

图 5–15　钢筋网水泥砂浆加固墙体

目前钢筋网水泥砂浆法常用于下列情况的加固。

（1）因施工质量差而使砖墙承载力普遍达不到设计要求。

（2）窗间墙等局部墙体达不到设计要求（图 5–16）。

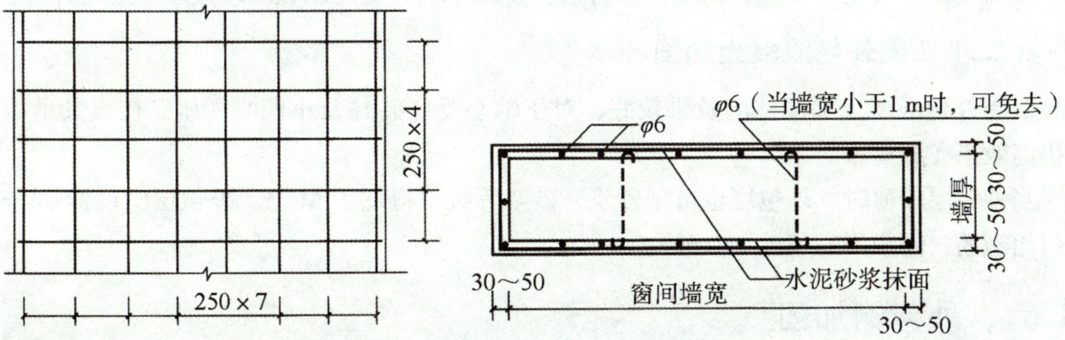

图 5–16　钢筋网水泥砂浆加固窗间墙

（3）因房屋加层或超载而使砖墙承载力不足。

（4）因火灾或地震而使整片墙承载力或刚度不足。

下述情况不宜采用钢筋网水泥砂浆法进行加固：

（1）孔径大于 15 mm 的空心砖墙及 240 mm 厚的空斗砖墙；

（2）砌筑砂浆强度等级小于 M0.4 的墙体；

（3）因墙体严重酥碱或油污不易消除，不能保证抹面砂浆黏结质量的墙体。

五、外包混凝土加固

外包混凝土加固柱包括单侧、两侧外包混凝土层加固（简称侧面加固）和四周外包混凝土加固两种情况，如图 5–17 所示。

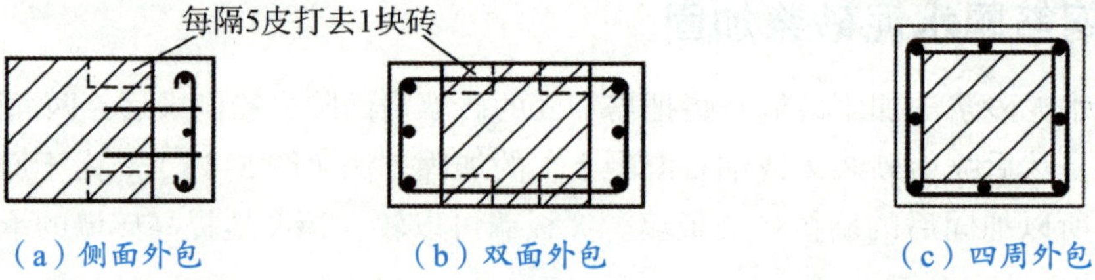

图 5-17　外包混凝土加固柱

（一）侧面外包混凝土加固

当柱承受的弯矩较大时，往往采用仅在受压面增设混凝土层的方法 [图 5-17（a）] 或双面增设混凝土层的方法 [图 5-17（b）] 予以加固。

采用侧面加固时，新旧柱的连接非常重要。为此，双面加固时应采用连通的箍筋；单面加固时应在原柱上打入混凝土钉或膨胀螺栓。此外，无论单面加固还是双面加固，当 $h>37$ cm 时，应对原柱的角砖每隔 5 皮打掉一块，使新混凝土与原柱较好地咬合 [图 5-17（a）、（b）]。施工时，各被打掉的角砖应上下错开，并应施加预应力顶撑，以保证安全。新浇混凝土的强度等级宜用 C15 或 C20，受力钢筋距砖柱的距离不应小于 50 mm，受压钢筋的配筋率不宜小于 0.2%，直径不应小于 8 mm。

侧面增设混凝土层加固后的砖柱称为组合砖砌体，其受压承载力可按规范规定计算。

（二）四周外包混凝土加固

四周外包混凝土加固柱的效果较好，对于轴心受压砖柱及小偏心受压砖柱，其承载力的提高效果尤为显著。

当外包层较薄时，外包层也可用砂浆，砂浆等级不得低于 M7.5。外包层应设置 $\varphi 4\sim 6$ 的封闭箍筋，间距不宜超过 150 mm。

六、外包钢加固

外包钢加固法的优点是：在基本不增加砌体尺寸的情况下，可较大地提高其承载力，大幅度地增加其抗侧力和延性。试验表明，抗侧力可提高 10 倍以上，从本质上改变了砌体脆性破坏的特征。

外包角钢加固法主要用来加固砖柱（图 5-18）和窗间墙（图 5-19）。

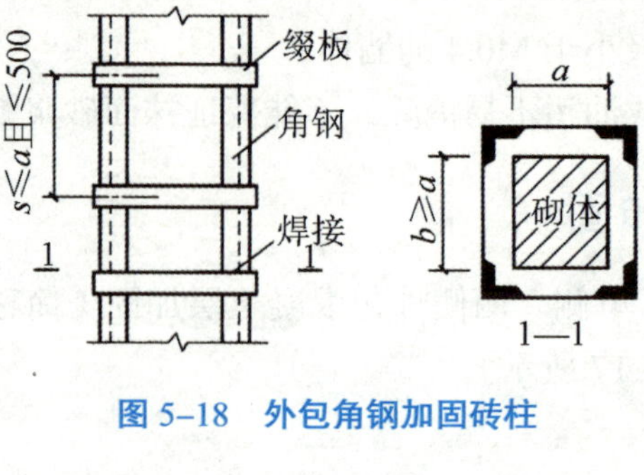

图 5-18　外包角钢加固砖柱

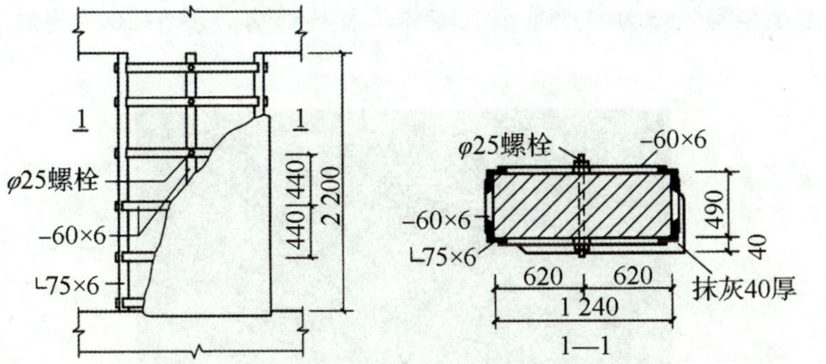

图 5-19　外包角钢加固窗间墙

外包角钢加固砖柱的一般做法是：用水泥砂浆将角钢粘贴于受荷砖柱的四角，并用卡具夹紧，随即用缀板将角钢连成整体，随后去掉卡具，粉刷水泥砂浆以保护角钢。角钢应可靠地锚入基础，在顶部应有良好的锚固措施，以保证其有效地参加工作。

由于窗间墙的宽度比厚度大得多，如果仅采用四角外包角钢的方法加固，则不能有效地约束墙的中部，起不到应有的作用。因此，当墙的高厚比大于 2.5 时，宜在窗间墙中部两面竖向各增设一根扁铁，并用螺栓将它们拉结。加固结束后，抹砂浆作为保护层，以防止角钢生锈。

外包的角钢不宜小于∟ 50 × 5，扁铁和缀板可采用— 35 × 5 或— 60 × 12。

任务五　混凝土小型砌块砌体裂缝成因分析

任务描述

近期，小王团队在进行日常巡检时，发现部分楼层的墙体出现了明显的裂缝。这些裂缝不仅分布在纵横墙相交处，还出现在砌块砌筑的墙体上。那么应该怎样解决砌块砌体裂缝问题呢？本任务旨在深入剖析混凝土小型砌块砌体裂缝的成因，为后续提出针对性的解决方案奠定坚实基础。

任务分析

裂缝主要分布在纵横墙相交处以及砌块砌筑的墙体上，说明裂缝的产生与墙体结构设计和砌块材料特性有关。通过本任务的了解，学生将深入探讨混凝土小型砌块填充墙体开裂的影响因素，并提出相应的防治措施。

任务重点和实施

框架、框剪结构中采用混凝土小型砌块作为非承重填充墙的应用十分普遍，其应用技术也日趋成熟，已有相应的技术规程和标准，但也有些工程技术人员未完全按规程的规定进行操作，致使工程中有开裂的问题发生，影响工程质量。长期以来，“开裂”“渗漏”

被认为是混凝土小型砌块作为非承重填充墙体工程的通病。图 5-20 为混凝土小型砌块填充墙裂缝实例。

图 5-20　混凝土小型砌块填充墙裂缝

一、混凝土小型砌块填充墙体开裂的影响因素分析

以常见的框架结构填充墙为例，其墙体构造如图 5-21 所示。

（a）

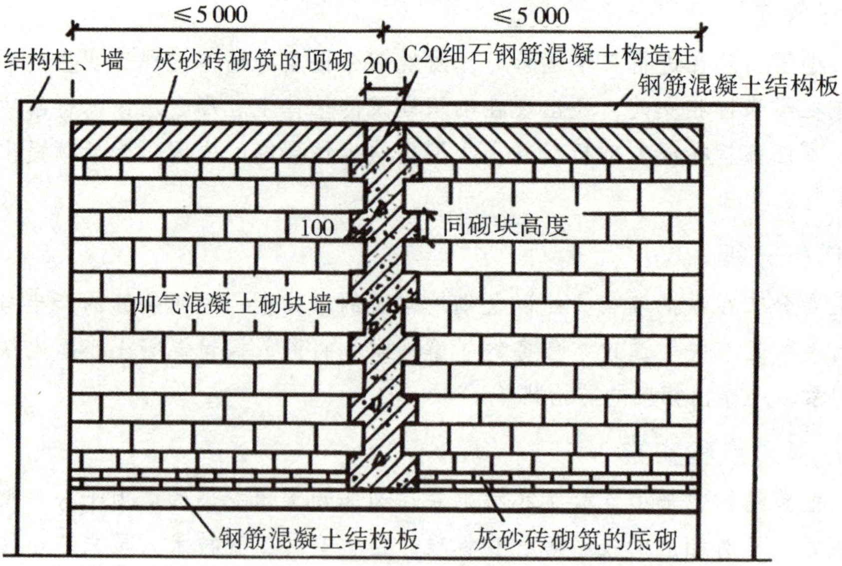

（b）

图 5-21　框架结构填充墙

（一）砌块材质的问题

非承重混凝土小砌块主要是由碎石或卵石为粗骨料制作的轻骨料混凝土，具有混凝土的脆性。

由于轻质砌块重量轻，因此用作非承重墙体时较红砖有较大优越性，但也有一些缺点。

一是收缩率比黏土砖大，在28天自然养护后，其干缩约完成60%，随着含水量的降低，材料会产生较大的干缩变形，这类干缩变形会导致建筑产生不同程度的裂缝。

二是砌块受潮后会出现二次收缩，干缩后的材料受潮后会发生膨胀，脱水后会再发生干缩变形，导致墙体产生裂缝。

三是砌块砌体的抗拉及抗剪切强度只有黏土砖的50%。

四是砌块质量不稳定，用于混凝土小型空心砌块和砌筑砂浆中的水泥、石灰、砂石等材料来源很广，其性能不够稳定，也会影响砌块和砌筑砂浆的质量。

由于砌块自身的一些缺陷会产生一些裂缝，如房屋内外纵墙中对称分布的倒八字裂缝；在建筑底部一至二层窗台边出现的斜裂缝或竖向裂缝；在屋顶圈梁下出现的水平缝和水平包角裂缝；在大片墙面上出现的底部严重、上部较轻的竖向裂缝。另外，不同材料和构件的差异变形也会导致墙体开裂，如楼板错层处或高低层连接处常出现的裂缝；框架填充墙或柱间墙因不同材料的差异变形出现的裂缝。这些都是材质问题所致。

（二）温度的影响

屋面与墙体之间的温差也会使顶层墙体产生裂缝，在夏季尤其明显。由于屋面的温度比墙体的温度高，因此屋面的变形也比墙体的变形大。屋面的变形受到墙体的约束，导致在屋面和墙体的结合处产生剪拉力，在剪拉力和屋面荷载的共同作用下，墙体产生相应的主拉应力，当主拉应力超过墙体自身的抗剪、抗拉强度时，墙体势必会产生多种形状的裂缝。

（三）构造设计的问题

（1）设计者重视强度设计而忽略抗裂构造措施。长期以来，绝大部分设计只引用国家标准或标准图集，很少针对项目单独提出有关防裂的要求和措施，更没有对这些措施的可行性进行调查或总结。砌块对地基不均匀沉降非常敏感，若设计中如果对地基不均匀沉降估计不足，则易在墙体中产生阶梯形裂缝及底层窗台墙体的竖向裂缝。因为裂缝的危险是潜在的，暂时不影响结构的安全，因此容易被忽略。

（2）设计者对新材料砌块的应用不熟悉。设计单位对新材料砌块的性能和新标准的应用尚在认识探索之中，因此或多或少存在设计缺陷。主要有以下一些问题：

① 非承重混凝土砌块墙是后砌填充围护结构。当墙体的尺寸与砌块规格不匹配时，难以用砌块完全填满，砌体与混凝土框架结构的梁板柱连接部位孔隙过大则容易开裂。

② 门窗洞及预留洞边等部位是应力集中区，没有采取有效的拉结加强措施时，遇到撞击震动则容易开裂。

③ 墙厚过小或砌筑砂浆强度过低会使墙体刚度不足，也容易导致开裂。

④ 墙面开洞安装管线或吊挂重物均会引起墙体变形开裂。

⑤ 与水接触墙面未考虑防排水、泛水和滴水等构造措施，使墙体渗漏。

此外，目前大部分屋面在檐口处没有隔热措施，导致顶层横墙产生阶梯性裂缝。对屋面保温材料的随意选择而不考虑减少温差的作用，也会导致裂缝的产生。在混凝土柱和混凝土小型空心砌块的相连结处，缺乏相应避免裂缝产生的措施。

（四）砌筑和抹灰施工的问题

由于施工单位以往一直以砌筑黏土砖墙为主，对采用新型轻质砖砌块后砌筑和抹灰施工方法没有掌握，又缺少培训和实践，施工方法、工具、砂浆等都沿用了黏土烧结砖的一贯做法，对日砌筑高度、砖湿度控制都缺乏经验，加上施工过程中所用砂浆强度低、砌块表面浮灰等污物未处理干净、砌筑时铺灰过大，均会使砂浆与砌块间黏结力变差，导致裂缝的产生。水平灰缝、竖向灰缝不饱满，砌块排列不合理，上下二皮砌块搭砌竖缝长度小于砌块高的三分之一或150 mm，没有在水平灰缝中按规定加拉结筋或钢筋网片，墙体、圈梁、楼板之间纵横墙相交处无可靠连接，减弱了墙体的抗拉抗剪的能力以及工人砌筑水平的不稳定，都会导致墙体出现裂缝。砌块出厂存放期不够，在砌块体积收缩尚未完成就上墙砌筑，从而产生收缩裂缝。施工现场对混凝土小型空心砌块的堆放场地、遮雨措施等未能按规范要求实施，这些做法都会造成墙体水平裂缝的产生。

二、裂缝的预防措施

（一）砌块质量的控制措施

墙体所使用混凝土小型空心砌块的生产厂家必须具备准用证。混凝土小型空心砌块的质量指标有抗压强度、收缩性、抗冻性、抗碳性等。对墙体裂缝的产生影响最大的是收缩性，而相对含水率是反映收缩性的重要指标。为此，要求混凝土小型空心砌块，特别是轻集料混凝土小砌块，必须经28天养护方可出厂，且使用单位必须进行产品验收，杜绝使用不合格产品。砌筑前，应将砌块表面的污物清除，断裂的小砌块或壁肋中有竖向凹形缝的小砌块不得砌筑在承重墙上。

（二）设计构造的控制措施

根据《非承重混凝土小型砌块砌体工程技术规程》《非承重混凝土小型砌块砌构造》及有关规范的要求，结合建筑的使用功能及各种材料的特性，并采取有效的构造措施，方可避免墙体开裂渗漏。

控制顶层墙体裂缝的关键是降低屋面与墙体之间的温度差。必须同时设保温层和隔热层，在檐口处的保温层厚度必须满足允许温差的要求。同时，隔热层应满铺，不得在檐口处出现空档。在屋盖适当部位应设置分隔缝。

顶层外墙交接处和纵横墙交接处的芯柱数由现在的4孔、5孔增加为8孔（在横墙或山墙上设5孔、在外纵墙上设3孔）以减少横墙斜向裂缝的产生。在顶层门窗洞口两侧均设置 1 孔芯柱，芯柱必须锚固于上下层的圈梁内以增强墙体的抗剪强度。顶层两端第一开间的房间隔墙厚度若为 190 mm，则应与山墙同时砌筑，在 T 字形接头处设置 4 孔芯柱和 $\varphi 4$ 钢筋点焊网片，沿高度方向间隔为 600 mm 设置。后砌墙和填充墙用钢筋网片与山墙连接，墙顶离开屋面板底 20 mm，并用弹性材料嵌缝。上述两种墙体须沿墙通长设置 $\varphi 4$ 钢筋点焊网片与芯柱网片、山墙拉结网片相连。

提高顶层墙体的小砌块和砌筑砂浆的强度等级应不低于 7.5 级，并在外纵墙、内横墙沿高度方向每 600 mm 设置 $\varphi 4$ 钢筋点焊网片，用来增强顶层墙体的抗拉、抗剪强度。在各层窗台处均设置钢筋混凝土窗台梁，以减少由于压力差引起的裂缝。同时提高底层窗台下砌筑砂浆的强度等级。在不均匀地基的情况下，应增加地圈梁的刚度，并在底层窗台墙体的第二与第四皮灰缝中各设置 $\varphi 4$ 钢筋点焊网片，以防止竖向裂缝的产生。

（三）施工的控制措施

（1）确保砖在使用前达到稳定期。由于砌体的干缩变形特征在早期发展比较快，以后逐步变慢。因此，使用前应确保材料达到使用龄期，体积已基本稳定，干缩变形较小。

（2）严格控制含水率。轻质砌块在使用前对含水率有严格的要求，要选用含水率符合标准的产品，在砌块上墙前必须要做好防水措施，尽量避免雨期施工，砌块淋湿会造成墙体收缩开裂。

（3）采用正确的施工方法。重点是砌块的砌筑方法及洞口处理两方面，主要有以下要点。

① 施工现场的砌块应按规格堆放，堆放高度不宜过高（一般不超过 1.6 m），并应采取防雨措施。砌筑前，砌块不宜洒水淋湿，以防其相对含水率超标。配制砂浆的原材料必须符合要求，设计配合比应有良好的和易性，砂浆稠度宜控制在 50 ～ 70 mm。施工配合比必须准确，以保证砂浆强度达到设计要求。

② 砌筑时应尽量采用主规格砌块，并应清除砌块表面污物及底部毛边，砌体的灰缝应横平竖直，灰缝应饱满，以确保墙体质量。砌筑水平灰缝时用坐浆法铺浆，砌筑竖缝时先将小砌块端面朝上铺满砂浆，然后上墙挤紧，并用泥刀在竖缝中插捣密实，做到随砌随勒缝，以保证墙体有足够的抗拉、抗剪强度。若需要移动已砌好砌体的小砌块或被撞动的小砌块时，应重新铺浆砌筑，避免砌块周围裂缝的产生。

③ 对不同材料应严格控制其日砌高度，墙顶 3 m 高的砌体必须隔日顶紧砌筑，避免引起接合部位开裂。

④ 不能随意砍凿砌块，禁止采用不同材料混砌，否则容易造成墙体开裂。

⑤ 砌块与混凝土柱连接处及施工留洞后填塞部位增加拉结钢筋，锚固钢筋必须要展平砌入水平灰缝。

⑥ 严格控制墙体孔洞预留及开槽的处理，避免削弱墙体强度，对洞边空心砌块应填实并加设边框等，以确保墙体整体性。顶层的内部粉刷应在屋面保温层、隔热层施工完毕后进行，以降低温差的影响。外墙的粉刷宜在结构封顶及墙体干缩基本稳定后施工，防止以后粉刷开裂。

项目工单

【实训主题】

砌体结构工程质量控制

【实训目标】

（1）理解砌体结构中块材和砂浆的质量控制要点。

（2）掌握砌筑过程中的质量控制方法。

（3）了解砌体结构中常见问题及其预防措施。

【实训步骤】

步骤一：块材质量控制实训

（1）观察并记录黏土砖和混凝土小型空心砌块的外观特征。

（2）根据文档中的标准，评估样本是否符合技术性能要求。

（3）分组讨论如何进行泛霜试验、石灰爆裂试验和抗冻试验。

步骤二：砂浆质量控制实训

（1）使用给定的材料按质量比配制砂浆。

（2）观察砂浆的和易性，记录分层度。

（3）讨论如何确保砂浆的强度符合要求。

步骤三：砌筑过程中的质量控制实训

（1）使用黏土砖和砂浆模拟砌筑一小段墙体。

（2）在模拟砌筑过程中注意砖块的排列方式、灰缝的饱满度以及墙体的尺寸控制。

（3）记录并讨论砌筑过程中可能出现的问题及解决方案。

步骤四：常见问题及其预防措施讨论

（1）分析文档中提到的常见砌体裂缝产生原因，如地基不均匀沉降、温差变形等。

（2）探讨预防砌体裂缝的具体措施，如改善砂浆的和易性、正确控制含水率等。

（3）讨论如何预防砌筑过程中的其他常见问题，如砂浆不饱满、接槎不牢等。

【实训评定】

在实训结束后，教师根据每个学生在活动中的表现进行评定，如表 5-6 所示。

表 5-6　评定表

评定项目	分数（满分 10 分）	教师点评
参与度		
实训报告的完整性、准确性		
对砌体结构工程质量控制要点的理解		

项目小结

本项目主要介绍了砌体结构工程中常见的质量问题及其处理方法，旨在提供一套全面的解决方案以应对砌体施工过程中可能出现的各种挑战。通过本项目的系统学习，学生不仅能够深入理解砌体结构工程中可能出现的各种问题及其原因，还能够掌握有效的处理方法和技术，这对于提高工程项目的成功率和确保结构的安全性具有重要意义。

课后习题

一、填空题

1．实心砖墙体宜采用__________、__________或__________。

2．__________和__________的标号是确定砌体强度的两个主要因素。

3．现场检验砖含水率的方法一般采用__________。

4．常用的水泥灌浆方法有__________和__________两种。

二、简答题

1．引起砌体裂缝的主要原因有哪些？

2．简述混凝土小型空心砌块砌体裂缝产生的原因。

项目六

结构安装工程事故处理

项目导读

随着现代建筑技术的发展，装配式钢筋混凝土结构和钢结构因其施工速度快、成本效益高在建筑领域得到了广泛应用。然而，在结构安装过程中，由于设计不合理、施工不当等原因，经常会出现一系列的质量问题，这些问题不仅影响工程进度，还可能对建筑物的安全性和耐久性造成严重影响。因此，加强对结构安装工程的质量控制显得尤为重要。

本项目将深入分析装配式钢筋混凝土结构和钢结构安装工程中的典型质量问题，探讨其产生原因，并提出相应的预防措施和解决方案，以提高整体工程质量，确保建筑物的安全性和稳定性。

学习目标

知识目标

- 掌握装配式钢筋混凝土结构吊装的基本原理和技术要求。
- 了解预制构件堆放、运输和安装过程中可能出现的质量问题及其产生原因。
- 熟悉柱、梁、屋架等主要承重构件在安装过程中可能发生的问题及预防措施。
- 掌握钢网架结构的设计、制作、拼装及吊装过程中可能遇到的质量问题及解决方法。
- 理解钢结构制作、焊接及高强螺栓连接的质量控制要点。
- 了解不同类型结构安装工程质量事故案例，并从中汲取教训。

能力目标

- 能够识别和评估预制构件在堆放、运输和安装过程中可能出现的风险。
- 具备预防和解决柱、梁、屋架等承重构件安装中质量问题的能力。
- 能够对钢网架结构的安装过程进行质量控制，有效避免安装事故。
- 掌握钢结构制作、焊接及高强螺栓连接过程中的质量控制方法。
- 能够运用所学知识分析和处理实际工程中出现的质量事故。
- 具备撰写事故报告和提出改进建议的能力。

素质目标

- 培养严谨的工作态度和强烈的责任感，确保工程质量和安全。

- ◆ 加强团队协作能力和沟通技巧，以促进施工过程的顺利进行。
- ◆ 提升问题解决能力和创新思维，面对突发状况能够迅速做出反应。
- ◆ 培养持续学习的习惯，关注行业新进展，不断提升个人专业技能。
- ◆ 强化职业道德观念，遵守行业规范和法律法规，保障工程项目的合法合规性。
- ◆ 发展批判性思维，能够独立思考并从事故案例中汲取教训。

思政目标

通过分析装配式钢筋混凝土结构吊装工程中的质量问题，培养学生的职业道德和社会责任感，强调施工过程中严格遵守技术规范的重要性。

任务一　装配式钢筋混凝土结构吊装工程

任务描述

在一项大型的装配式钢筋混凝土结构施工项目中，小王团队被指派负责关键的吊装工程部分。这项工程涉及预制的结构柱、吊车梁、梁、屋架以及屋面板等主要承重构件的安装。这些构件大多是在工厂或现场预制完成，然后运送到施工现场进行吊装安装。由于这些预制构件的重要性，确保吊装过程的质量至关重要。通过学习本次任务，学生将掌握装配式钢筋混凝土结构吊装工程的基本原理、操作流程、关键技术及安全规范。

任务分析

装配式钢筋混凝土结构吊装工程是一项复杂而重要的施工任务。通过本次学习任务的分析与准备，小王团队应能够全面掌握吊装工程的基本原理、操作流程、关键技术及安全规范，为顺利完成吊装任务奠定坚实基础。通过本任务的了解，学生能够有效地预防和解决装配式钢筋混凝土结构吊装工程中可能出现的各种质量问题，确保施工项目的顺利进行和最终结构的安全可靠。

任务重点和实施

在装配式厂房、多层预制框架等施工中，承重构件的吊装安装质量是施工的关键。各种预制构件因构造不同，安装方法及其工艺也不同，发生的质量事故及原因也不尽相同。

一、构件堆放时发生裂纹、断裂或倒塌

主要原因如下。

1. 构件强度与支点问题

构件强度不足；支点不符合要求；构件重叠层数过多。

2. 地基处理不当导致下沉

地基不平；未经夯实或雨季没有排水措施；地基浸泡下沉。

3. 临时加固措施不足

临时加固不牢。

二、柱安装质量事故

（一）轴线位移

柱的实际轴线偏离标准轴线的主要原因有以下几点。

（1）杯口十字线放偏。

（2）制作构件时断面尺寸、形状不准确。

（3）对于多层框架 DZ_1 型和 DZ_2 型柱，安装时如采用柱小面的十字线，而不采用柱大面的十字线，则易造成柱扭曲和位移。

各层柱未围绕轴线，而以下层柱几何中心线为起点校正，造成累积误差，如图 6-1（b）所示。

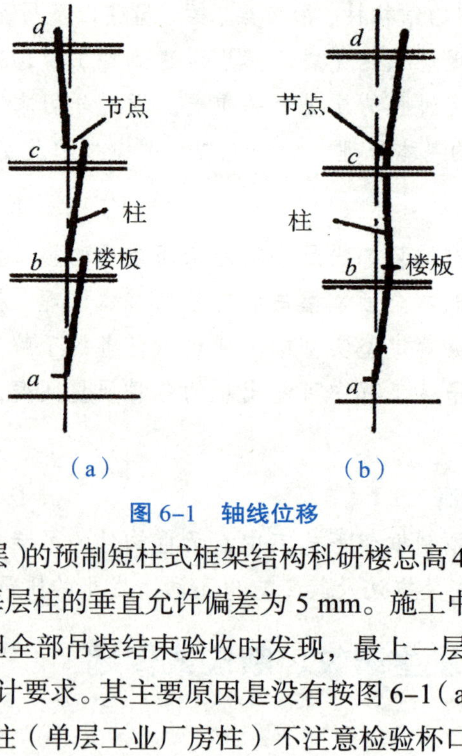

图 6-1　轴线位移

例如，某 14 层（地下二层）的预制短柱式框架结构科研楼总高 47.6 m，设计允许吊装误差，沿全高不得大于 20 mm；每层柱的垂直允许偏差为 5 mm。施工中，每层柱安装都进行了严格检查，满足设计要求，但全部吊装结束验收时发现，最上一层柱轴线偏离标准轴线误差最大 50 mm，远远超出了设计要求。其主要原因是没有按图 6-1（a）那样每层进行误差调正。

（4）对于插进杯口的柱（单层工业厂房柱）不注意检验杯口尺寸，如杯口偏斜，柱与杯口内无法调正；因四周楔块未打紧，在外力作用下松动。

（5）多层框架柱与柱连接需要依靠钢筋焊接，若钢筋粗，偏移后不宜移动，则会使柱位移加大。

（二）柱运输或安装时出现裂缝

柱的裂缝超过允许值的主要原因如下。

（1）吊装构件的混凝土强度没有达到设计强度的 70%（或 100%）。

（2）设计时忽略了吊装所需的构造钢筋。没有进行吊装验算或采取必要的加固措施。

（3）在运输或安装过程中受到外力的碰撞。

（三）柱垂直偏差

吊装施工、环境（如风力、日光照射等）等因素都可能影响柱的垂直偏差。主要原因如下。

（1）测量中的误差或错误。

（2）柱安装后，杯口混凝土强度未达到规定要求就拔去楔子，由于外力的作用造成柱的垂直偏差。

（3）双肢柱由于构件制作误差或基础不平，只能保证单肢垂直偏差，忽略了另一肢的垂直偏差。

（4）柱与柱、柱与梁因焊接变形使柱产生垂直偏差。

三、梁安装中的质量事故

（一）梁垂直偏差

梁垂直偏差的主要原因有以下几点。

（1）梁侧向刚度较差，扭曲变形大。

（2）梁底或柱顶不平，缝隙垫得不实。

（3）两端焊接连接因焊接变形产生垂直偏差。

（二）梁位移

梁产生水平位移的主要原因如下。

（1）预埋螺栓位置不准、柱安装不垂直、纵横轴线不准等。

（2）外力的作用使梁产生位移。

四、屋架安装质量事故

（一）屋架垂直偏差

造成屋架垂直偏差超过允许值的主要原因有屋架制作或拼装过程中本身扭曲过大；安装工艺不合理，垂直度不易保证。

扫一扫

屋架安装质量事故

（二）屋架开裂

造成屋架裂缝的主要原因有以下几点。

（1）屋架扶直就位时，吊点选择不当。

（2）屋架采取重叠预制时，受到黏结力和吸附力的影响而开裂。

（3）预应力混凝土构件孔道灌浆强度不够。

（4）在吊装过程中，屋架受振或碰撞导致开裂。

（三）下弦拉杆受力不均

下弦拉杆受力不均的主要原因：在拼装过程中，吊点选择不合理，使下弦杆受压，当屋架安装到设计位置时，屋架两端支点摩擦力较大，依靠屋架本身自重不能使下弦杆拉直。

（四）屋架安装质量事故案例

案例一：安装质量事故。

1. 工程事故概况

某发电厂第二期扩建工程施工期间，主厂房Ⓔ轴线 12 根预制钢筋混凝土柱与 55 块板式梁在八级大风的袭击下，由南向北发生倒塌事故。

该主厂房扩建面积为 11 个柱距共 66 m（⑨ 轴至轴），横向一跨（轴至轴），跨度 30 m，面积 1 980 m^2，如图 6–2 所示。

主厂房Ⓔ轴共有 12 根预制钢筋混凝土双肢柱，柱距 6 m，柱外形断面尺寸为 500 mm × 2 200 mm，柱全高 44.4 m，分两节预制后拼装。柱与基础为湿式接头（二次浇筑混凝土），上下柱节的连接为钢板焊接接头，相邻柱间自下向上共用 5 层纵向板式梁相连接。接头为钢板焊接后二次浇筑混凝土，组成刚性接头。柱外形如图 6–3 所示。

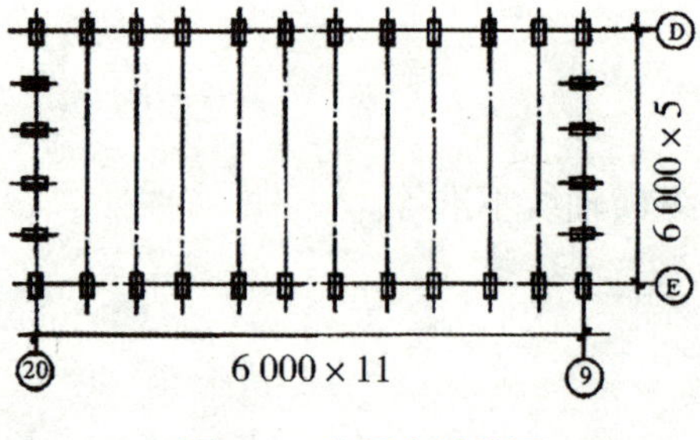

图 6–2 主厂房轴线图

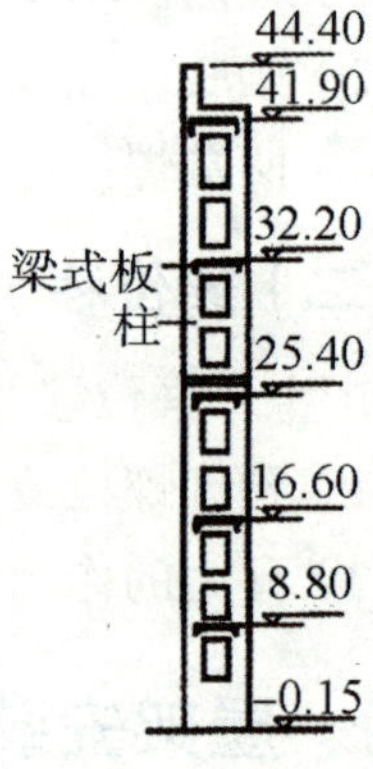

图 6–3 柱外形图

2. 原因分析

（1）该工程由施工单位现场制作预制构件，另一施工单位负责吊装及接头焊接。两施工单位工序衔接不协调，施工过程中，由于预制构件存在问题，未能及时处理，而且现场焊工不足，梁柱吊装之后，不能及时焊接固定。为了赶吊装进度，违反施工程序，在下截柱梁节点尚未焊完，节点尚未浇筑混凝土，整个排架尚未形成稳定的情况下，就安装上节柱子。经事后调查，Ⓔ轴 12 根钢筋混凝土预制柱与 55 块板式梁之间共有 220 个节点，在这些节点上，共有 528 个钢筋坡口平焊接头和 616 条焊缝。事故发生前只焊了 220 条焊缝，有的焊接长度和厚度也未达到设计要求，528 个钢筋坡口平焊一根未焊（图 6-4），致使Ⓔ轴形成一个高达 44.4 m、在较长时间处于不稳定状态的排架结构，无法抵挡八级大风。

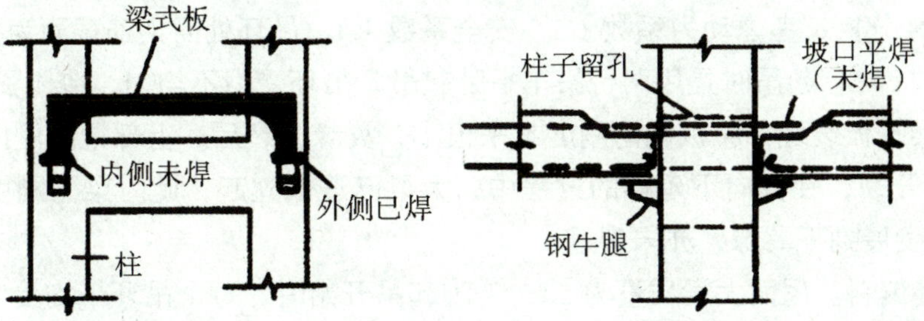

图 6-4　柱梁节点图

（2）排架吊装期间，由于排架的不稳定状态，总工程师曾决定在Ⓔ列柱南北两端设置缆风绳，并在第一柱的⑩至⑬轴间设剪刀缆绳等临时加固措施。但在实施时，现场人员不经请示，任意拆除北端和⑩至⑬轴间的剪刀缆绳，南端拴在挡风柱上的缆绳，其中有一根被解脱且无人过问。事故发生时，轴柱南端仅有 2 根缆绳，其直径为 1.27 cm，其中一根拴在临时电话线杆上，另一根拴在地面上的混凝土预制构件上。在八级大风袭击下，一根缆风绳被拉断，另一根将临时电话线杆连根拔出，拖出 16 m 远。

案例二：屋面大梁破坏。

1. 工程事故概况

某车间 12 m 钢筋混凝土屋面大梁，平卧预制。起吊后发现 50% 吊环附近混凝土局部压碎，吊环偏斜，混凝土产生裂缝，如图 6-5 所示。

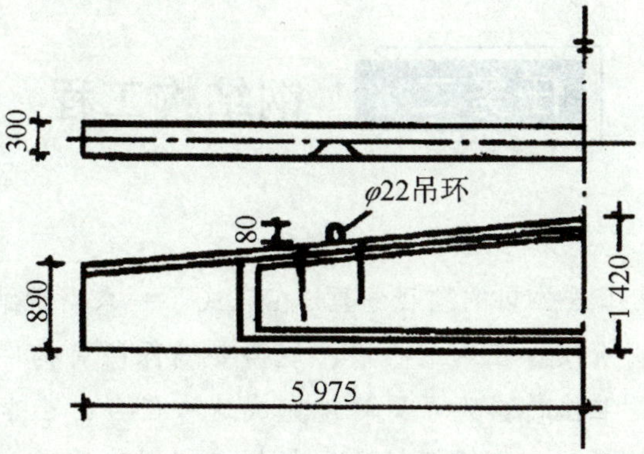

图 6-5　屋面大梁破坏情况

裂缝均从吊环根部开始，在平卧起吊的上侧朝大梁下翼缘方向发展，上大下小，最大为 1 mm，未穿透亦未进入下翼缘，在上翼缘范围内多呈倾斜状，而在腹板中部多呈竖直状。

凡有裂缝处的吊环多产生不同程度的偏斜，偏斜最大值为 40 mm，其根部混凝土多数出现局部压碎现象。

2. 原因分析

（1）上翼缘裂缝。吊环安装时箍筋被碰撞而发生位移，平卧起吊时仅有两个钢箍起作用。按剪力 12.5 kN 分析，考虑动力系数 1.5、安全系数 1.4，吊环处需钢筋截面为 1.86 cm^2，而实际只有 0.932 cm^2，起吊时是用两台吊车平卧起吊，吊环受力不均匀，造成了受剪破坏。

（2）大梁腹板裂缝。腹板侧向刚度本来很小，翼缘开裂后，上部梁的侧向刚度大幅降低，引起腹板开裂，在其向下延伸的过程中，大梁已逐渐立起，此时梁的刚度很大，所以腹板的裂缝未发展到下翼缘，亦未裂透。

（3）吊环偏斜。屋面大梁质量为 5 t，平卧起吊开始时，每个吊环平均受力为 12.5 kN，吊环的受力由受弯逐渐变为受拉。吊环直径为 22 mm，其根部的弯曲应力 $\sigma = 412.7\ N/mm^2$（未计动力系数和安全系数），远远大于钢筋的屈服点 240 N/mm^2，使吊环一肢出现较大的拉伸塑性变形。另外，预制梁的吊环悬出长度超过 80 mm，最大达 180 mm，增大了吊环平卧起吊的弯矩。用两台吊车起吊，吊环受力不均匀，受力较大的吊环残余变形也大，因此吊环发生偏斜。

（4）吊环根部混凝土被压碎。平卧起吊时，吊环受弯，在其根部产生很大的局部压力。根据《杆件弹性插入端的计算》分析，吊环根部的局部压应力 $\sigma_j = 40\ N/mm^2$；而此处混凝土的容许压应力 $[\sigma_j] = 18.5\ N/mm^2$，小于 σ_j（未计安全系数和动力系数）。另外，设计中未规定平卧施工时吊环放置的位置，施工时将其放在钢筋网的上面。如将吊环放在钢筋网的下面，吊环受纵向钢筋的阻挡，局部压力会大大减小。另外，施工时，吊环长短不一，采用两台吊车起吊，难以同步，使吊环受力不均匀。以上原因导致局部受力太大而将混凝土压碎。

任务二 钢结构工程

任务描述

小李作为一家钢结构工程公司的项目经理，在完成了一系列钢结构工程的基础施工后，即将进入全面的质量控制阶段。在这个阶段，他需要确保所有构件的制作、焊接、连接以及安装都严格按照国家标准执行。为了更好地完成这一任务，小李需要了解钢结构工程中各个关键环节的质量控制要点，包括钢材选择与加工、焊接质量控制、高强螺栓连接以及安装过程中的细节管理等。通过本次任务的学习，学生可以探索钢结构工程质量控制的核心要素，并制订出一套有效的质量控制方案。

任务分析

钢结构工程的安装过程涉及多个环节和工序，需加强细节管理，确保安装精度和整体稳定性，包括构件的吊装、就位、调整、固定等各个环节均需严格控制。通过本任务的学习，学生能够有效地控制钢结构工程各阶段的质量，确保钢结构的耐久性和安全性，同时符合设计和规范要求。

任务重点和实施

钢结构是一门古老而又“年轻”的工程结构技术。随着国民经济的发展和社会的进步，我国钢结构的应用范围从传统的重工业、国防和交通部门为主扩大到各种工业与民用建筑工程，尤其在高层建筑、大跨结构、各种轻型工业厂房和仓储建筑中得到越来越多的应用。各种结构形式如钢网架结构、轻钢结构、高层钢结构大量涌现。这些新技术的出现，也对钢结构的设计和施工安装提出了新的要求，如果安装不当，就可能出现质量事故。

本任务所述针对钢柱、梁、屋架及这些构件的连接。由于钢结构以钢板和型钢为主要材料，因此必须使用物理、化学性能合格的钢材，并对钢板、型钢间的连接质量严格控制。

一、钢结构制作时质量控制要点

1. 钢材性能指标及元素含量控制

应保证钢材的屈服强度、抗拉强度、伸长率、截面收缩率和硫、磷等有害元素的极限含量，对于焊接结构还应保证碳的极限含量。必要时，还应保证冷弯试验合格。

2. 钢材切割质量控制与清理

严格控制钢材切割质量。切割前应清除切割区内的铁锈、油污；切割后断口处不得有裂纹和大于 1.0 mm 的缺棱，并应清除边缘熔瘤、飞溅物和毛刺等。机械剪切时，剪切线与号料线允许偏差不得大于 2 mm。

3. 构件外观检查标准

检查构件外观，以构件正面无明显凹面和损伤为合格。

4. 结构构件组装要求

各种结构构件组装时，顶紧面贴紧不少于 75%，且边缘最大间隙不超过 0.8 mm。

5. 构件制作允许偏差标准

构件制作允许偏差以钢屋架、屋架梁及桁架制作分项工程为例。其他构件的允许偏差见《建筑安装工程质量检验评定标准》。

二、钢结构焊接时质量控制要点

1. 焊接材料必须合规且匹配

焊条、焊剂、焊丝和施焊用的保护气体等必须符合设计要求和钢结构焊接的专门规定。

焊条型号必须与母材匹配，并注意焊条的药皮类型。严禁使用药皮脱落或焊芯生锈的焊条和受潮结块或熔烧过的焊剂。使用焊条、焊剂和粉芯焊丝前必须按质量证明书规定进行烘焙。

2. 焊工需持证上岗

焊工必须经考试合格，取得相应施焊条件的合格证书。

3. 焊缝强度检测需严格

承受拉力或压力且要求与母材等强度的焊缝，必须经超声波、X 射线探伤检验。超声波检验时应符合《锅炉和钢制压力容器对接焊缝超声波探伤》《JB 1152—81》规定；X 射线检验时应符合《金属熔化焊焊接接头射线照相》（GB/T 3323—2005）的规定。

4. 焊缝表面质量分级管理

焊缝表面严禁有裂纹、夹渣、焊瘤、弧坑、针状气孔和熔合性飞溅物等缺陷。气孔、咬边必须符合施工规范规定，检查时按焊缝受载作用的不同分为三个级别：①一级焊缝（指受动荷载或静荷载受拉的焊缝，应与母材等强度；不允许有气孔、咬边）；②二级焊缝（指受动荷载或静荷载受压的焊缝，应与母材等强度；不允许有气孔；要求修磨的焊缝不允许咬边；不要求修磨的焊缝，允许有深度不超过 0.5 mm、累计总长不超过焊缝长度 10% 的咬边）；③三级焊缝（指除了上述一、二级焊缝外的贴角缝，允许有直径≤ 1.0 mm 的气孔，在 1.0 m 以内不超过 5 个；允许有深度不超过 0.5 mm、累计总长不超过焊缝长度 20% 的咬边）。

5. 焊缝外观质量检查

应对焊缝的外观进行质量检查，要求焊波较均匀，明显处的焊渣和飞溅物清除干净（按焊缝数抽查 5%，每条焊缝抽查 1 处，但不少于 5 处）。

6. 焊缝尺寸允许偏差及检验方法

焊缝尺寸的允许偏差和检验方法：检查数量按不同焊缝各抽查 5%，均不少于 1 条；长度< 500 mm 的焊缝每条查 1 处，长度 500 ～ 2 000 mm 的焊缝每条查 2 处，长度> 2 000 mm 的焊缝每条查 3 处。

【知识拓展】

虽然我国早期在铁结构方面有所成就，但长期停留于铁制建筑物的水平。直到 19 世纪末，我国才开始采用现代化钢结构。新中国成立后，钢结构的应用有了很大的发展，不论在数量上还是在质量上都远远超过了过去。轻钢结构的楼面由冷弯薄壁型钢架或组合梁、楼面 OSB 结构板，支撑、连接件等组成。所用的材料是定向刨花板、水泥纤维板以及胶合板。在这些轻质楼面上可承受 316 ～ 365 kg/m² 的荷载。

三、钢结构高强螺栓连接时质量控制要点

1. 高强螺栓规格与试验要求

高强螺栓的形式、规格和技术条件必须符合设计要求和有关标准规定。高强螺栓必须

经试验确定扭矩系数或复验螺栓预拉力。当结果符合钢结构用高强螺栓的专门规定时，方可使用。

2. 连接面摩擦系数与表面处理

构件的高强螺栓连接面的摩擦系数必须符合设计要求。表面严禁有氧化铁皮、毛刺、焊疤、油漆和油污。

3. 高强螺栓拧紧工艺与质量要求

高强螺栓必须分两次拧紧，初拧、终拧质量必须符合施工规范和钢结构用高强螺栓的专门规定。

4. 高强螺栓接头外观检查标准

高强螺栓接头外观要求：正面螺栓穿入方向一致，外露长度不少于 2 扣（检查数量按节点数抽查 5%，但不少于 5 个）。

四、钢结构安装时质量控制要点

1. 构件质量需合规，变形矫正必进行

构件必须符合设计要求和施工规范规定。由于运输、堆放和吊装造成的构件变形必须进行矫正。

2. 垫铁规格位置准，接触平稳点焊牢

垫铁规格、位置要正确，与柱底面和基础接触紧贴平稳，点焊牢固。座浆垫铁的砂浆强度必须符合规定。

3. 构件标记要完备，中心标高不可少

构件中心、标高基准点等标记完备。

4. 外观清洁无瑕疵，焊疤油污泥沙除

结构外观表面干净，结构大面无焊疤、油污和泥沙。

5. 顶紧面紧贴有要求，间隙检查需细致

磨光顶紧的构件安装面要求顶紧面紧贴不少于 70%，边缘最大间隙不超过 0.8 mm（按节点数抽查 10%，但不少于 3 个）。

6. 安装偏差需合规，检验方法要遵循

安装的允许偏差和检验方法应符合要求。

五、钢结构油漆工程质量控制要点

钢结构投入使用前必须进行防腐处理。目前我国钢结构的防腐措施主要是在其表面覆盖油漆类涂料形成保护层。钢结构油漆工程的缺陷大体有：①皱皮（厚涂层表面干燥和下

层涂层未干即涂上层涂料时易发生）；②流坠（涂层厚和涂料稀释过分或使用稀释剂过多时易发生）；③剥离（或称脱皮）（涂层厚或涂料系列不同时易发生）；④起泡（涂层下生锈或水分侵入涂层时易发生）；⑤粉化（涂层老化现象）；⑥龟裂（涂层下层软、上层硬时易发生；也指涂层老化失去柔软性后表面收缩的现象）；⑦透色（咬色）、失光变白、变色褪色、颜色不均、光泽不良等现象。

钢结构油漆工程的质量控制要求有：

（1）油漆、稀释剂和固化剂种类及质量必须符合设计要求。

（2）涂漆基层钢材表面严禁有锈皮，并无焊渣、焊疤、灰尘、油污和水等杂质。用铲刀检查经酸洗和喷丸（砂）工艺处理的钢材表面必须露出金属色泽。

（3）观察有无误涂、漏涂、脱皮和反锈。

（4）涂刷均匀，色泽一致，无皱皮和流坠，分色线清楚整齐。

（5）干漆膜厚度要求 125 μm（室内钢结构）或 150 μm（室外钢结构），允许偏差 –25 μm（检查数量按各种构件件数各抽查 10%，但均不少于 3 件。每件测 3 处，每处值为 3 个相距 50 mm 测点漆膜厚度平均值）。

任务三　钢结构一般加固方法

任务描述

小凡是一名负责某大型钢结构工程项目的技术工程师，他需要确保整个施工过程中的质量控制达到高标准。为了防止潜在的质量事故，小凡被赋予了一项重要任务——针对钢柱、梁、屋架及其连接部分，制订一套详细的钢结构工程质量控制方案。本任务旨在总结和分析钢结构一般加固方法，为实际工程提供参考。

任务分析

通过综合运用各种加固方法和严格的质量控制措施，可以确保钢结构工程在施工过程中的质量达到高标准，预防潜在的质量事故，保障工程的安全性和耐久性。通过本任务的学习，学生将能够有效地应用钢结构加固方法，确保加固工作的安全、可靠和高效。

任务重点和实施

一、钢结构的一般加固方法

1. 增大构件截面面积

增大构件截面面积的形式具有一定的灵活性，可根据加固要求、现有钢材种类、施工方便等因素选定。新增的截面面积应通过计算确定，以满足强度和稳定性的要求。增大截面的钢材与原有结构的连接，可根据具体情况采用焊接、铆接、螺栓连接等。

2. 增设附着式桁架

在原结构上增设附着式桁架，形成原结构与桁架联合体系。它常用于受弯构件的加固。加固时可将原构件视作桁架上（下）弦，而增设下（上）弦及腹杆。

3. 增设跨中支座或增加支撑

对于受弯构件增设中间支座以减小计算跨度；对于受压构件增设支撑以减小计算长度、增大承载力和稳定性。另外，亦可考虑新增梁、柱以分担荷载。

4. 改为劲性钢筋混凝土结构

在钢结构（或构件）四周注入混凝土，使钢柱变为劲性钢筋混凝土梁柱。这种加固由于构件自重加大，故必须通过结构计算方能采用，它常适用于露天、侵蚀性较强及高温条件下钢结构的加固。

二、确定钢结构加固方案时应注意的问题

确定钢结构加固方案时，应以方便施工、不影响生产或少影响生产和加固效果良好为前提，为此应注意以下问题。

（1）钢结构加固主要采用焊接方式，但应避免仰焊。

（2）当不能采用焊接或施焊有特殊困难时，可用高强螺栓或铆钉加固（不得已时可用精制螺栓代替），不得采用粗制螺栓。

（3）结构加固应在原位置上，利用原有结构在承载状态下或卸载及局部卸载情况下进行，不得已时才将原有结构拆除卸下进行，加固后再起吊安装。当原结构加固量太大时，亦可将原结构改造后用于他处，而另以新结构代替。

（4）当用焊接加固时，应在 0 ℃以上（最好不低于 10 ℃）施焊。若在承载状态下加固，则应尽量减轻或卸掉活荷载以减少其应力，并应避免设备振动的影响。加固时原有构件（或连接）的应力不宜大于容许应力的 60%，最多不得超过 80%，但此时必须制订安全可靠的施工方案，以免发生事故。

（5）当用铆钉或螺栓在承载状态下加固时，原有构件（或连接）因加固而削弱后的截面应力不得超过规范规定的容许应力。

（6）对于轻钢结构杆件，因其截面过小，故在承载状态下不得采用焊接加固。

三、钢结构加固施工中应注意的问题

1. 确保结构稳定：检查连接点，增设支撑

加固时必须保证结构的稳定，应事先检查各连接点是否牢固，必要时可先加固连接点或增设临时支撑，待加固完毕后拆除。

2. 表面预处理与后期保护：清除锈迹，涂刷油漆

原结构在加固前必须清除表面、刮除锈迹，以利施工。加固完毕后，再涂刷油漆。

3. 先修复后加固：针对缺陷损伤的处理

对于结构上的缺陷损伤（包括位移、翘曲等），应首先予以修复，然后进行加固。加固时应先装配好全部加固零件，按先两端后中间的顺序用定位焊固定。

4. 焊接加固需谨慎：控制焊接工艺

在荷载下采用焊接加固时，应慎重选择焊接工艺(如电流、电压、焊条直径、焊接速度等)，使被加固构件不致由于过度灼热而丧失承载力。

5. 承载状态加固原则：确定施工焊接程序

在承载状态下加固时，确定施工焊接程序应遵循下列原则。

①应使焊接应力（焊缝和钢材冷却时收缩应力）尽量减少，并能促使构件卸载。为此，在实腹梁中宜先加固下翼缘；在桁架结构中先加固下弦后加固上弦。

②先加固最薄弱的部位和应力较高的杆件。

③凡立即能起到补强作用，并对原断面强度影响较小的部位应先施焊。如加固腹杆时，应先焊好两端的节点部位，然后焊中段的焊缝，并且先在悬出肢（应力较小处）上施焊；当加厚焊缝时，必须从原焊缝受力较低的部位开始，节点板上腹杆焊缝的加固应首先考虑补焊端焊缝等。

案例

由于钢结构建筑具有建设周期短、抗震性能好、承载强度大以及便于工厂化大规模加工生产等优点，因此深受建筑设计师、结构工程师以及业主的青睐，广泛用于机场、车站等大跨度、大面积、高净空及超高建筑。被誉为“第四代体育馆”的伟大建筑——国家体育馆（“鸟巢”）是近年来钢结构建筑的典范，用树枝般的钢网把一个可容10万人的体育场编织成一个温馨的“鸟巢”，其对加工、制作、安装要求十分精细，尤其是最微小的无缝焊接，一块块各形各样的钢架在几十米的高空对接，各种位置的焊接，技术人员悬空作业，仰面电气焊，火花四溅，一个个小小的缝隙，在他们像绣花一样的精湛技术下完美焊绣……这便是很多业内人士称“鸟巢”为“焊绣鸟巢”的原因。

任务四 钢结构工程质量事故处理

任务描述

近年来，随着建筑技术的不断发展，钢网架结构因其独特的优势，如大跨度、良好的抗震性能和灵活的设计性，在大型公共建筑、体育场馆及工业厂房等领域得到了广泛应用。然而，钢网架结构的复杂性也带来了诸多挑战，尤其是在其设计、制作、拼装及吊装、使用过程中，任何一个环节的疏忽都可能导致严重的质量事故，甚至整体倒塌，给人民生命和财产安全带来巨大威胁。本任务将学习钢结构工程质量事故处理的相关知识、技能和方法，为确保钢结构工程的安全、质量和稳定提供有力保障。

任务分析

钢网架结构的复杂性使得其设计、制作、拼装、吊装及使用过程中的任何疏忽都可能引发严重的质量事故，对人民生命和财产安全构成巨大威胁。通过本项目的学习，学生将能够有效地识别和处理钢结构工程中的各种质量事故，确保结构的安全性和稳定性。

任务重点和实施

一、钢结构连接质量事故

钢结构连接质量事故常见的原因如下。

（1）连接件材质差。

（2）荷载、安装、温度和不均匀沉降作用使连接中产生的应力超过其承载力。

（3）连接质量低劣，如焊缝尺寸不足、漏焊、未焊透、夹渣、气孔、咬边等；螺栓和铆钉头太小、紧固不好、松动、栓杆弯曲等。

（4）在动力荷载和反复荷载作用下疲劳损伤。

（5）连接节点构造不完善。

焊缝缺陷产生原因如表 6-1 所示。

表 6-1　焊缝缺陷产生原因

缺陷	产生原因
咬边（咬肉）	1. 电流过大； 2. 运条速度不当； 3. 电弧太长
焊瘤	1. 点焊过高； 2. 运条速度不当或电弧过长； 3. 电流不适当
夹渣	1. 焊接电流太小； 2. 坡口角度太小； 3. 焊件上有较厚的锈蚀； 4. 药皮性能不好； 5. 操作不熟练
气孔	1. 碱性焊条受潮、药皮变质、钢芯锈蚀，非碱性焊条焙烘温度过高、药皮变质； 2. 埋弧焊时焊剂未按规定焙烘，焊丝不清洁； 3. 焊件表面有水、油、油漆等； 4. 电流太大，焊条烧红； 5. 薄钢板焊接的速度太快，空气湿度大； 6. 焊条药皮偏心焊时混入空气
弧坑	1. 熄弧时间太短； 2. 薄钢板焊接时电流太大； 3. 埋弧自动焊时未先停车再停丝

续表 1

缺陷	产生原因
未焊透	1. 电流过小，施焊过速，热量不足； 2. 运条不正确，焊条偏向坡口一侧； 3. 拼装间隙不正确，不易施焊； 4. 焊条没有伸入焊缝根部； 5. 起焊温度较低； 6. 双面焊时没有清根
焊接裂纹	1. 焊件的含碳量过高或含硫磷成分高； 2. 焊条质量差； 3. 定位焊点太少或在强制变形下定位焊； 4. 结构刚度大而焊接顺序不当； 5. 焊件厚且没有预热； 6. 低温下焊接； 7. 结构构造引起的严重应力集中； 8. 反复荷载作用下产生疲劳破坏

下面通过工程实例分析螺栓连接的质量事故原因。

1. 工程事故概况

中国某航空公司与德国某航空公司合资兴建的喷漆机库扩建工程，机库大厅东西宽 52 m，南北长 82.5 m，东西两端开口，屋顶高 34.9 m。机库屋盖为钢结构，东西两面开口，由两榀双层桁架组成宽 4 m、高 10 m 的空间边桁架，与中间焊接空心球网架连成整体。

平面桁架采用交叉腹杆，上、下弦采用钢板焊成 H 形截面，型钢杆件之间的连接均采用摩擦型大六角头高强螺栓，双角钢组成的支撑杆件连接采用栓加焊形式，共用 10.9 级、M22 高强螺栓 39 000 套，螺栓采用 20 MnTiB，高强螺栓由上海某高强度螺栓厂和上海另一家螺栓厂制造。

钢桁架于 1993 年 3 月下旬开始试拼接，4 月上旬进行高强螺栓试拧。在高强螺栓安装前和拼接过程中，建设单位项目工程师曾多次提出终拧扭矩值采用偏大势必会加大螺栓预拉力，对长期使用安全不利，但未引起施工单位的重视，也未对原取扭矩值进行分析、复核和予以纠正。直至 5 月 4 日，设计单位在建设单位再次提出上述意见后，正式通知施工单位将原采用的扭矩系数 0.13 改为 0.122，原预拉力损失值取设计预拉力的 10%，降为 5%，相应地，终拧扭矩值由原采用的 629 N·m 改为 560 N·m。

但当采用 560 N·m 终拧扭矩值施工时，M22、$l=60$ mm 的高强螺栓终拧时仍然多次出现断裂。为了查明原因，首先测试了 $l=60$ mm 高强螺栓的机械强度和硬度，未发现问题。5 月 12 日，设计、施工、建设、厂家再次对现场操作过程进行全面检查，当用复位法检查终拧扭矩值时，发现许多螺栓终拧扭矩值超过 560 N·m，暴露出已施工螺栓超拧严重。

2. 原因分析

（1）施工前未进行电动扳手的标定。高强螺栓终拧采用日本产 NR-12 T_1 型电动扭矩扳手，在发生超拧事故后，对电动扳手进行检查，实测结果证实表盘读数与实际扭矩值不一致，当表盘读数为 560 N·m 时，实际扭矩值为 700 N·m；当表盘读数为 380 N·m 时，扭矩值才是所要控制的 560 N·m。因此，施工前扳手未通过标定，施工人员不了解电动扳手的性能，误将扭矩显示器的读数作为实际扭矩值，是造成超拧事故的主要原因，仅此一项的超拧值就达 25%。

（2）扭矩系数取值偏大。扭矩系数是准确控制螺栓预拉力的关键。根据现场对高强螺栓的复验，扭矩系数平均值（某工厂 0.118，另一工厂 0.117）均较出厂质量保证书的扭矩系数（某工厂 0.128，另一工厂 0.121）平均值小。施工单位忽视了对螺栓扭矩系数的现场实测，采用图纸说明书要求的扭矩系数平均值（即 $K=0.110\sim0.150$，取 $K=0.130$）作为计算终拧扭矩值的依据，显然取值偏大导致终拧扭矩值超拧约 6%。

（3）重复采用预拉力损失值。钢结构高强螺栓连接的设计、施工及验收规程规定，10.9 级、M22 高强螺栓的预拉力取 190 kN。而本工程设计预拉力取 200 kN，施工单位在计算终拧扭矩值时，按施工规范取设计预拉力的 10% 作为预拉力损失值，这样，施工预拉力为 220 kN，大于大六角头高强螺栓施工预拉力 210 kN 的 5%。

二、钢柱安装质量事故

（一）钢柱常见的安装质量事故

（1）柱肢变形（弯曲、扭曲）。

（2）柱肢体有切口裂缝损坏。

（3）格构式柱腹杆弯曲和扭曲变形。

（4）柱头、吊车梁支承牛腿处焊缝开裂。

（5）柱垂直偏差，导致围护构件和邻近连接节点损坏和吊车轨道偏位。

（6）柱标高偏差，影响正常使用。

（7）柱脚及某些连接节点腐蚀损伤。

（二）造成上述钢柱损坏的主要原因

（1）柱与吊车梁的连接节点构造与施工图不符，铰接连成刚接、刚接连成铰接，使柱与节点上产生附加应力。

（2）柱与柱的安装偏差，导致柱内应力显著增加，构件弯曲。

（3）柱常受运输货物、吊车吊臂或吊头碰撞，导致柱肢弯曲、扭曲变形、切口和裂缝。

（4）由于高温的作用使柱肢弯曲，支撑节点连接损坏开裂。

（5）没有考虑荷载循环的疲劳破坏作用，使牛腿处焊缝开裂。

（6）地基基础下沉，导致柱倾斜、标高降低。

（7）周期性潮湿和腐蚀介质作用，导致钢柱局部腐蚀，减少了柱截面。

（8）节点构造不合理。

三、钢屋盖工程质量事故

（一）钢屋盖工程常见的质量事故

（1）桁架杆件弯曲或局部弯曲。

（2）屋架垂直偏差。

（3）桁架节点板弯曲或开裂。

（4）屋架支座节点连接损坏。

（5）屋架挠度偏差过大。

（6）屋盖支撑弯曲。

（7）屋盖倒塌。

（二）造成上述质量事故的主要原因

1. 制作安装原因

（1）构件几何尺寸偏差，由于矫正不够、焊接变形、运输安装中受弯，导致杆件初弯曲，引起杆件内力变化。

（2）屋架或托架节点构造处理不当，形成应力集中，檩条错位或节点偏心。

（3）腹杆端部与弦杆距离不符合要求，使节点板工作恶化，出现裂缝。

（4）桁架杆件尤其是受压杆件漏放连接垫板，造成杆件过早丧失稳定性。

（5）桁架拼接节点质量低劣，焊缝不足，安装焊接不符合质量要求。

（6）任意改变钢材要求，使用强度低的钢材或减少杆件截面。

（7）桁架支座固定不正确，与计算简图不符，引起杆件附加应力。

（8）违反屋面板安装顺序，屋面板搁置面积不够、漏焊。

（9）忽视屋盖支撑系统作用，支撑薄弱或支撑弯曲。

（10）屋面施工违反设计要求，任意增加面层厚度，使屋盖重量增加。

2. 使用中的原因

（1）不定期清扫屋面积灰，屋面上超载导致发生事故。

（2）未经预先设计而在非节点处悬挂管道或重物，引起杆力变化。

（3）使用过程中因高温作用和腐蚀影响屋盖承载能力。

（4）因重级制吊车运行频繁，产生对屋架的周期性作用，造成屋盖损伤破坏。

（5）使用中切割或去掉屋盖中杆件等。

四、钢网架结构安装工程质量事故

钢网架结构虽是高次超静定结构，整体性好，安全度高，但是设计、制造和安装中的许多复杂的技术问题还没有被深刻地认识到。例如一般结构的次效应较小，而钢网架结构的次效应很大，甚至起控制作用；钢网架结构一般跨度较大，屋面坡度较小，易发生积水和严重积雪现象；钢网架结构无论在理论计算时还是施工安装中都有一定的难度，对设计人员和焊接、安装人员的素质要求较高。对这些方面稍有疏忽就可能发生质量事故，甚至整体倒塌。我国自 1988 年开始已发生多起钢网架结构倒塌事故。

钢网架工程质量事故按其存在的范围分为整体事故和局部事故。按造成事故的因素可分为单一因素事故、多种因素事故和复杂因素事故。

钢网架工程质量事故主要有以下几种。

（1）杆件弯曲或断裂。

（2）杆件和节点焊缝连接破坏。

（3）节点板变形或断裂。

（4）焊缝不饱满或有气泡、夹渣、微裂缝，超出规定标准。

（5）高强螺栓断裂或从球节点中拔出。

（6）杆件在节点相碰，支座腹杆与支承结构相碰。

（7）支座节点位移。

（8）网架挠度过大，超出了设计规定的要求。

（9）网架结构倒塌。

出现上述质量事故主要是由设计、制作、拼装及吊装、使用及其他方面原因造成的。

1. 设计原因

（1）结构形式选择不合理，支撑体系或再分杆体系设计不周全，网架尺寸不合理。如当采用正交正放网架时，未沿周边网格上弦或下弦设置封闭的水平支撑，致使网架不能有效地传递水平荷载。

（2）力学模型、计算简图与实际不符。如网架支座构造属于双向约束，计算时按三向约束考虑。

（3）计算方法的选择、假设条件、电算程序、近似计算法使用的图表有错误，未能发现。

（4）杆件截面匹配不合理，忽视杆件初弯曲、初偏心和次应力的影响。

（5）荷载低算和漏算，荷载组合不当。对自然灾害（如地震、风荷载、温度变化、积水积雪、火灾、大气有害气体及物质的腐蚀性等）估计不足或处置不当，或对一些中型网架结构应该进行的非线性分析、稳定性分析，支座不均匀沉降、不均匀侧移，重型桥式吊车对网架的影响，中、重级制吊车对网架的疲劳验算，吊装验算等没有进行验算和分析。

（6）材料（包括钢材、焊条等）选择不合理。

（7）网架结构设计计算后，不经复核就增设杆件或大面积的换杆件，导致出现超强度设计值杆件。

（8）设计图纸错误或不完备。如几何尺寸标注不清或矛盾；对材料、加工工艺要求、施工方法及对特殊节点的特殊要求有遗漏或交代不清。

（9）节点形式及构造错误，节点细部考虑不周全。

2. 制作原因

（1）材料验收及管理混乱，不同钢号、规格材料混杂使用，特别是混用了可焊性差的高碳钢，钢管管径与壁厚有较大的负偏差，安装前杆件有初弯曲且未调直。

（2）杆件下料尺寸不准，特别是压杆超长、拉杆超短。

（3）不按规范规定对钢管剖口，对接焊缝焊接时不加衬管或按对接焊缝要求焊接。

（4）高强螺栓材料有杂质，热处理时淬火不透，有微裂缝。

（5）球体或螺栓的机加工有缺陷，球孔角度偏差过大。

（6）螺栓未拧紧，网架在使用期间在接缝处出现缝隙，螺栓受水气浸入而锈蚀。

（7）支座底板及与底板连接的钢管或肋板采用氧气切割而不将其端面刨平，组装时不能紧密顶紧，支座受力时产生应力集中或改变了传力路线。

（8）焊缝质量差或焊缝高度不足，未达到设计要求。

3. 拼装及吊装原因

（1）胎具或拼装平台不符合规格即进行网架拼装，使单元体产生偏差，最后导致整个网架的累积误差较大。

（2）焊接工艺、焊接顺序错误，从而产生较大的焊接应力，造成杆件或整个网架变形。

（3）杆件（或单元，或整个网架）拼装后有较大的偏差且不修正，而是进行强行就位，造成杆件弯曲或产生较大的次应力。

（4）对网架施工阶段的吊点反力、杆件内力、挠度等不进行验算，也不采取必要的加固措施。

（5）施工方案选择错误，分条分块施工时，不采取正确的临时加固措施，使局部网架变成几何可变体系。

（6）网架整体吊装时采用多台起重机或拔杆，各吊点起升或下降时不同步，用滑移法施工时，牵引力和牵引速度不同步，使部分杆件弯曲。

（7）支座预埋钢板、锚栓位置偏差较大，造成网架就位困难，为图省事而强行就位或预埋板与支座底板焊死，从而改变了支撑的约束条件。

（8）看图有误或粗心，导致杆件位置放错。

（9）不经计算校核，随意增加杆件或网架支撑点。

4. 使用及其他原因

（1）使用荷载超过设计荷载。如屋面排水不畅，积灰不及时清扫，积雪严重及屋面上随意堆料、堆物等，都会导致网架超载。

（2）使用环境的变化（包括温度、湿度、腐蚀性介质的变化）以及使用用途的改变。

（3）基础的不均匀沉降。

（4）地震作用。

项目工单

【实训主题】

装配式钢筋混凝土结构吊装工程实训

【实训目标】

（1）学习装配式钢筋混凝土结构吊装工程中可能出现的质量问题及事故原因。

（2）掌握质量控制的基本方法和预防措施。

（3）提高团队协作和问题解决能力。

【实训步骤】

步骤一：理论讲解

（1）讲解装配式钢筋混凝土结构吊装工程中可能出现的质量问题及事故原因。

（2）分析柱、梁、屋架等主要承重构件在安装过程中可能发生的问题及预防措施。

步骤二：模拟实训

（1）模拟构件堆放、运输和安装过程中的质量控制。

（2）实践柱、梁、屋架等构件的安装和质量检测。

（3）使用虚拟软件进行结构吊装模拟，体验不同安装方法的结果差异。

步骤三：团队协作

（1）小组分工，模拟不同施工单位之间的沟通协调。

（2）分析如何在施工过程中确保构件连接的稳固可靠，防止事故的发生。

步骤四：总结汇报

（1）小组汇报分析结果，包括可能的质量问题、预防措施及改进方案。

（2）教师进行点评和指导，并给出改进建议。

【实训评定】

在实训结束后，教师根据每个学生在活动中的表现进行评定，如表 6–2 所示。

表 6–2 评定表

评定项目	分数（满分 10 分）	教师点评
小组汇报质量		
实操表现		
团队合作		
个人反思		

项目小结

本项目主要介绍了装配式钢筋混凝土结构和钢结构在安装工程中的质量控制要点、常见问题及解决方案。通过本项目的学习，学生不仅掌握了装配式钢筋混凝土结构和钢结构安装工程中质量控制的基本原则和方法，而且学会了如何识别和处理常见的质量事故。这对于学生提高工程项目的质量管理水平具有重要意义。

课后习题

一、填空题

1. 焊条型号必须与__________匹配，并注意焊条的__________类型。
2. 高强螺栓必须经试验确定__________或__________。
3. 钢结构加固主要采用__________，但应避免__________。
4. 新增的截面大小应通过计算确定，以满足__________和__________的要求。

二、简答题

1. 梁垂直偏差的主要原因有哪些？
2. 钢网架工程质量事故按造成事故的因素有哪些分类？

项目七

防水工程质量事故处理

项目导读

防水工程是建筑施工中的重要组成部分，直接关系到建筑物的耐久性和安全性。然而，在实际施工过程中，由于设计不合理、材料选择不当、施工技术不到位等原因，常常会出现各种质量问题。本项目旨在通过对不同类型的防水工程进行质量事故分析，提出有效的预防措施和解决方案，以提高防水工程的整体质量水平。

学习目标

知识目标

◆ 了解屋面防水工程的分类及其各子分部工程的内容。

◆ 理解屋面防水工程质量事故的常见类型，如卷材防水屋面的开裂、起鼓、流淌和渗漏等。

◆ 掌握不同类型防水材料的特性及其适用场合。

◆ 熟悉屋面防水工程质量事故的处理方法，如使用盖缝条、防水油膏等进行修补。

◆ 了解屋面防水工程质量事故的预防措施，如选择合适的防水材料、保证施工质量等。

◆ 理解细部构造在防水中的重要作用，并能够识别节点渗漏的原因。

◆ 掌握瓦屋面、隔热屋面、地下防水工程中可能出现的问题及处理方法。

能力目标

◆ 能够识别屋面防水工程中出现的各种质量问题，并对其进行初步分析。

◆ 掌握屋面防水工程质量事故的处理方法，并能够在实际工作中应用。

◆ 能够根据屋面的具体情况选择合适的防水材料和施工工艺。

◆ 学会评估防水材料的质量，并能够判断其是否符合工程需求。

◆ 能够设计和实施有效的防水层保护措施，以避免防水层受损。

◆ 掌握防水工程的施工细节，尤其是节点处理方法，以确保防水质量。

素质目标

◆ 培养严谨的工作态度，注重施工过程中的每一个细节。

◆ 提升解决问题的能力，能够在面对复杂防水问题时找到最佳解决方案。

◆ 加强团队协作精神，与团队成员共同克服防水工程中的难题。
◆ 增强质量意识，确保防水工程符合相关标准和规范要求。
◆ 提高安全意识，在防水工程的施工过程中注意个人和他人的安全。
◆ 发展持续学习的习惯，跟踪防水材料和技术的最新进展。

思政目标

在建筑行业中，防水工程质量不仅关乎建筑物的安全性和使用寿命，更直接关系到人民群众的生命和财产安全。防水工程的质量事故处理，不仅是技术问题，更是社会责任和职业道德的体现。作为从事建筑行业的一员，学生应当具备高度的责任感和使命感，确保每一项防水工程都能达到高标准、高质量的要求。

任务一　屋面防水工程

任务描述

在当前的建筑工程中，防水工程是至关重要的环节之一，它直接关系到建筑的安全、舒适度和使用寿命。然而，在实际施工过程中，我们经常会遇到一些防水质量问题，这不仅影响工程的整体质量，还可能给建筑将来的使用带来严重隐患。本任务将围绕防水工程的质量控制展开，旨在通过深入分析防水质量问题的原因和影响因素，提出针对性的解决方案和措施。

任务分析

在建筑工程中，防水工程是确保建筑物结构完整、内部干燥、延长使用寿命的关键环节。屋面作为建筑与外界环境直接接触的界面，其防水性能直接关系到建筑物的安全、舒适度和经济效益。因此，对屋面防水工程进行质量控制，解决防水质量问题，具有重要的现实意义。通过本任务的了解，学生将能够全面掌握和理解屋面防水方法。

任务重点和实施

屋面防水工程包括卷材防水屋面、涂膜防水屋面、刚性防水屋面、瓦屋面、隔热屋面5个子分部工程。

瓦屋面子分部工程包括平瓦、油毡瓦、金属板材屋面、细部构造4个分项工程。

隔热屋面子分部工程包括架空屋面、蓄水屋面、种植屋面3个分项工程。

20世纪90年代，随着建筑新材料、新技术的推广和运用，屋面防水工程采用了“防排结合，刚柔并用，整体密封”的技术措施，屋面的防水主体与屋面的细部构造（天沟、檐沟、泛水、水落口、檐口、变形缝、伸出屋面管道等部位）组成了一个完整的密封防水系统，使屋面防水工程质量整体水平有所提高。

特别提出的是：在渗漏的屋面工程中，70%以上是节点渗漏。节点部位大多属于细部构造。细部构造保证了防水质量，使之达到《屋面工程质量验收规范》（GB 50207—2019）

规定的“应全部进行检查”要求，屋面防水工程质量得到了基本保障。

扫一扫

卷材防水屋面

一、卷材防水屋面

卷材防水屋面的施工方法，主要靠手工作业和传统积累的经验，检测手段单一。新型卷材的使用虽然逐步得到了推广，但与其相应的技术、工艺、质量保证措施常常不能同步。

卷材防水屋面工程质量通病往往与屋面找平层、屋面保温层、卷材防水层有直接或间接的因果关系。如强制性条文明确规定：“屋面（含天沟、檐沟）找平层的排水坡度必须符合设计要求。”否则容易造成积水，防水层长期被水浸泡易加速损坏。如保温层保温材料的干湿程度与导热系数关系呈负相关，限制保温材料的含水率是保证防水质量的重要环节。

卷材防水屋面防水常见的质量通病：卷材开裂、起鼓、流淌和渗漏。前三种通病是引发最终渗漏的隐患；最后一种通病，往往是由于细部构造做防水处理时，施工工艺不当，造成节点渗漏水，表现为直接性。

（一）卷材开裂

卷材开裂的主要原因：防水材料选用不当；工序失控，质量不合格；卷材防水施工工艺不当。

1. 防水材料选用不当

设计忽视了屋面防水等级和设防要求，如重要的建筑和高层建筑，防水层合理的使用年限为 15 年，则宜选用高聚物改性沥青防水卷材或合成高分子防水卷材；忽视了建筑物的使用功能和建筑物所在地的气候环境，如南方夏日高温，季节性雨水多，选择材料极限性就应以所在地最高温度为依据。

2. 找平层不符合规范要求

目前大多数建筑物均以钢筋混凝土结构为主，其基层具有较好的结构整体性和刚度，故一般采用水泥砂浆、细石混凝土找平层或沥青砂浆找平层作为防水层的基层。

一些施工单位对找平层质量不够重视，主要表现如下。

（1）采用水泥砂浆找平层时，水泥与砂体积比随意性大。

（2）水泥强度等级低于 32.5 级。

（3）采用细石混凝土找平层时，强度等级低于 C20。

（4）采用沥青砂浆找平层时，沥青与砂的质量比不符合规定要求。

（5）找平层留设分格缝不当。

（6）找平层表面出现疏松、起砂、起鼓和裂缝。

3. 保温（隔热）层施工质量不好

保温层的厚度决定了屋面的保温效果。若保温层过薄，则达不到设计的效果，其物理性能难以保证，使结构产生更大的胀缩，从而拉裂防水层。

4. 卷材铺设操作不当

（1）选用的沥青玛碲脂没有按配合比严格配料。

（2）沥青玛碲脂加热温度控制不严格，加热温度超过 240 ℃，加速玛碲脂老化，降低其柔韧性；加热温度低于 190 ℃，黏度增加，均匀涂布困难。温度过高或过低，都会影响卷材的黏结强度。

除了材料的品质原因外，卷材铺贴的搭接宽度的长短、接头处的压实与否、密封是否严密都会导致卷材开裂、翘边。

分析卷材开裂，主要从三个方面入手：

有规则的裂缝一般是由温度变形引起的，无规则的裂缝一般是由结构不均匀沉降、找平层、卷材铺贴不当或材料的质量不合要求引起的。

裂缝出现在施工后不久，一般是由找平层开裂和卷材铺贴质量不好引起的。施工后半年或一年出现裂缝，而且是在冬季，则是由温度变形引起的。

屋面板不裂，找平层开裂引起卷材开裂，一般是由找平层收缩变形引起的。屋面板开裂发生在板缝或板端支座处，一般是由温度变形或不均匀沉降引起的。

（二）卷材起鼓

引起卷材起鼓的原因：材质问题、基层潮湿、黏结不牢。

（1）材质问题。当前卷材品种繁多、性能各异，按规定选用的基层处理剂、接缝胶黏剂、密封材料等与铺贴的卷材材性不相容。

（2）基层潮湿。基层潮湿含有两层意思：一指找平层不干燥，即基层的含水率大于当地湿度的平衡含水率，影响卷材与基层的黏结；二指保温层含水率过大（保温材料大于在当地自然风干状态下的平衡含水率）。二者的湿气滞留在基层与卷材之间的空隙内，湿气受热源膨胀引起卷材起鼓。

（3）黏结不牢。“黏结不牢”是一个泛指的概念。基层潮湿是造成黏结不牢的原因之一，主要是突出“湿气”的破坏作用。

这里的黏结不牢，除了排除基层品质外，主要是指铺贴操作不当。

① 采用冷黏法时，涂布不均匀或漏涂；胶黏剂涂布与卷材铺贴间隔时间过长或过短；没有考虑气温、湿度、风力等因素的影响。

② 铺贴卷材时用力过小，压黏不实，降低了黏结强度。

（三）屋面流淌

流淌是指卷材顺着坡度向下滑动。滑动造成卷材皱折、拉开。流淌的主要原因如下。

（1）玛碲脂耐热度低，错用软化点较低的焦油沥青，玛碲脂黏结层厚度超过 2 mm。

（2）在坡度大的屋面平行于屋脊铺贴沥青防水卷材，因沥青软化点低，防水层较厚，则容易出现流淌。垂直铺贴时，在半坡上做短边搭接（一般不允许），短边搭接处没有做固定处理。（高聚物改性沥青防水卷材、合成高分子防水卷材耐温性好，厚度较薄，不容易流淌，铺贴方向不受限制。）

（3）错选用深色豆石保护，且豆石撒布不均匀、黏结不牢固。豆石受阳光照射吸热，增加了屋面温度，从而加速流淌发生。

（四）屋面漏水

屋面漏水在这里专指节点漏水。节点漏水一般发生在细部构造部位。细部构造是渗漏最容易发生的部位。

细部构造渗漏的原因有以下几点。

（1）防水构造设计方面。节点防水设防不能够满足基层变形的需要；节点防水没有采用柔性密封、防排结合、材料防水与构造防水相结合的方法。

（2）细部构造防水施工方面。女儿墙与屋面接触处渗漏。砌筑墙体时，女儿墙内侧墙面没有预留压卷材的泛水槽口或卷材固定铺设虽然到位，受气温影响卷材端头与墙面局部脱开，雨水通过开口流入（图 7–1、图 7–2）。

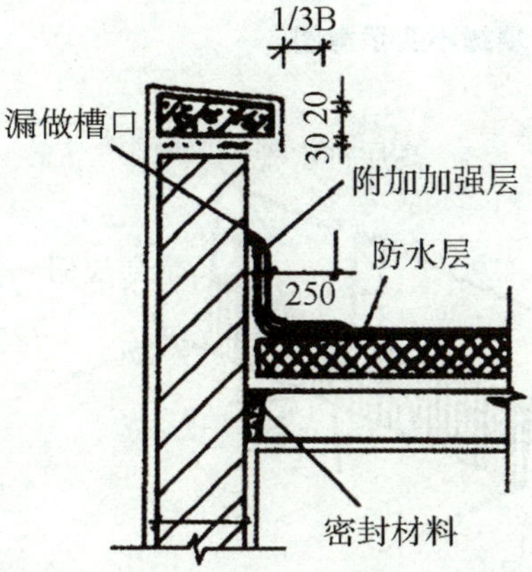

图 7–1　漏做压卷材泛水槽口示意图

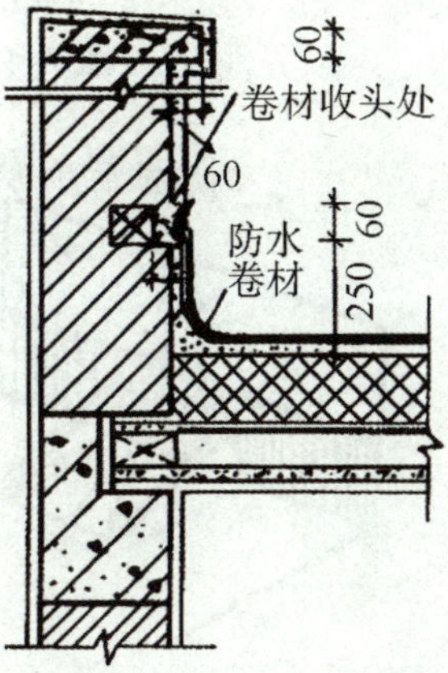

图 7–2　卷材端头与墙面脱开示意图

屋面与墙面的阴角处渗漏。阴角处找平层没有抹成弧形坡，卷材在阴角处形成空悬，雨水通过空悬（卷材老化龟裂）破口流进墙体，如图 7–3 所示。

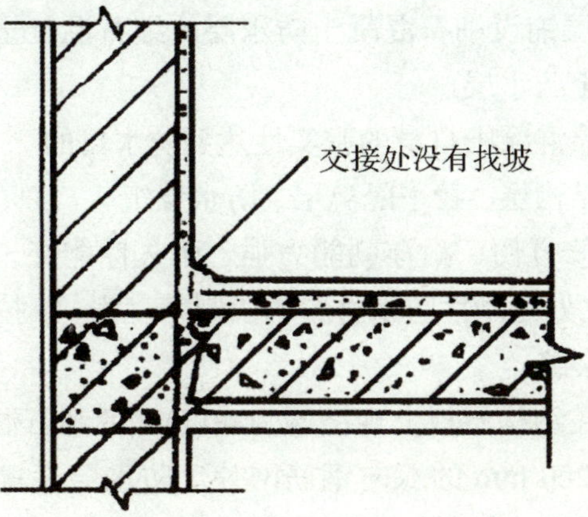

图 7–3　屋面与墙面交接处

（3）水落口处渗漏。落水口安装不牢，填缝不实，周围未做泛水卷材铺贴，水落口杯周围 500 mm 范围内，坡度小于 5%。高层建筑考虑外装饰效果一般采用内排式雨水口。如采用外排式，容易忽视雨水因落差所产生的冲击力，又没有采取减缓或其他防冲击措施，导致裙楼屋面受雨水冲击处易损坏渗漏（图 7–4、图 7–5）。

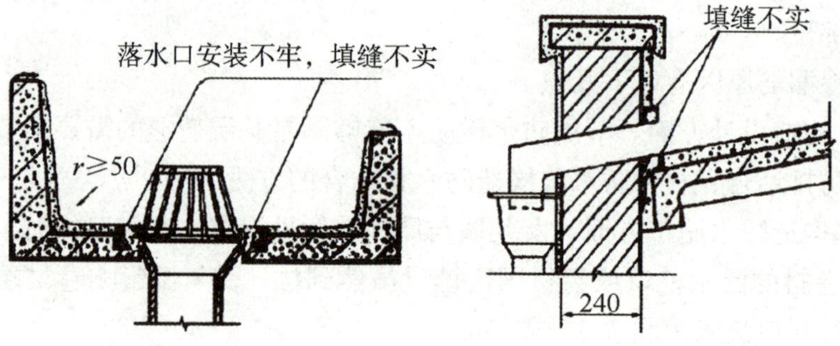

图 7–4　水落口安装不牢、填缝不实示意图

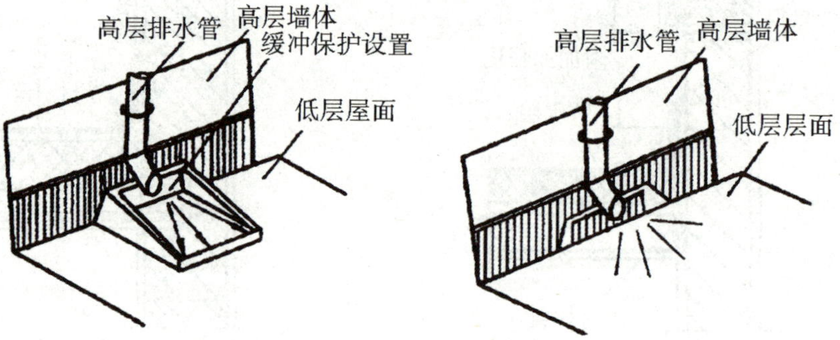

（a）采取了缓冲保护措施　　（b）没有采取缓冲保护措施

图 7–5　雨水落差冲击示意图

二、刚性防水屋面

刚性防水屋面是在基层铺设细石混凝土防水层。细石混凝土防水层包括普通细石混凝土防水层和补偿收缩混凝土防水层。

刚性防水屋面主要依靠混凝土自身的密实性达到防水目的。

刚性防水屋面一般由结构层、找平隔离层、防水层组成。细石混凝土防水层取材容易、施工简单、造价低廉、维修方便、耐穿刺能力强、耐久性能好，在防水等级Ⅲ级屋面中推广应用较为普遍。其不足之处是刚性防水材料的表观密度大、抗拉强度低，常因混凝土干缩、温差变形及结构变形产生裂缝。

防水层的做法：一般在结构层板上现浇厚为 40 mm 的细石混凝土（目前国内多采用此厚度），内配 ϕ4@100 ～ 200 mm 的双向钢筋网片。防水层设置分格缝，缝内嵌填油膏。刚性防水层实际上是刚板块防水、柔性接头、刚柔结合的防水屋面。

重要建筑和屋面防水等级为Ⅱ级及其以上的，如采用细石混凝土防水层，则一定要设置两道设防，即刚性与柔性防水材料结合并举。

刚性防水屋面发生渗漏很普遍。强制性条文规定："细石混凝土防水层不得有渗漏或积水现象。"又规定："密封材料嵌填必须密实、连续、饱满、黏结牢固、无气泡、开裂、脱落等缺陷。"执行强制性条文后渗漏有所减少，但要彻底根治还需时日。

刚性防水屋面渗漏往往是综合因素造成的。从质量缺陷表面观察：一是开裂；二是起砂起皮；三是嵌填分格缝有空隙。

如从本质上找原因：材质不合格、工艺不当。当然也涉及设计上的问题，如设有松散材料保温层的、受较大震动或冲击的、坡度大于15%的屋面，就不适用于细石混凝土防水层。

细石混凝土防水层渗漏的主要原因：防水层裂缝、结构层裂缝。

（一）防水层裂缝分析

（1）没有选用强度等级为32.5级普通硅酸盐水泥或硅酸盐水泥，这两种水泥早期强度高、干缩性小、性能较稳定、碳化速度慢。如采用干缩率大的火山灰质水泥，又没有采取泌水性措施，则容易干缩开裂。

（2）粗细骨料的含泥量过大，粗骨料的粒径大于15 mm，则容易产生裂纹。

（3）细石混凝土防水层的厚度小于40 mm，混凝土失水很快，水泥水化不充分。另外由于防水层厚度过薄，石子粒径太大，有可能使上部砂浆收缩，造成上部位裂缝。防水层厚薄不均、突变处收缩率不一，则容易产生裂缝，如图7–6、图7–7所示。

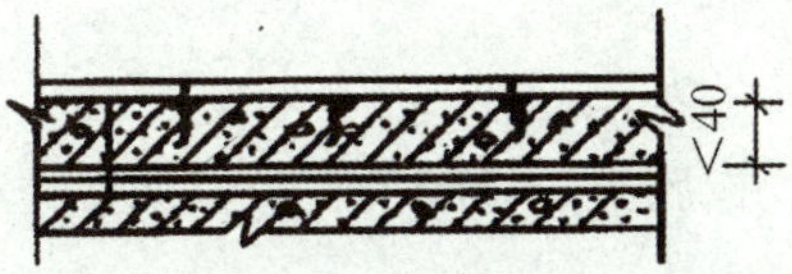

图7–6　防水层厚度过薄造成裂缝示意图

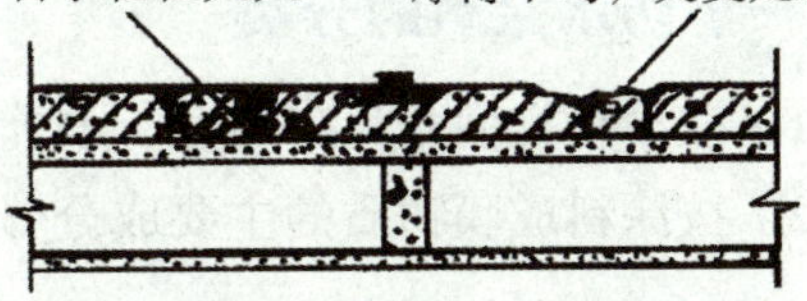

图7–7　防水层裂缝示意图

（4）在高温烈日下现浇细石混凝土，又没有采取必要的措施，因过早失去水分而导致开裂。

（5）格缝内的混凝土不是一次摊铺完成的，而是人为留有施工缝，为产生裂缝留下隐患；抹压时，为了尽快收浆，撒干水泥或加水泥浆，导致混凝土硬化后，内部与表面强度不一、干缩不一，引起面层干缩龟裂，如图7–8所示。

（6）水灰比大于0.55。水灰比影响混凝土密实度，水灰比越大，混凝土的密实性越低，微小孔隙越多，孔隙相通成为渗漏通道。

（二）结构层裂缝

没有在结构层有规律的裂缝处或容易产生裂缝处设置分格缝。

混凝土结构层受温差、干缩及荷载作用下挠曲引起的角变位，都能导致混凝土构件的板端处出现裂缝。如在屋面板支端处、屋面转折处、防水层与突出屋面结构的交接处等部位没有设置分格缝，或设置的分格缝间距大于6 m（图7–8、图7–9）。

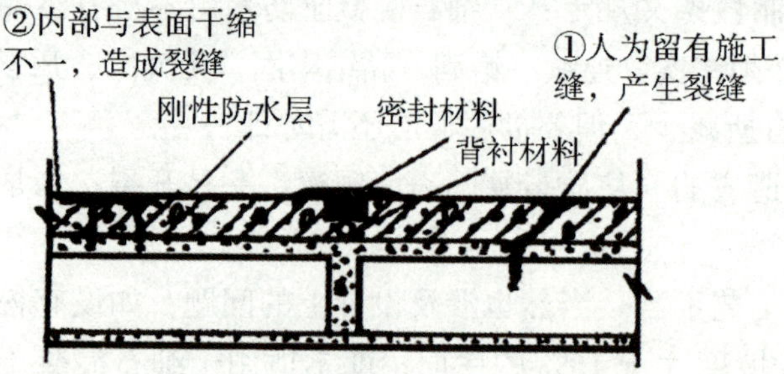

图 7-8　裂缝示意图

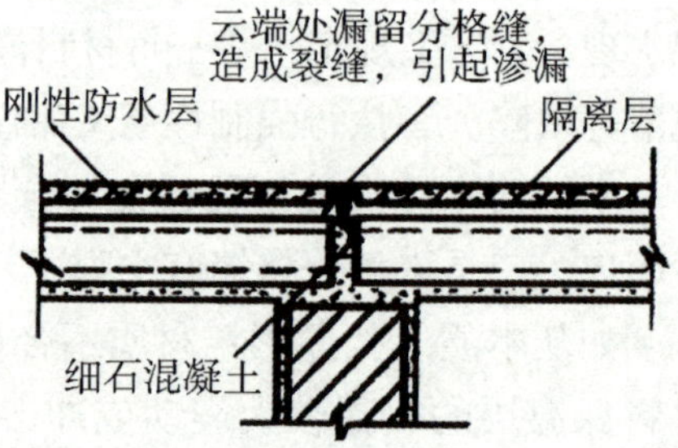

图 7-9　屋面板支端处裂缝示意图

结构层裂缝对刚性防水层有直接影响，结构层裂缝支端处漏留分格缝，会引起防水层开裂。

三、涂膜防水屋面

防水涂料是以高分子合成材料为主，在常温下呈无定型的液体，涂布于结构表面能形成坚韧密封的防水膜。

防水涂料常用于钢筋混凝土装配式结构无保温层的防水，或用于板面找平层和保温层面的防水。

涂膜防水层用于Ⅲ、Ⅳ级防水屋面时，均可单独采用一道设防。也可用于Ⅰ、Ⅱ级屋面多道防水设防中的一道防水层。二道以上设防，防水涂料与防水卷材应具有相容性。

（一）防水涂料的分类

（1）按涂料类型分为溶剂性、水乳性和反应性。

（2）按涂料成膜物质的主要成分分为合成树脂类、橡胶类、橡胶沥青类、沥青类和水泥基。

（3）按涂料的厚度分为厚质涂料、薄质涂料。

（4）适用于涂膜防水层的涂料可分为高聚物改性沥青防水涂料、合成高分子防水涂料。

防水涂料一般具有耐候性、弹性、黏结性、防水性，还具有较强的抗老化性能。故应用越来越广，是防水材料的发展方向。

涂膜防水屋面施工，如对材料的物理性能和适用条件不了解或施工方法不当，则引起的质量通病有：开裂、鼓泡、黏结不牢、保护层脱落、破损。

（二）材料品质及物理性能

防水涂料的品质是确保涂膜防水的第一要点。

（1）固体含量是防水涂料的主要成膜物质。若固体含量过低，则涂膜的质量难以保证。

（2）耐热度。若涂料的耐热度小于 80 ℃，则耐热持续时间不足 5 h，易产生流淌、起泡和滑动。

（3）柔性。若涂料柔性太低，则涂料不具备对施工温度的适应性，易引起开裂。

（4）不透水性。若防水涂料达不到规定的承受压力和承受一定压力的持续时间，则完工后的防水层会产生直接渗漏。

（5）延伸。若防水涂料低于规定的延伸性要求，则不具备适应基层变形的能力。

（三）渗漏原因

根据屋面防水工程要求，防水涂料的物理性能达不到要求，引起渗漏是必然的。

（1）开裂。基层刚度小，结构板安装不牢固；找平层出现裂缝；找平层没有按规定留置分格缝，或留置了分格缝但没有用油膏嵌实；涂料过厚。

（2）鼓泡。基层表面粗糙，刷压玻璃布用力不均，铺贴不紧，玻璃布下未能排净的小气泡在高温作用下形成鼓泡；当找平层下有保温层又没有留置必要的排气孔道时，潮气无法排出，也是形成鼓泡的原因。

（3）黏结不牢。使用了变质失效的材料，配合比随意性大；基层表面不平整、不光滑、不清洁，或基层起砂、起壳、爆皮；基层含水率大于规定的要求；基层与突出屋面结构连接处、基层转角处没有做成钝角或圆弧。

（4）保护层脱落、涂膜破损。没有按设计规定或涂料使用规定的要求来选择保护层材料。如薄质涂料宜使用蛭石、云母粉；厚质涂料没有选用黄砂、石英砂、石屑粉等；在涂布最后一道涂层没有及时撒布保护材料或撒布不均匀，导致黏结不牢。

（5）成品保护不好，人为破坏防水层。

四、瓦屋面防水

瓦屋面子分部工程包括的分项工程有：平瓦屋面、油毡瓦屋面、金属板屋面、细部构造等。

（一）平瓦屋面

平瓦屋面是指传统的黏土机制平瓦和混凝土平瓦。主要适用于防水等级为Ⅱ、Ⅲ级以及坡度不小于20%的屋面。

平瓦屋面的渗漏和安全事故的主要原因如下。

（1）平瓦屋面施工盖瓦的有关尺寸偏小；脊瓦在两坡面瓦上搭盖宽度每边小于40 mm；瓦伸入天沟、檐沟的长度小于50 mm（应在50～70 mm之间）；天沟、檐沟的防水层伸入瓦内宽度小于150 mm；瓦头挑出封檐板的长度小于50 mm（应在50～70 mm之间）；突出屋面的墙或烟囱的侧面瓦伸入泛水宽度小于50 mm；尺寸偏小，降低了封闭的严密性。

（2）屋面与立墙及突出屋面结构等交接处部位，没有做好泛水处理。

（3）天沟、檐沟的防水层采用的防水卷材质量低劣。

（4）安全事故主要指平瓦的滑落或坠落。造成事故的原因：平瓦铺置不牢固、地震设防地区或坡度大于50%的屋面，没有采取固定加强措施。

（二）油毡瓦屋面

油毡瓦为薄而轻的片状材料，适用于防水等级为Ⅱ、Ⅲ级以及坡度不小于20%的屋面。

油毡瓦屋面引起渗漏的主要原因如下。

（1）油毡瓦质量不符合规定要求。如表面有孔洞、厚薄不均、楞伤、裂纹、起泡等缺陷。

（2）搭盖的有关尺寸偏小。脊瓦与两坡面油毡瓦搭盖宽度每边小于100 mm；脊瓦与脊瓦的压盖面小于脊瓦面积的1/2；在屋面与突出屋面结构的交接部位，油毡瓦的铺设高度小于250 mm；

（3）油毡瓦的基层不平整，造成瓦面不平、檐口不顺直；

（4）油毡瓦屋面与立墙及突出屋面结构交接部位，没有做好泛水处理，细部构造处没有做好防水加强处理。

（三）金属板屋面

金属板屋面适用于防水等级为Ⅰ～Ⅲ级的屋面。其具有使用寿命长、质量相对较轻、施工方便、防水效果好、板面形式多样、色彩丰富等特点，被广泛应用于大型公共建筑、厂房、住宅等建筑物屋面。

金属板材按材质分为锌板、镀铝锌板、铝合金板、铝镁合金板、钛合金板、钢板、不锈钢板等。

金属板材按形状分为复合板、单板。

当前，国内使用量最大的为压型钢板。

金属板材屋面渗漏的主要原因：连接和密封不符合设计要求。以压型钢板为例：

（1）连接不符合设计要求。板的横向搭接小于一个坡；纵向搭接长度小于200 mm；板挑出墙面的长度小于200 mm；板伸入檐沟的长度小于150 mm；板与泛水搭接宽度小于200 mm；屋面的泛水板与突出屋面墙体搭接高度小于300 mm，如图7-10、图7-11所示。

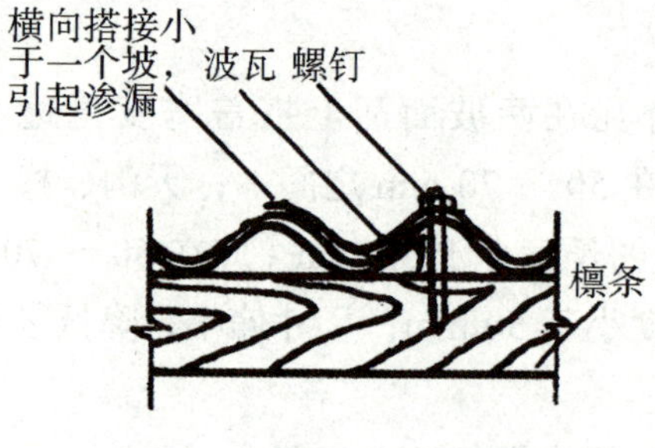

图7-10 引起渗漏示意图（1）

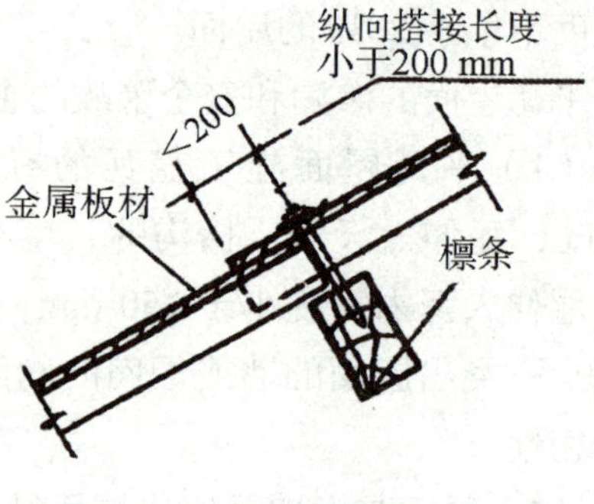

图7-11 引起渗漏示意图（2）

（2）板相邻的两块没有顺年最大频率风向搭接。

（3）板的安装没有使用单向螺栓或拉铆钉连接固定，钢板与固定支架固定不牢。

（4）两板间放置的通长密封条没有压紧，搭接口处密封不严，外露的螺栓（螺钉）没有进行密封保护性处理。

五、隔热屋面

隔热屋面工程子分部包括架空屋面、蓄水屋面、种植屋面三个分项工程。

“隔热”仅是从功能上去理解，隔热屋面真正的作用还是要确保防水。

1. 架空屋面

架空是为保证通风效果，达到隔热的目的。从防水角度分析，架空层可以当作防水层的保护层。隔热制品的质量和施工是否符合规范要求，直接影响防水层的防水效果优劣。如相邻两块隔热制品的高差大于 3 mm，存有积水就是隐患。

2. 蓄水屋面

蓄水屋面多用于我国南方地区，一般为开敞式。防水层的坚固性、耐腐蚀性差，会造成渗漏；蓄水区每边长大于 10 m，蓄水屋面长度超过 40 m，又没有设横向伸缩缝，累计变形过大，会使防水层被拉裂。

3. 种植屋面

种植屋面除具有隔热作用之外，还可以美化人们的生活工作环境。被誉为“空中花园”“城市中绿肺”。

种植屋面渗漏的主要原因：保护层上面覆盖介质及植物腐烂或根系穿过保护层深入到防水层，种植屋面使用的材料不能阻止对防水层损坏的这一特殊要求。

案例

地处京城北四环的北京奥林匹克公园中心区，有一座以中国古代房舍屋檐的曲线概念设计而成的建筑 -- 国际会议中心，它象征着桥梁，与鸟巢、水立方和国家体育馆遥相呼应，体现了人文、信息的沟通和交流，跨向未来。而这一切，离不开注重科技与守护的雨虹，针对国家会议中心的建筑工作，雨虹采用顶级防水材料、注重细节，就屋面部分、地下室底板、外墙和桩头的防水部分进行焕新，从而使得国际会议中心完美诠释了“专业”“奢华”“国际”的定义。

任务二　屋面楼地面防水工程质量事故分析与处理

任务描述

在某大型住宅小区项目中，开发商和业主们对房屋质量寄予了极高的期望。然而，在房屋交付后的使用过程中，部分业主陆续反映了一些关于防水的问题。这些问题主要集中在卫生间墙面渗水、地漏周边渗漏、立管周围渗水以及瓦屋面防水缺陷等方面，不仅影响了业主的日常生活质量，也对房屋的整体结构和安全造成了潜在威胁。本任务将全面分析屋面楼地面防水工程中常见的质量事故类型、原因及其影响。

任务分析

屋面楼地面防水工程质量事故分析与处理是一项复杂而重要的工作。通过全面分析防水质量事故的类型、原因及其影响，并提出有效的处理措施和改进建议，可以确保房屋防水工程的质量和安全性。通过本任务的学习，学生将能够有效地识别并处理各种防水工程中的常见问题，从而提高建筑物的安全性和耐用性。

任务重点和实施

屋面是建筑物中经受雨水最直接、受水面积最大的部分，屋面渗漏是最常见、最突出且直接影响人们生产生活质量的缺陷。屋面防水工程的做法有卷材屋面防水、涂膜屋面防水、刚性屋面防水及瓦屋面防水。

一、卷材防水屋面常见缺陷及其处理

卷材防水屋面是目前我国钢筋混凝土屋面防水的主要做法，适合于各种防水等级的屋面防水，一般由结构层、找平层、隔汽层、保温找坡层、找平层、防水层、保护层组成。常见的缺陷有卷材防水屋面开裂、起鼓、节点处理不规范等。

（一）卷材防水屋面开裂

1. 原因分析

（1）有规则裂缝。这种裂缝主要是由温差变形使屋面结构层产生胀缩引起板端角变或地基不均匀沉降造成的；此外，还与卷材质量有关。这种裂缝多数发生在伸长率较低的沥青防水卷材中。

（2）无规则裂缝。这种裂缝主要是由水泥砂浆找平层未设置分格缝或分格缝位置不当造成的，此时找平层的裂缝与卷材开裂的位置、大小相对应。另外，找平层强度不够、防水材料质量低劣也会引起无规则裂缝。

2. 处理方法

对于基层未开裂的卷材屋面的无规则裂缝（老化龟裂除外），一般在开裂处补贴卷材即可。而对于有规则裂缝，由于它在屋面完工后的若干年内正处于发生和发展阶段，只有逐年处理方能收效。处理方法如下。

（1）用盖缝条补缝。盖缝条可用卷材或镀锌薄钢板制成，如图 7–12 所示。补缝时按图 7–13 所示修补范围清理屋面，在裂缝处先嵌入防水油膏，卷材盖缝条应用相应的密封材料粘贴，周边要压实刮平。镀锌薄钢板盖缝条应用钉子钉在找平层上，间距 200 mm 左右，两边再附贴一层宽 200 mm 的卷材条。用盖缝条补缝能适应屋面基层的伸缩变形，避免防水层再被拉裂，但盖缝条易被踩坏，故不适用于积灰严重、扫灰频繁的屋面。

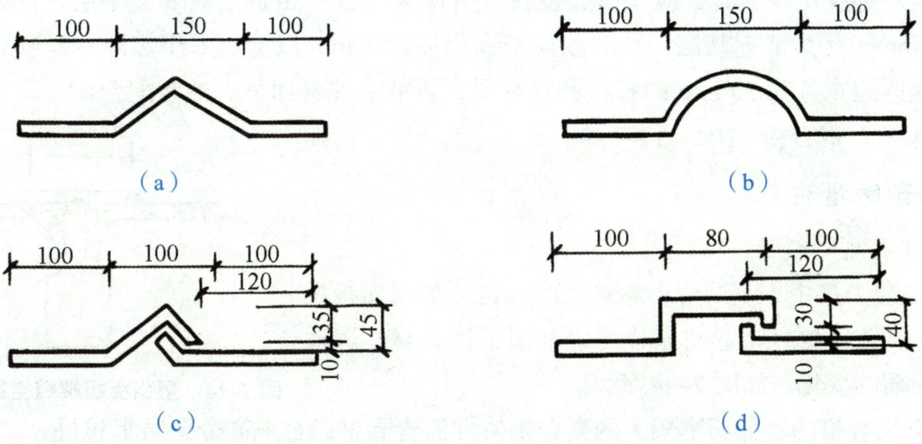

（a）、（b）卷材盖缝条剖面；（c）、（d）镀锌薄钢板盖缝条剖面。

图 7-12 盖缝条

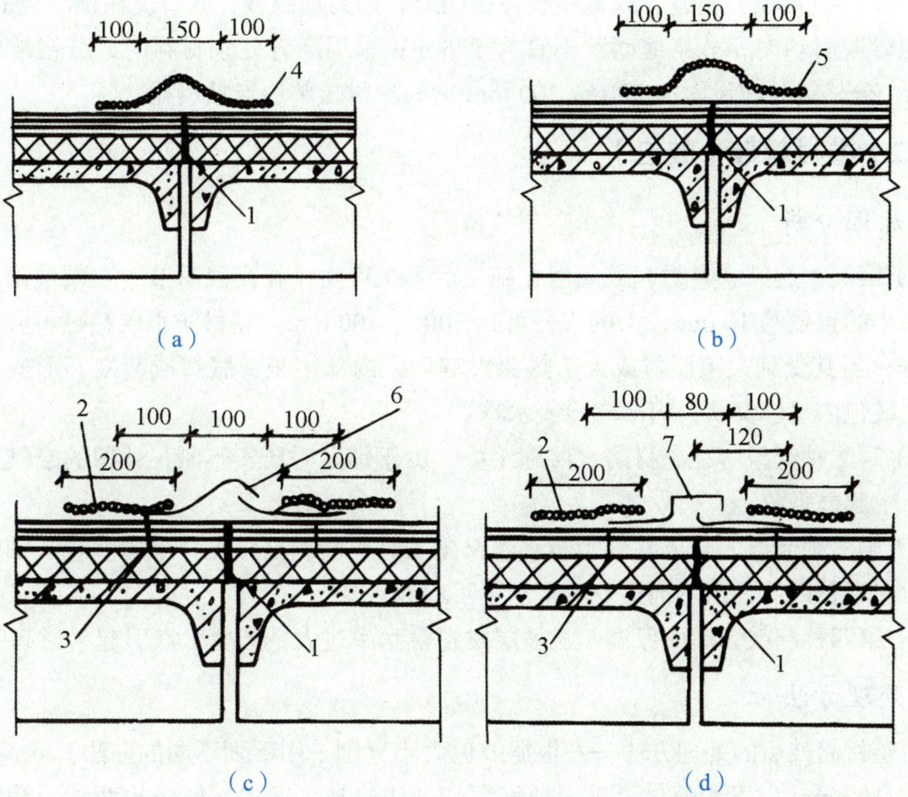

（a）三角形卷材盖缝条补缝；（b）圆弧形卷材盖缝条补缝；

（c）三角形镀锌薄钢板盖缝条补缝；（d）企口形镀锌薄钢板盖缝条补缝。

1—嵌油膏或灌热沥青；2—卷材盖边；3—钉子；4—三角形卷材盖缝条上做保护层；

5—圆弧形盖缝条上做保护层；6—角形镀锌薄钢板盖缝条；7—企口形镀锌薄钢板盖缝条。

图 7-13 用盖缝条补缝

（2）用防水油膏补缝。补缝用的油膏，目前采用的有聚氯乙烯胶泥和焦油麻丝两种。

采用聚氯乙烯胶泥补缝时，应先切除裂缝两边宽各为 50 mm 的卷材和找平层，保证做到深度为 30 mm，然后清理基层，热灌胶泥至高出屋面 5 mm 以上。采用焦油麻丝嵌缝时，先清理裂缝两边宽各为 50 mm 的卷材和找平层，再灌上油膏即可。油膏配合比（质量比）为焦油：麻丝：滑石粉 =100：15：60。

3. 预防措施

（1）有规则裂缝。

① 在应力集中、基层变形缝较大的部位（如屋面板拼缝处等），先干铺一层卷材条作为缓冲层，使卷材能够适应基层伸缩的变化，如图 7–14 所示。

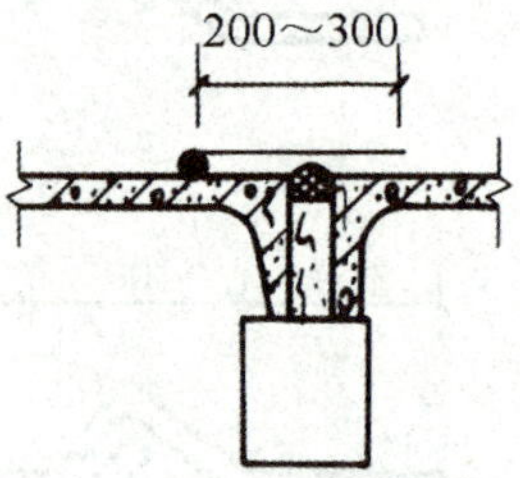

图 7–14　屋面板板端缝空铺卷材条

② 选用合格的、伸长率较大的高聚物改性沥青卷材或合成高分子防水卷材。

（2）无规则裂缝。

① 确保找平层的配合比计量准确、搅拌均匀、振捣密实、压光与养护等工序的质量。

② 找平层宜留设分格缝，缝宽一般为 20 mm，如为预制板，缝口设在预制板的拼缝处。采用水泥砂浆材料时，分格缝间距不宜大于 6 m；采用沥青砂浆材料时，分格缝间距不宜大于 4 m。分格缝处应设附加 200 ～ 300 mm 宽的卷材，单边点粘覆盖。

（二）卷材起鼓（鼓包）

1. 原因分析

（1）第一种起鼓。卷材起鼓一般在施工后不久产生（在高温季节），鼓包由小到大逐渐发展，小的直径约 10 mm，大的直径可达 200 ～ 300 mm。卷材防水层粘贴不实的部位中含有水分，当其受到太阳照射或人工热源影响后，内部体积膨胀造成起鼓，形成大小不等的鼓包。鼓包内呈蜂窝状，内部有冷凝水珠。

（2）第二种起鼓。在卷材防水层施工中，由于铺贴时压实不紧，残留的空气未被全部赶出而产生起鼓现象。

（3）第三种起鼓。合成高分子防水卷材施工时，胶黏剂未充分干燥就急于铺贴卷材，溶剂残留在卷材内部，当溶剂挥发时就产生了起鼓现象。

（4）第四种起鼓。屋面保温、找坡层材料含水率过大，产生水汽引起卷材起鼓。

2. 处理方法

屋面卷材起鼓后的处理方法——根据鼓包大小分别采用下列不同的办法。

（1）100 mm 以下的鼓包可采用抽气灌油办法修补，即先在鼓包的两端用铁钻钻眼，然后在鼓包中插入两个有孔眼的针管，一边抽气一边注入胶黏剂，注满后抽出针管压平卷材（压上数块砖块，几天后移去），将针眼涂上胶黏剂封闭。

（2）100 ～ 300 mm 左右鼓包可采用“十字开刀法”进行修补，先按图 7–15（a）用刀将鼓包按十字形割开，撕开卷材，放出鼓包内的气体，用喷灯将卷材内部吹干。然后按图 7–

15（b）编号 1 ～ 3 号的顺序把旧卷材分片重新粘贴好，再新贴一块卷材 5（其边长比开刀范围大 50 mm 以上），压入卷材 4 下，最后铺贴卷材 4，四边以及覆盖层高起部分用铁熨斗压平。

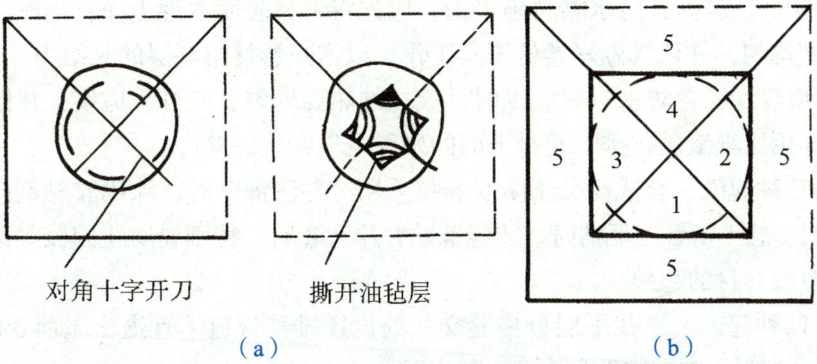

（a）对角十字开刀并撕开油毡层；（b）粘贴新卷材修补开刀油毡层。

图 7–15　“十字开刀法”修补鼓包示意图

（3）较大鼓包则要采用割补法，如图 7–16 所示。其基本原理类似“十字开刀法”，依次粘贴好旧卷材 1 ～ 3，上铺一层新卷材（四周与旧卷材搭接大于 50 mm），然后粘贴旧卷材 4，再在上面粘贴一层新卷材（其边长比第一层新卷材大 100 mm 以上），周边用铁熨斗压实。

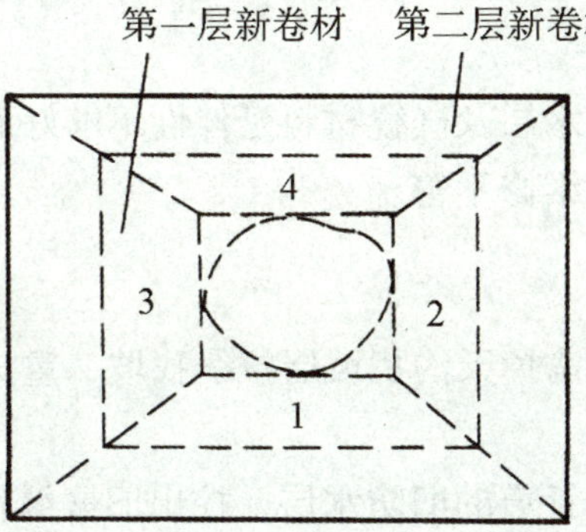

图 7–16　割补法修补鼓包示意图

（4）当屋面起鼓过多无法采用割补法处理时，则需将卷材层全部铲除，采用新型防水材料重做防水层。

3. 预防措施

（1）第一种起鼓。

① 找平层应平整、清洁、干燥，基层胶黏剂应涂刷均匀，这是防止卷材起鼓的主要技术措施。

② 原材料在运输和储存过程中，应避免水分浸入，尤其要防止卷材受潮。卷材铺贴应先高后低（同一施工面上应该先低后高）、先远后近，分区段流水施工，并注意掌握天气变化，连续作业。

③ 不得在雨天、大雾、大风天施工，防止基层受潮；当屋面基层干燥有困难，而又急需铺贴卷材时，可采用排汽屋面方法，但在外露单层的防水卷材中不宜采用。

（2）第二种起鼓。

① 基层应平整。沥青防水卷材施工前，应先将卷材表面清理干净；铺贴卷材时，基层胶黏剂应涂刷均匀，并认真做好卷材压实工作，以增强卷材与基层的黏结力。

② 高聚物改性沥青防水卷材施工时，火焰加热要均匀、充分、适度；在铺贴时要趁热向前推滚，并用压辊滚压，排除卷材下面的残留空气，压好缝边。

（3）第三种起鼓。合成高分子防水卷材采用冷黏法铺贴时，涂刷胶黏剂应做到均匀一致，待胶黏剂手感（指触）不粘时，才能铺贴并压实卷材。特别要防止因胶黏剂堆积过厚、干燥不足而造成卷材的起鼓。

（4）第四种起鼓。在找平层分格缝交叉处设置排气管道（管道出屋面 300 mm，上面安防水帽），并按照出屋面管道做好节点处理。

（三）天沟、雨水口、管道出屋面处漏水

1. 原因分析

（1）天沟纵向找坡太小，甚至有倒坡现象（雨水斗高于天沟面）；天沟堵塞，排水不畅。

（2）雨水口的短管没有紧贴基层。

（3）雨水口、管道四周防水涂层及嵌缝材料施工不良、粘贴不密实密封不严，或附加防水层标准太低。

（4）由于振动等原因，防水层及嵌缝材料延伸性不够好而被拉裂或拉脱。

（5）使用管理方法不当和维修不善。

2. 处理方法

（1）将天沟处卷材掀开，凿掉天沟找坡层拉线找坡，重抹 1∶2.5 水泥砂浆找平层，按照规定要求铺贴卷材。

（2）铲除雨水口、出屋面管道的旧防水层，挖出旧嵌缝材料，清理干净后刮填嵌缝材料，表面做卷材附加层，之后做防水层。

3. 预防措施

（1）天沟应按设计要求拉线找坡，纵向坡度不得小于 5‰，在水落口周围直径 500 mm 范围内不应小于 5%，并应用防水涂料或密封材料涂封，其厚度不应小于 2 mm。雨水口与基层接触处应留 20 mm × 20 mm 凹槽，嵌填密封材料。

（2）雨水口应比天沟周围低 20 mm，安放时应紧贴于基层上，便于上部做附加防水层。

（3）雨水口的短管与基层接触部位，除了用密封材料封严外，还应按设计要求做卷材附加层。施工后应及时加设雨水罩予以保护，防止被建筑垃圾及树叶等杂物堵塞。

（4）管道四周嵌填密封材料，上部做附加防水层。

（四）檐口漏水

1. 原因分析

（1）檐口泛水处卷材与基层黏结不牢；檐口处收头密封不严。

（2）檐口砂浆未压住卷材，封口处卷材张口、檐口处砂浆开裂以及下口滴水线未做好。

2. 处理方法

（1）清除原有的防水卷材及密封材料。

（2）重铺防水卷材，用密封材料将卷材末端收头和搭接缝封闭严密，并在末端收头用防水砂浆（金属条）进行压缝处理。

（3）重抹檐口水泥砂浆及滴水线。

3. 预防措施

（1）铺贴泛水处的卷材应采取满粘法工艺，确保卷材与基层黏结牢固。如基层潮湿而又急需施工时，则宜用喷火法烘烤，及时将基层中多余潮气予以排除。

（2）檐口（沟）处卷材密封固定的方法有：当为无组织排水檐口时，檐口 800 mm 范围内卷材应采取满粘法，卷材收头应固定密封；当为砖砌女儿墙时，卷材收头可直接铺压在女儿墙的压顶下，压顶应做防水处理；也可在砖墙上留凹槽，卷材收头压入槽内固定密封，凹槽距基层最低高度不应小于 250 mm，同时凹槽的上部亦应做防水处理。另一种是混凝土女儿墙，此时卷材收头可用金属压条钉压，并用密封材料封固。

（五）卷材防水层材料失效或大面积渗漏

1. 原因分析

（1）材料质量低劣。

（2）找平层强度不够或起砂现象严重，致使防水层与找平层剥离，引起渗漏。

（3）施工人员未按施工规范要求进行施工，造成防水层质量低劣，引起渗漏。

（4）成品保护不好，使防水层多处破损且并未处理或处理得不到位，引起渗漏。

2. 处理方法

针对这种情况应该将防水层清除（找平层有问题应该重做），重新选材按照规范做防水层。

3. 预防措施

（1）选择优质的防水材料。

（2）保证找平层的强度、平整度且无起砂现象，按要求留设分格缝。

（3）施工人员严格按施工规范要求进行施工，并做好成品保护。

二、涂膜防水屋面常见缺陷及其处理

涂膜防水是指在基层上抹压或涂铺具有防水能力的、常温下呈流态或半流态的高分子合成材料，经过溶剂、水分蒸发固化或化学反应，形成具有一定弹性和一定厚度的、无接缝的完整薄膜，使基层表面与水隔绝，起到防水密封作用，主要产品有沥青基防水涂料、高聚物改性沥青防水涂料、PVC胶泥、合成高分子防水涂料等。

涂膜防水常见的缺陷有屋面渗漏，黏结不牢，防水层出现裂缝、脱皮、鼓包，保护层脱落等。涂膜防水是新型防水材料，其品种多，操作方法和使用条件各不相同，要谨慎使用并不断总结施工经验，确保涂膜防水质量。

三、刚性防水屋面常见缺陷及其处理

与卷材防水和涂膜防水屋面相比，刚性防水屋面具有造价低、耐久性好、维修方便等优点，但缺点是自重大、施工周期长、对变形敏感，所以它的裂渗程度较前二者严重，目前已较少使用。刚性防水屋面有防水砂浆、防水混凝土、粉状憎水材料防水屋面等。它常见的缺陷有屋面开裂、构造节点处理不当而引起的屋面渗漏。在这里主要介绍混凝土刚性防水屋面。

（一）屋面开裂引起渗漏

1. 原因分析

（1）结构裂缝。此种裂缝通常发生在屋面板的接缝或大梁的位置上，一般宽度较大，并穿过防水层而上下贯通。它一般由结构变形、基础不均匀沉降、混凝土收缩徐变等引起。

（2）温度裂缝。温度裂缝一般都是有规则的、通长的，裂缝分布与间距比较均匀。大气温度、太阳辐射、雨、雪以及车间热源作用等的影响，以及在施工中温度分格缝设置不合理或处理不当，都会导致产生温度裂缝。

（3）施工裂缝。施工裂缝通常是一些不规则的、长度不等的断续裂缝。混凝土配合比设计不当，浇筑时振捣不密实，压光不好以及早期干燥脱水、后期养护不当等，都会导致产生施工裂缝；也有一些是因水泥收缩而产生的龟裂。

2. 处理方法。

对于稳定裂缝，可用环氧胶黏剂、胶泥、砂浆进行修补，也可用预热熔化的聚氯乙烯油膏或薄质石油沥青涂料覆盖修补，裂缝较大时加贴玻璃丝布。对于不稳定裂缝，可沿裂缝涂刷石灰乳化沥青涂料。裂缝较大时，须将裂缝口凿成V字形，刷冷底子油，用沥青胶结材料做一布二油。

3. 预防措施

（1）结构裂缝。

① 细石混凝土刚性防水屋面应用于刚度较好、稳定的结构层上，不得用于有高温或有振动的建筑，也不适用于基础有较大不均匀下沉的建筑。

② 为减少结构变形对防水层的不利影响，在防水层下必须设置隔离层，可选用石灰黏土砂浆、石灰砂浆、纸筋麻刀灰或干铺细砂、干铺卷材等材料。

（2）温度裂缝。

① 防水层必须设置分格缝。分格缝应设在装配式结构的板端、现浇整体结构的支座处、屋面转折（屋脊）处、混凝土施工缝及突出屋面构件交接部位。分格缝纵横间距不宜大于6 m。

② 混凝土防水层厚度不宜小于40 mm，内配 $\varphi 4@100 \sim 200$ mm的双向钢筋网片。钢筋网片宜放置在防水层的偏上部位，并应在分格缝处断开。

（3）施工裂缝。

① 防水层混凝土水泥用量不应少于330 kg/m^3，最好采用强度等级42.5以上的普通硅酸盐水泥，水灰比不应大于0.55，坍落度不宜大于50 mm，粗骨料最大粒径不应大于防水层厚度的1/3，细骨料应用中砂或粗砂，灰砂比应为1∶1～1∶2.5。

② 混凝土防水层的厚度应均匀一致，混凝土应采用机械搅拌、机械振捣，并认真做好压实、抹平工作，收水后应及时进行二次压光。

③ 应积极采用补偿收缩混凝土材料，但要准确控制膨胀剂掺量，确保各项施工技术均符合要求。

（二）节点处理不当引起渗漏

1. 原因分析

（1）女儿墙、天沟、雨水口、烟囱及各种凸出屋面的接缝，因接缝混凝土（或砂浆）嵌填不严，形成缝隙而渗漏。

（2）连接处所嵌填密封材料与混凝土黏结不良、嵌填不密实或密封材料质量较差，尤其是黏结性、延伸性与抗老化能力等性能达不到规定指标。

2. 处理方法

节点处理不当引起渗漏时，施工人员应将节点连接处的附加层及密封材料清除干净，重新嵌填密封材料，再做附加层。

3. 预防措施

（1）女儿墙、天沟、水落口、烟囱及各种凸出屋面的接缝或施工缝部位，除了做好接缝处理外，还应在泛水处增加防水处理。泛水处增加防水的高度，迎水面一般不宜小于250 mm，背水面不宜小于200 mm，烟囱或通气管处不宜小于250 mm。

（2）进入工地的密封材料，应进行抽样检验，发现不合格的产品，坚决剔除不用。嵌填密封材料的连接处无混凝土或灰浆残渣及垃圾等杂物，确保密封材料嵌填密实、伸缩自如、不渗不漏。

（三）防水层起砂起皮

防水砂浆、防水混凝土因配比不适、振捣或碾压不密实，特别是不注意压实、压光和养护不良，引起起皮、起砂的现象。处理方法是：将表面凿毛，扫去浮灰杂质，刷素灰胶浆，然后加抹厚 10 mm 左右的 1∶1.5～2 水泥砂浆（掺加 5% 的 108 胶），并采用覆盖养护。

四、厕浴厨房间防水工程常见缺陷及其处理

厕浴厨房间设备多、管道多、阴阳转角多、施工工作面小，是用水最频繁的地方，同时也是最易出现渗漏的地方。经调查和施工现场观察发现，厕浴厨房间的渗漏主要发生在房间的四周、地漏周围、管道周围及部分房间中部。究其原因主要是：设计考虑不周、材料选择不佳、施工时结构层（找平层）处理得不好或防水层做得不到位、使用管理不当。现将其常见的质量缺陷及其处理做如下介绍。

（一）地面汇水倒坡

1. 原因分析

地漏偏高，地面不平有积水，无排水坡度甚至倒流。

2. 处理方法

凿除面层，修复防水层，铺设面层（按照要求进行地面找坡），重新安装地漏，地漏接口处嵌填密封材料。

3. 预防措施

（1）地面坡度要求距排水点最远距离点处控制在 2%，且不大于 30 mm，坡向要准确。

（2）严格控制地漏标高，且应低于地面标高 5 mm；厕浴厨房间地面应比走廊及其他室内地面低 20 mm。

（3）地漏处的汇水口应呈喇叭口形，要求排水通畅。禁止地面有倒坡或积水现象。

（二）墙身返潮和地面渗漏

1. 原因分析

（1）墙面防水层设计高度偏低。

（2）地漏、墙角、管道、门口等处结合不严密，造成渗漏。

2. 处理方法

（1）墙身返潮，应将损坏部位凿除并清理干净，用 1∶2.5 防水砂浆修补。

（2）如果墙身和地面渗漏严重，需将面层及防水层全部凿除，重新做找平层、防水层、面层。

（3）如有开裂现象，则应对裂缝进行增强防水处理。①贴缝法，即对微小的发丝裂缝，可刷防水涂料并加贴纤维材料或布条，做防水处理。②填缝法，若是较明显的裂缝，要进行扩缝处理，将缝扩展成 15 mm × 15 mm 左右的 V 形槽，在清理干净后，刮填防水涂料或嵌缝材料。③填缝加贴缝法，除了采用填缝法处理外，在裂缝表面再涂刷防水涂料，并粘贴纤维材料处理，亦可不拆除饰面，直接在其表面刮涂透明或彩色聚氨酯防水涂料。

3. 预防措施

（1）墙面上设有用水器具时，其防水高度为 1 500 mm；淋浴处墙面防水高度应大于 1 800 mm。

（2）墙体根部与地面的转角处找平层应做成钝角。

（3）预留洞口、孔洞、埋设的预埋件位置必须准确、可靠。地漏、洞口、预埋件周边必须设有防渗漏的附加层防水措施。

（4）防水层施工时，应保持基层清洁、干燥，确保涂膜防水层与基层黏结牢固。

（5）进场黏土砖应严格检查，保证砖的质量。

（三）地漏周边渗漏

1. 原因分析

承口杯与基体及排水管接口结合不严密，防水处理过于简陋，密封不严。

2. 处理方法

（1）地漏口局部偏高，可剔除高出部分，重新做地漏，并注意和原防水层搭接好，地漏和翻口外沿嵌填密封材料并封闭严实。

（2）地漏损坏，应重做地漏。

（3）地漏周边与基体结合不严渗漏，在其周边剔凿出宽度和深度均不小于 20 mm 的沟槽，清理干净，槽内嵌填密封材料，其上涂刷 2 遍合成高分子防水涂料。

3. 预防措施

（1）安装地漏时，应严格控制标高，不可超高。

（2）要以地漏为中心，向四周辐射找好坡度，坡向要准确，确保地面排水迅速、畅通。

（3）安装地漏时，按照设计及施工规范进行施工，节点防水处理得当。

（四）立管四周渗漏

1. 原因分析

（1）立管与套管之间未嵌入防水密封材料，且套管与地面相平，导致立管四周渗漏。

（2）施工人员不认真，或防水、密封材料质量差。

2. 处理方法

（1）套管损坏应及时更换并封口，所设套管要高出地面 50 mm，并进行密封处理。

（2）如果管道根部积水渗漏，应沿管根部剔凿出宽度和深度均不小于 20 mm 的沟槽，清理干净，槽内嵌填密封材料，并在管道与地面交接部位涂刷管道高度及地面水平宽度不小于 100 mm、厚度不小于 1 mm 无色或同原色的合成高分子防水涂料。

（3）管道与楼地面间裂缝小于 1 mm 时，应将裂缝部位清理干净，绕管道及根部涂刷 2 遍合成高分子防水涂料，其涂刷高度和宽度不小于 100 mm、厚度不小于 1 mm。

3. 预防措施

（1）穿楼板的立管应按规定预埋套管。

（2）立管与套管之间的环隙应用密封材料填塞密实。

（3）套管高度应比设计地面高出 50 mm 以上；套管与管道之间的缝隙采用防水封闭材料嵌填。

五、瓦屋面防水常见缺陷及其处理

（一）瓦屋面渗漏

1. 原因分析

（1）屋面坡度不够，瓦屋面的坡度一般不得小于 20%。

（2）瓦片的材质差，有缺角、翘曲、欠火、砂眼、裂缝等缺陷。

（3）基层材料刚度不足，瓦铺设不平整。

（4）瓦缝没有避开当地暴雨或雨季时的主导风向。

（5）挂瓦时坐浆不满，盖缝不严密，细部处理不到位。

2. 预防措施

（1）施工时屋面的坡度必须符合设计要求。

（2）必须选用合格的瓦片，瓦片应棱角整齐，无缺角、翘曲、欠火、砂眼、裂缝等缺陷。

（3）基层应有足够的强度，表面平整。

（4）铺设瓦片时，瓦的接缝应避开当地暴雨或雨季时的主导风向。

（5）檐口瓦和防水卷材必须要盖过封檐板，防止雨水渗流到檐口内部，同时应注意做好天沟、檐沟及突出屋面结构交接处的泛水。

（二）瓦片脱落

1. 原因分析

（1）瓦的搭接长度不足，脊瓦之间的接头及脊瓦的下部未按规定坐浆，瓦楞之间的连接不紧密，坐灰不牢固。

（2）檐口的盖瓦没有按规定抬高。

（3）坡度较大的屋面或风力较大的地区瓦片未与挂瓦条绑扎牢固。

2. 预防措施

（1）瓦片的铺贴顺序一般由下而上进行，相邻的瓦片要搭接，脊瓦底部要垫塞平稳，坐浆饱满。

（2）青瓦屋面檐口瓦的盖瓦应抬高，以防止下滑。

（3）在坡度较大的屋面或风力较大的地区，瓦片应与挂瓦条用镀锌铅丝进行绑扎。

任务三　地下防水工程质量事故分析与处理

任务描述

想象一下，在一个新建的高档住宅区内，一座座精美的别墅错落有致。然而，随着雨季的到来，一些别墅的地下室却出现了渗水现象。这不仅影响了居民的正常生活，更对房屋结构造成了潜在威胁。经过专业人员的检查发现，问题的根源在于防水层。那么，究竟是什么原因导致了防水层的渗漏呢？通过完成本任务的学习，学生将能够更全面地理解地下防水工程的质量管理要求，从而提升处理质量事故的能力。

任务分析

在分析和处理防水层问题时，需综合考虑材料选择、基层质量、施工工艺和细节处理，确保所有环节都符合规范和设计要求，以提高防水工程的可靠性和耐久性。通过本任务的了解，学生将能够有效地识别并处理各种地下防水工程中的常见问题，从而提高地下结构的安全性和耐用性。

任务重点和实施

根据《地下防水工程质量验收规范》（GB 50208—2002）的规定，地下防水工程是工程建设的一个子分部工程。

地下建筑防水工程质量直接影响工程的使用寿命和生产设备的正常使用。

地下建筑防水工程的质量通病：渗漏。

地下建筑防水工程，按不同的防水等级采用刚性混凝土结构自防水，或与卷材、涂料等柔性防水相结合进行多道设防。对于“十缝九漏”的沉降缝（变形缝）、施工缝、穿墙管等容易渗漏的薄弱部位，因地制宜地采取刚性，或柔性，或刚柔结合的防水措施，使这一渗漏顽症得到抑制。

本任务对防水混凝土、水泥砂浆防水层、卷材防水层、涂膜防水层在施工过程中容易造成的质量通病做重点分析。

一、防水混凝土

防水混凝土结构是具有一定的防水能力的整体式混凝土或钢筋混凝土结构。其防水功能主要依靠自身厚度的密实性。它除了防水外，还兼有承重、围护的功能。防水混凝土工程取材方便、工序相对简单、工期较短、造价较低。在明挖法地下整体式混凝土主体结构设防中，防水混凝土是一道重要防线，也是做好地下建筑防水工程的基础。在 1 ～ 3 级地下防水工程中，以其独特的优越性成为首选。

混凝土防水工程渗漏的主要原因如下。

（1）水泥品种没有按设计要求选用，强度等级低于 32.5 级；使用过期水泥或受潮结块水泥。前者降低抗渗性和抗压强度；后者由于不能充分水化也影响混凝土的抗渗性和强度。

（2）粗骨料（碎石或卵石）的粒径没有控制在 5 ～ 40 mm 之间，碎石或卵石、中砂的含泥量及泥块含量均超出规定的要求，影响了混凝土的抗渗性。如含有黏土块，其干燥收缩、潮湿膨胀，会起较大的破坏作用。

（3）用水含有害物质，对混凝土产生侵蚀破坏作用。

（4）外加剂的选用或掺用量不当。在防水混凝土中适量加入外加剂，可以改善混凝土内部组织结构，以增加密实性，提高混凝土的抗渗性。如 UEA 膨胀剂的质量标准，分为合格品和一等品两个档次，两者的限制膨胀率及掺入量不同，错用则会造成补偿收缩混凝土达不到预期的效果。

（5）水灰比、水泥用量、砂率、灰砂比、坍落度不符合规定。

① 水灰比。在水泥用量一定的前提下，没有调整用水量来控制水灰比。水灰比过大，混凝土内部形成孔隙和毛细管通道；水灰比过小，和易性差，混凝土内部也会形成空隙。水灰比过大或过小，都会降低混凝土的抗渗性。水灰比大于 0.6，则影响混凝土耐久性。

② 水泥用量。水灰比确定之后，水泥用量过少或过多都会降低混凝土的密实度，从而降低混凝土的抗渗性。

③ 砂率、灰砂比。防水混凝土的砂率没有控制在 35% ～ 40% 之间，灰砂比过大或过小都会降低抗渗性。

④ 坍落度。拌合物坍落度没有控制在允许值的范围内。坍落度过大或过小对拌合物施工性能及硬化后混凝土的抗渗性能和强度都会产生不利影响。

（6）混凝土搅拌、运输、浇筑和振捣。

① 混凝土应采用机械搅拌。搅拌时间少于 120 s 难以保证混凝土良好的均质性。混凝土运输过程中没有采取有效技术措施防止离析和含水量的损失，或运输（常温下）距离太长，运输时间长于 30 min 等。

② 浇筑和振捣。浇筑的自落高度没有控制在 1.5 m 以内，或超过此高度又没有采取溜槽等技术措施；浇筑没有分层或分层高度超过 30 ～ 40 cm；相邻两层浇筑时间间隔过长。振捣漏振、欠振、多振等。

凡出现以上列举的情况，均会不同程度地影响混凝土的抗渗性和强度。

（7）防水混凝土养护不符合规定。养护对防水混凝土抗渗性影响极大。浇水湿润养护少于 14 天（一般从混凝土进入终凝时开始计算），或错误采用“干热养护”。在特殊地区、特殊情况下，不得不采用蒸汽养护时，对混凝土表面的冷凝水处理、升温降温没有采取必要且可行的措施等。

（8）工程技术环境不符合规定。

① 在雨天、雪天和五级风以上气象环境下作业。

② 施工环境气温不在 5 ～ 35 ℃之间。

③ 地下防水工程施工期间没有采取必要的降水措施，地下水位没有稳定保持在基底0.5 m以下。

（9）细部构造防水不符合规定。地下建筑防水工程，主体采用防水混凝土结构自防水的效果尚好。细部构造的防水处理略有疏忽，渗漏就容易发生。《地下防水工程质量验收规范》（CB 50208—2002）把细部构造单独列为一个分项，突出了其防水的重要作用。

细部构造防水施工使用的防水材料、多道设防的处理稍有不当，都会导致渗漏。

① 变形缝渗漏。止水带材质的物理性能和宽度不符合设计要求，接缝不平整、不牢固，没有采用热接，产生脱胶、裂口；中埋式止水带中心线与变形缝中线偏移，未固定或固定方法不当（如穿孔或用铁钉固定），被浇筑的混凝土挤偏；顶、底板止水带下侧混凝土浇捣不密实，留有孔隙；后埋式止水带（片），在变形缝两侧的宽度不一致，宽度小的一侧缩短渗漏路线；预留凹槽内表面不平整，过于干燥，铺垫的素灰层过薄，使止水带的下面留有气泡或空隙；铺贴止水带（片）与混凝土覆盖层施工间隔时间过长，素灰层干缩开裂，混凝土两侧产生的裂缝成为渗漏通道；变形缝处增设的卷材或涂料防水层，没有按设计要求施工。

② 施工缝渗漏。混凝土浇筑前，没有清除施工缝表面的浮浆和杂物，对混凝土表面没有进行处理（漏铺水泥砂浆或漏涂处理剂等），浇捣不及时，产生孔隙或裂缝；施工缝采用遇水膨胀橡胶腻子止水条或采用中埋止水带时安装不牢固，留有空隙。

③ 后浇带与现浇混凝土交接面处渗漏。后浇带与先浇筑混凝土的“界面”，可以理解为“施工缝”。施工缝渗漏的有些情况也会造成后浇带交接处渗漏。

后浇带浇筑时间若少于两侧混凝土龄期42天，则两侧混凝土产生温差、干缩变形，导致交接处形成裂缝（图7–17）。

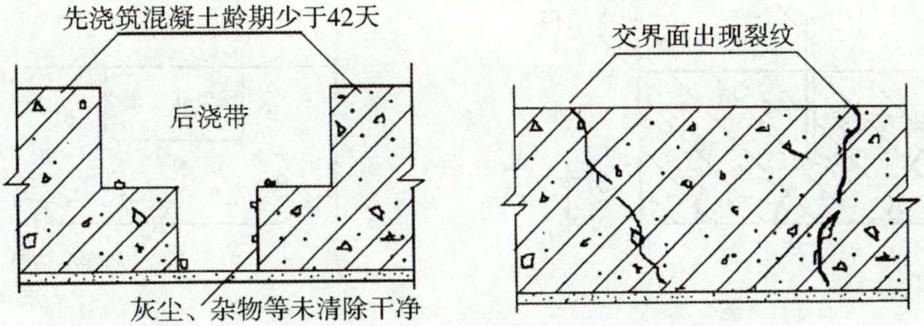

图7–17　后浇带界面处裂缝示意图

后浇带没有采用补偿收缩混凝土，硬化产生收缩裂缝。

后浇带混凝土养护时间少于28天，强度等级低于两侧混凝土。

④ 穿墙管道部位渗漏。管道周围混凝土浇捣不实，出现蜂窝、孔洞（大直径管道底部更容易出现此缺陷），或套管内表面不清洁，造成两管间填充料不实，如图7–17所示。

用密封材料封闭填缝不符合规定要求。

穿墙套管没有采取防水措施（加焊止水环），穿墙管外侧防水层铺设不严密，增铺附加层没有按设计要求施工，如图7–18～图7–21所示。

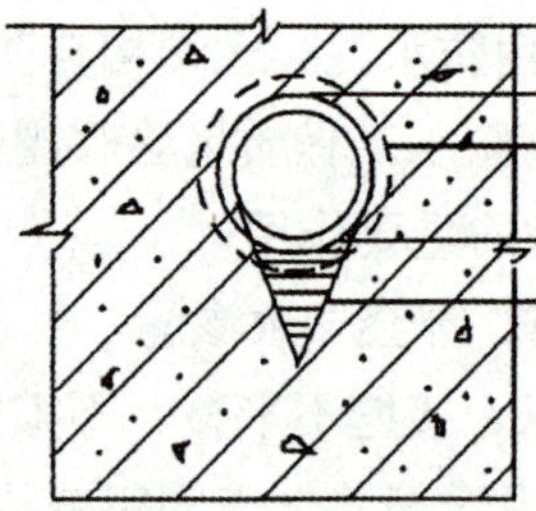

图 7-18 管道底部蜂窝、孔洞示意图

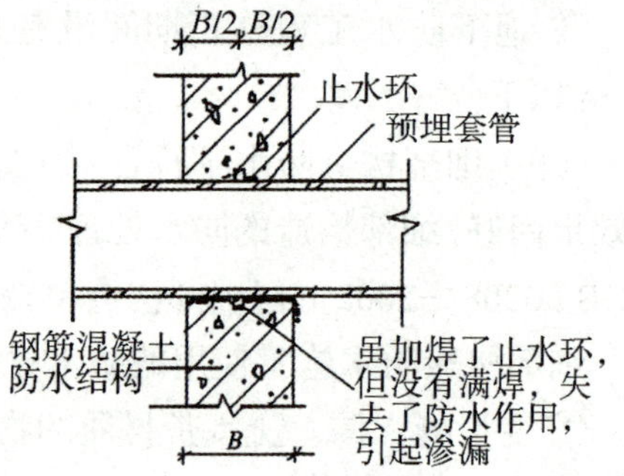

图 7-19 管道部位渗漏示意图

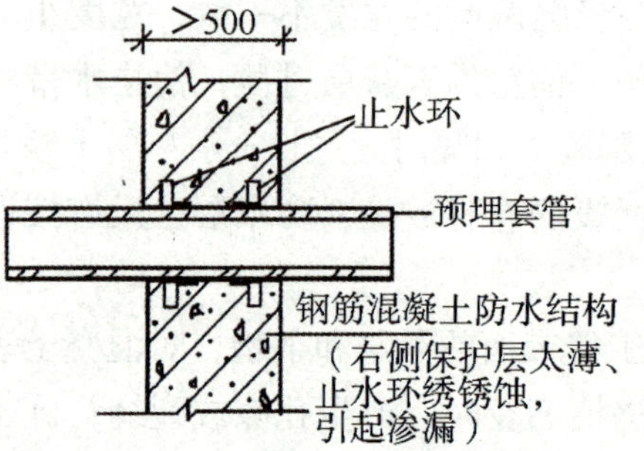

图 7-20 双止水环套管示意图

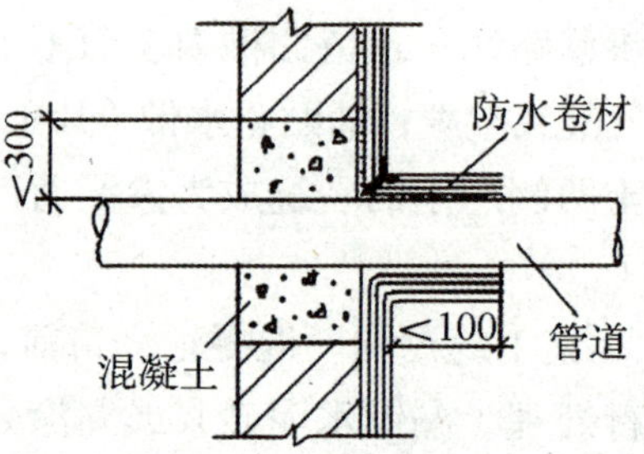

图 7-21 管道外侧渗漏示意图

⑤ 埋设件部位渗漏。埋设件端部或预留孔（槽）底部的混凝土厚度小于 250 mm，或当厚度小于 250 mm 时，局部没有加厚，或没有采取加焊止水钢板等其他防水措施。因混凝土厚度减薄，容易发生渗漏（图 7-22）。

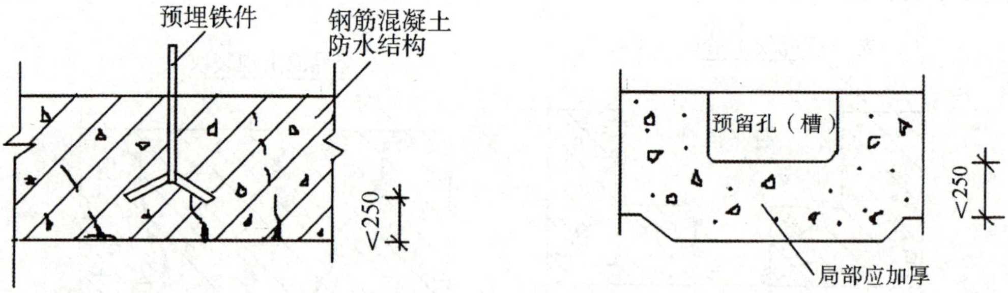

（a）错误　　（b）正确

图 7-22 底部渗漏示意图

预留地坑、孔洞、沟槽内防水层，没有与孔（槽）外结构防水层保持连续，降低了防水整体的密封性。

穿过混凝土结构螺栓，采用工具式螺栓或螺栓加堵头做法。前者没有按规定满焊止水环或翼环，后者没有采取加强防水措施或凹槽封堵不密实，留有空隙。

二、水泥砂浆防水层

水泥砂浆防水层经过几十年的推广应用，在地下防水工程中形成了比较完整的防水技术。适用于承受一定静水压力的地下混凝土、钢筋混凝土或砌体结构基层的防水。

水泥砂浆防水层是通过利用均匀抹压、密实，交替施工构成封闭的整体，以阻止压力水的渗透。

水泥砂浆防水层的质量通病为渗漏。渗漏表现为局部表面渗漏、阴阳角渗漏、空鼓开裂渗漏、细部构造渗漏。

引起渗漏的原因有以下几个方面。

1. 基层的品质

基层的品质是水泥砂浆防水层防水的关键。基层表面不平整、不坚实、有孔洞缝隙或对存在的这些缺陷不做处理或处理不当，都会影响水泥砂浆防水层的均匀性及与基层的黏结。基层的强度低于设计值的 80%，也会使水泥砂浆防水层失去防水作用。

2. 材料的品质

防水砂浆所用的材料没有达到规定的质量标准，会直接影响砂浆的技术性能指标。

（1）水泥的品种没有按设计要求选用，强度低于 32.5 级。

（2）没有选用中砂或选用的中砂粒径大于 3 mm，含泥量、硫化物和硫酸盐含量均大于 1%。

（3）水中含有害物质。

（4）使用的聚合物乳液掺有颗粒、异物、凝固物。

（5）外加剂的技术性能不符合质量要求。

3. 局部表面渗漏

分层操作厚薄不均，用力不一（用力过大破坏素灰层，用力过小抹压不密实）。

4. 施工缝渗漏

施工缝与阴阳角距离小于 200 mm，甩槎和操作困难。不按规定留槎，或留槎层次不清，甩槎长度不够，造成抹压不密实，缝隙漏水，如图 7–23 所示。

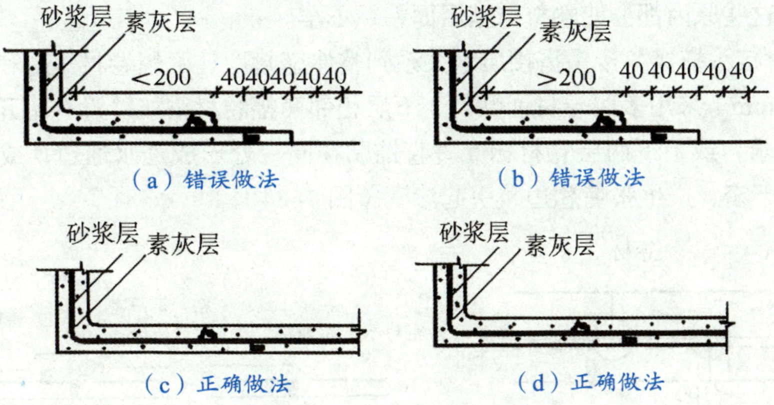

图 7–23　防水层施工缝处理

5. 阴阳角渗漏

抹压不密实导致阴阳角部位水泥砂浆容易产生塑性变形开裂和干缩裂缝，没有采取必要的技术措施。阴阳角没有做成圆弧形。

6. 空鼓、开裂渗漏

排除原材料品质的原因，主要是由于在施工过程中对基层处理不当造成的。

（1）基层干燥，水泥砂浆防水层早期失水产生干缩裂缝，防水层与基层黏结不牢产生空鼓。

（2）基层不平，使防水层厚薄不均，收缩变形产生裂缝。

（3）基层表面光滑或不清洁，防水层产生空鼓。

（4）养护不好或温差大，引起干缩或温差裂缝。

三、卷材防水层

卷材防水层是用防水卷材和沥青交结材料胶合组成的防水层。高聚物改性沥青防水卷材、合成高分子防水卷材具有延伸率较大、对基层伸缩或开裂变形适应性较强的特点，常被用于受侵蚀性介质或受振动作用的地下建筑防水工程。卷材防水层适用于混凝土结构或砌体结构的基层表面迎水面铺贴。

防水卷材一般采用外防外贴和外防内贴两种施工方法。前者的防水效果优于后者。在施工场地和条件不受限制时宜选用外防外贴。

卷材防水层整体的密封性是防水的关键。只要出现渗漏就可以判定是密封性遭到了不同程度的破坏。造成卷材防水层常见的渗漏通病的主要原因如下。

（1）材料的品质。选用的高聚物改性沥青防水卷材、合成高分子防水卷材铺贴，与选用的基层处理剂、胶黏剂、密封材料等配套材料不相容。合理的防水年限与卷材厚度的选择不配。

（2）基层质量。基层强度小，不平整，不光滑，有松动或起砂现象。基层含水率大于规定的要求。这些原因都会使卷材与基层面粘贴不牢。

（3）卷材接头搭接。接头搭接质量关系到整体密封性。两幅卷材短边和长边的搭接缝宽度小于 100 mm。采用多层卷材铺贴，上下层相邻两幅卷材搭接缝没有错开，或错开的距离小于规定要求，或上下两层卷材相互垂直铺贴在同一处形成透水通道，或接头处黏结不密实、封闭不严密，产生张嘴翘边，引起渗漏（图 7–24）。

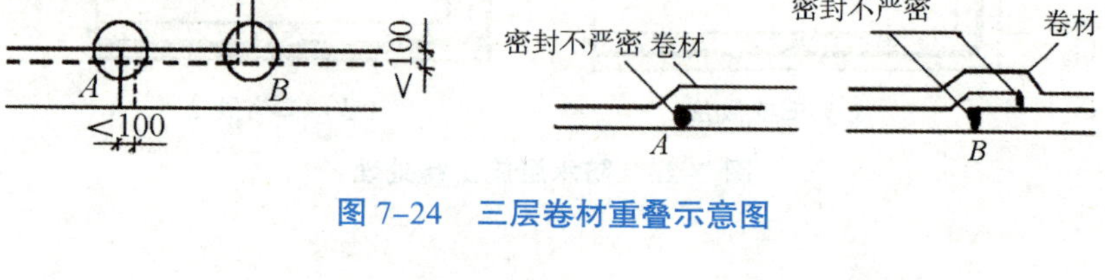

图 7–24　三层卷材重叠示意图

搭接缝封口不严密容易发生在高分子卷材施工中，这类卷材一般均为单层铺设，搭接缝处理不好极易造成渗漏。使用的密封材料与高分子卷材材性不相容也是造成封口不严密的常见原因之一。

（4）空鼓。空鼓主要是指卷材与基层面之间的滞留气体在外界温度作用下膨胀。空鼓产生的原因：基层潮湿，不平整，不清洁，压铺用力不均。

（5）转角处渗漏。基层的转角处没有做成圆弧或钝角而形成空隙，或没有在转角处进行加强处理。发现质量问题没有及时采取补救措施。

四、涂料防水层

（一）一般防水工艺

防水涂料在常温下为液态，涂刷于结构表面形成坚韧防水膜层。其防水作用是经过常温交联固化形成具有弹性的结膜。

以合成树脂及合成橡胶为主的新型防水材料，在国外已形成系列产品。该系列产品最大的特点是具有延伸性和耐候性，在防水工程中得到了大量应用。

【知识拓展】

我国研发成功的橡胶沥青类、合成橡胶类、合成树脂类三大系列产品，标志着我国防水涂料的发展进入了一个新的时期。防水涂料的成功研发使地下建筑防水工程以自防水混凝土为主并与柔性防水相结合的应用技术得到了重点推广。

涂料防水适用于侵蚀性介质或受振动作用的地下建筑工程主体迎水面或背水面涂刷的防水层。反应型、水乳型、聚合物、水泥防水涂料或水泥基、水泥基渗透结晶型涂料都适用于防水层。

涂料防水层一般采用外防内涂或外防外涂两种施工方法。

涂料防水层在施工中容易出现质量缺陷，尽管外观形态各异，但最终的后果都导致渗漏。

（二）分析问题产生原因

1. 材料品质、配合比要求

（1）涂料防水层所用的材料品质及配合比是否符合设计要求。

（2）防水涂料的平均厚度是否符合规定（最小厚度不得小于设计厚度的 80%）。如防水等级为 I 级的地下建筑防水工程，设防道数不能少于三道；采用聚合物水泥涂料涂刷，其厚度不能小于 1.5 ～ 2.0 mm。

2. 涂料防水层施工规定

（1）涂刷前是否在基面涂刷了基层处理剂；基层处理剂与涂料是否相溶。

（2）涂膜是否通过多遍涂刷完成；上下层涂刷时间的间隔是否待下层涂料结固成膜。

（3）每遍涂刷时是否交替改变涂层涂刷的垂直方向；同层涂膜的先后接茬的宽度是否控制在 30 ～ 50 mm。

（4）是否保护好涂料防水层的施工缝（即甩槎）；搭接宽度是否小于 100 mm；甩槎表面是否处理干净。

（5）涂料防水层施工时是否先进行了细部构造的防水处理，然后再大面积涂刷。

（6）防水涂料的保护层是否符合施工规范的规定。

3. 对施工质量缺陷进行分析

（1）起鼓。

① 基层不干燥，黏结不牢。涂料防水层与基层是否黏结密实取决于基层的干燥程度。地下结构的基层表面一般不容易干燥，在涂刷防水涂料前，没有进行处理剂涂刷或刷涂的处理剂与涂料不相溶。

② 基层表面不平整，不清洁，或有空鼓、松动、起砂和脱皮。

（2）气孔、气泡。搅拌方式不对，使空气进入被搅拌的涂料中，涂刷的厚薄不均又是一次成膜，气孔、气泡破坏了涂料防水层质地均匀性，形成了防水的薄弱部位。

（3）翘边。

① 涂料黏结力不强或搭接接缝密封处理不严密。

② 基层表面不平整、不清洁、不干燥。

③ 对细部构造防水的加强处理不符合施工规范。

（4）破损。涂料防水层施工过程中或施工完毕后，没有做好保护。

4. 综合强调

（1）防水涂料操作时间。即操作时间短的涂料（固结速度快）不宜用于大面积防水涂料施工。

（2）防水涂料要有一定的黏结强度。即潮湿基面（基层饱和但无渗漏）要有一定的黏结强度。

（3）防水涂料成膜必须具有一定的厚度。

（4）防水涂料应具有一定的抗渗性、耐水性。

项目工单

【实训主题】

屋面防水工程质量事故处理实训

【实训目标】

（1）通过模拟案例，让学生了解常见的屋面防水工程质量问题。

（2）学习如何识别并处理屋面防水工程中的常见缺陷。

（3）掌握防水工程中节点处理的重要性及方法。

【实训步骤】

步骤一：理论讲解

（1）教师简要介绍屋面防水工程的分类及各部分的作用。

（2）解释常见的质量问题，如卷材开裂、起鼓、流淌和渗漏等。

（3）强调细部构造的重要性，特别是节点处理的方法。

步骤二：模拟情景

（1）设置模拟情景，例如在一个模型屋面上制造一些常见的防水质量问题，如裂缝、鼓包等。

（2）将学生分成小组，每个小组负责解决特定的问题。

步骤三：问题分析

（1）每个小组观察模拟屋面上存在的问题，并讨论可能的原因。

（2）根据提供的资料，分析问题产生的具体原因。

步骤四：问题处理

（1）每个小组根据问题的具体情况选择合适的处理方法。

（2）在教师指导下，使用提供的材料和工具进行修复操作。

（3）完成修复后，小组内部互相检查修复效果。

步骤五：总结反馈

（1）小组汇报修复过程及结果。

（2）教师点评修复效果，并指出改进之处。

（3）讨论预防措施，如何在实际工程中避免类似问题的发生。

【实训评定】

在实训结束后，教师根据每个学生在活动中的表现进行评定，如表 7-1 所示。

表 7-1　评定表

评定项目	分数（满分 10 分）	教师点评
操作过程和修复结果		
学生的参与度		
团队合作能力和问题解决能力		
小组汇报情况		

项目小结

防水工程质量直接影响建筑物的安全性和使用寿命。本项目主要介绍了屋面及地下防水工程中常见的质量问题及其处理方法。通过对不同类型的防水工程进行详细分析，项目旨在提高施工人员和工程师对防水工程质量事故的认识和处理能力。

课后习题

一、填空题

1．瓦屋面子分部工程包括__________、__________、__________、__________等4个分项工程。

2．卷材开裂的主要原因：__________；__________；__________。

3．平瓦屋面是指传统的__________和__________。

4．防水卷材采用__________和__________两种施工方法。

二、简答题

1．简述平瓦屋面的概念。

2．涂膜防水常见的缺陷有哪些？

项目八

建筑工程倒塌事故处理

项目导读

在建筑工程领域，建筑物倒塌事故不仅给人们的生命和财产安全带来巨大威胁，而且对社会秩序和经济发展造成严重影响。因此，深入研究和分析此类事故的原因、特征以及预防和处理措施显得尤为重要。本项目分为三个主要任务：事故概述、事故分析以及结构加固与地基处理方法，旨在全面了解建筑工程倒塌事故的现象、原因及其处理方法。

学习目标

知识目标

◆ 了解建筑物倒塌前可能出现的先兆特征，包括但不限于地基沉降、结构裂缝、承重构件变形等。

◆ 掌握不同类型的建筑倒塌事故及其特点，例如地基基础破坏、柱墙破坏倒塌、框架结构破坏倒塌等。

◆ 理解地基事故导致建筑物倒塌的原因，包括地基承载能力不足、整体失稳和地基变形过大等。

◆ 了解柱、墙等垂直结构构件倒塌的主要原因，如钢筋混凝土质量低劣和施工过程中的失稳。

◆ 掌握梁板结构倒塌的重要原因，包括构件质量差、屋面超载、乱改设计和施工质量低劣等。

◆ 分析悬挑结构倒塌的主要原因，特别是抗倾覆安全系数不足的问题。

◆ 了解现浇框架倒塌事故的原因，包括地基承载力不足、设计计算错误、施工质量问题等。

◆ 掌握模板及支架倒塌事故的主要因素，如构造方案不良、支撑结构不可靠等。

能力目标

◆ 能够识别建筑物倒塌的早期征兆，并采取相应的预防措施。

◆ 能够分析和判断建筑倒塌事故的具体原因。

◆ 能够根据建筑结构的特点选择合适的加固方法，包括但不限于直接加固和间接加固技术。

◆ 能够设计合理的地基处理方案，包括换土处理、浆液处理、设桩处理等。
◆ 能够针对特定的建筑结构缺陷，选择适当的加固材料和施工方法。
◆ 能够实施有效的地基基础缺陷事故处理措施，以防止进一步的损害。

素质目标

◆ 培养严谨的工作态度，注重施工质量和安全管理。
◆ 提升解决复杂工程问题的能力，能够在面临突发状况时迅速做出准确的决策。
◆ 增强团队合作精神，学会与多方合作共同解决问题。
◆ 培养创新思维，不断寻求更高效、更经济的加固与地基处理方法。
◆ 加强职业责任感，确保施工过程符合法律法规和行业标准。
◆ 提高应急处理能力，面对紧急情况能够冷静应对并采取有效措施。

思政目标

在建筑工程领域，安全始终是首要原则。每一次建筑工程倒塌事故的发生不仅给人民群众的生命和财产安全带来巨大损失，同时也暴露出在建筑质量管理、施工监管以及法规执行等方面存在的不足。因此，加强建筑工程倒塌事故的处理和预防工作，不仅是工程技术层面的要求，更是社会责任感和职业道德的体现。

任务一　建筑工程倒塌事故概述

任务描述

近年来，建筑工程倒塌事故时有发生，给人们的生命和财产安全带来了严重威胁。这些事故不仅造成了巨大的经济损失，更让无数家庭陷入了无尽的悲痛之中。因此，了解建筑工程倒塌事故的先兆特征、事故类别以及自救方法显得尤为重要。为此，本任务旨在通过深入分析房屋倒塌前的先兆特征、工程倒塌事故的各类别，以及提供实用的自救技巧，帮助大家增强安全意识，提高应对突发事件的能力。

任务分析

针对各类工程倒塌事故，应制订相应的预防措施和应急预案，提高工程的安全性和稳定性。通过本任务的了解，学生可以更加全面地认识到建筑工程倒塌事故的危害性及预防措施的重要性。

任务重点和实施

一、房屋倒塌前常出现的先兆特征

1. 地基沉降与失稳警示

地基不均匀沉降明显，或沉降突然加大，房屋或构筑物产生明显的倾斜、变形，地基土失稳，甚至涌出破坏。

2. 混凝土结构出现严重裂缝且继续发展

混凝土结构构件出现严重裂缝且继续发展。其中较常见的有悬挑结构构件根部（固定端）附近的裂缝、受压构件与压力方向平行的裂缝、框架梁与柱连接处附近的明显裂缝、梁支座附近的斜裂缝、梁受压区的压碎裂缝等。

3. 砖石砌体出现裂缝

砖石砌体出现裂缝，其中较常见的有柱表面出现竖向裂缝、大梁下砌体内出现斜向或竖向裂缝、柱或墙的细长比（高厚比）过大而产生的水平裂缝等。

4. 建筑材料脱落

建筑材料掉皮或落灰，包括砖或混凝土表面层状剥落、抹灰层脱落（注意与抹灰质量差的区别）、建筑碎屑下落、吊顶脱落等。

5. 承重构件变形严重

承重构件产生过大变形，如梁、板、屋架挠度过大；砖柱、墙倾斜；墙面弯曲、外鼓、开裂；屋架倾斜、旁弯；钢屋架压杆弯曲、失稳变形等。

6. 拆除顶撑困难

现浇钢筋混凝土结构构件拆除顶撑时困难，但应注意与支模方法不当造成的拆除支撑困难相区别。

7. 建筑异常声响与动物反应

建筑构件或建筑材料破坏发出的声音，如“啪啪声”“喳喳声”、爆裂声等。动物出现反常现象，如老鼠逃窜等。

【知识拓展】

房屋倒塌自救

首先要树立生存信心，保持冷静，尽可能向有光线和空气流通的地方移动。

如果被埋压在废墟下，应设法将手脚挣脱出来：设法避开身体上方不结实的倒塌物、悬挂物或其他危险物。搬开身边可搬动的碎砖瓦等杂物，扩大活动空间。（注意：搬不动时千万不要勉强，防止周围杂物进一步倒塌。）设法用砖石、木棍等进行支撑，以防坍塌时再次被埋压。

趴下，使身体重心降到最低，脸朝下，不要压住口鼻以利呼吸；蹲下或坐下时尽量蜷曲身体；抓住身边牢固的物体，以防摔倒或因身体移位，暴露在坚实物体外而受伤。

低头，用手护住头部和后颈，可用身边的物品，如枕头、被褥等顶在头上以保护头颈部；低头、闭眼，以防异物伤害眼睛；可能时可用湿毛巾捂住口、鼻，以防灰土、毒气。

应设法寻找食物和水，保持头脑清醒、保持体力。怀疑有骨折，尤其是脊柱骨折时，不要行走，以免加重损伤。

耐心等待救援。必要时可选择用石砖敲击物体或者听到外面有人时再呼救。

近水不近火，靠外不靠内。不要随便使用明火，因为空气中可能有易燃易爆气体充溢；要避开人流，不要拥挤。

二、工程倒塌事故的类别

工程倒塌事故按其破坏的部位和性质分为十类。

（1）地基基础破坏。

（2）柱、墙破坏倒塌。

① 砖柱、墙；

② 混凝土柱、墙；

③ 柱墙在施工中失稳。

（3）框架结构破坏倒塌。

（4）屋架破坏塌落。

① 钢筋混凝土屋架；

② 木屋架和钢木屋架；

③ 钢屋架；

④ 悬索和折板。

（5）梁、板破坏倒塌。

① 钢筋混凝土大梁；

② 楼板、屋面板；

③ 木梁。

（6）悬臂结构破坏倒塌。

（7）构筑物倒塌。

（8）模板工程倒塌。

（9）改建和使用不当倒塌。

① 加层建筑；

② 使用不当。

（10）施工不当导致整体或部分倒塌。

任务二 建筑工程倒塌事故分析

任务描述

小王所在的建筑公司近期发生了一系列严重的建筑质量事故，其中包括地基事故、垂直结构构件倒塌、梁板结构倒塌、悬挑结构倒塌、钢屋架倒塌、构筑物倒塌、现浇框架倒塌以及模板及支架倒塌等多个方面的事故。为了从根本上解决这些问题，提高公司的建筑质量和安全性。小王需要对每种类型的倒塌事故进行详细的分析，并总结出导致事故发生的根本原因。本任务旨在了解建筑工程倒塌事故分析。

任务分析

通过对各种类型的倒塌事故进行详细分析，找出共性问题，如设计缺陷、施工质量、材料质量、荷载计算错误等，并提出针对性的解决方案，以防止类似事故的再次发生，确保建筑质量和安全。通过本任务的了解，学生能够深刻理解建筑工程倒塌事故的多样性和复杂性，以及预防这些事故的重要性。

任务重点和实施

一、地基事故造成建筑物倒塌

地基事故造成建筑物倒塌的特点和原因如下。

1. 地基承载能力不足

较常见的是地基应力超过极限承载力，主体出现剪切破坏，地基基础旁侧隆起，造成建筑倾斜或倒塌。

2. 整体失稳

主要指建造在老滑坡区或施工引起新的滑坡，造成建筑物整体滑塌事故。

3. 地基变形过大

主要指不均匀沉降在上部结构中产生附加应力，而造成建筑结构损坏，甚至倒塌。

上述这三类原因造成的倒塌事故颇多。其中最常见的是不进行地质勘查就进行建筑工程的设计与施工。如湖南省某县建委杂物库建于淤泥层上，施工中，当砖墙砌至 3.2 m 高时突然倒塌，其主要原因是地基承载能力不足。又如广东省某县七层框架大楼，建筑面积 4 190 m^2，地基为淤泥层，基础埋深 80 cm，是独立柱基础，地基的允许承载力只有实际荷重的 32.7%。加上梁、柱断面太小，梁、柱接头处含筋量较少。这种薄弱结构在基础下沉时产生的附加力的作用下，各层均沿柱、梁接头处断裂而倒塌。

二、柱、墙等垂直结构构件倒塌

柱、墙等垂直结构构件倒塌主要原因如下。

1. 钢筋混凝土质量低劣

钢筋混凝土柱破坏的事故时有发生，其主要原因有：设计不遵守规范，配筋不足，构造不合理；施工质量低劣。例如吉林省某市百货大楼的倒塌，就是因混凝土柱振捣不实、施工质量低劣造成的。经检查，在二层楼的两根柱子上，竟分别有 50 cm 和 100 cm 高的“米花糖”区段，混凝土几乎像没有水泥浆的“石子堆”，因而柱在此薄弱区段破坏，引起建筑整体倒塌。

2. 柱、墙失稳

柱、墙在施工中失稳倒塌的事故较多，其主要原因是：施工过程中，房屋结构尚未形成整体，有些柱、墙是处于悬臂或单独受力状态，若在施工中未采取可靠的防风、防倾倒措施，就会造成失稳倒塌。

三、梁板结构倒塌

梁板结构倒塌主要原因如下。

1. 构件质量差

尤其是预制楼板质量差引起垮塌的实例最多。

2. 屋面超载

这类事故在全国各地、不同资质的施工企业发生过多次。

3. 乱改设计

有的施工人员不了解结构基本知识，不按结构规律施工，甚至乱改设计，盲目蛮干造成倒塌。

4. 施工质量低劣

常见的问题有：钢筋严重错位；混凝土强度严重不足；模板支架失稳等。

四、悬挑结构倒塌

悬挑结构倒塌的实例较多，基本类型有两种：一种是悬挑结构整体倾覆倒塌；另一种是沿悬臂梁或板的根部断塌。其主要原因有以下几种。

1. 设计和施工人员未做结构抗倾覆力矩的验算

悬挑结构的受力特点是大多数靠固定端（根部）的压重或外加拉力来维持其稳定而不致倾覆。因此，当设计或施工过程中实际的抗倾覆安全系数太小时，势必造成整体倾覆而倒塌。如江苏省徐州市某中学餐厅长 16 m、宽 1.8 m 的雨篷倒塌，事后验算其抗倾覆安全系数仅为 1.1（规范要求不小于 1.5）。又如浙江省某厂成品库雨篷和过梁拆模时倒塌并折断，经检查并验算，原设计抗倾覆安全系数大于 1.5，但是施工中过梁上的砖尚未砌完就拆除雨篷模板，造成雨篷和过梁连同砖墙一起倾覆倒塌。雨篷板着地后又使板反向受力，造成板折断。经验算，施工中的抗倾覆安全系数小于 1.0。

2. 模板及支架方案不当

悬挑结构的另一特点是从外挑端向固定端内力逐渐加大，很多设计将悬挑梁、板沿跨度方向做成变截面，施工中将模板做成等截面外形而造成固定端断面减小。例如某钢筋混凝土建筑物有 900 mm 宽挑檐，挑檐板厚度：外挑端为 100 mm、固定端为 150 mm。施工中模板做成 100 mm，再加上配筋不良，结果拆模后断塌。有的悬挑结构所处位置较高，支模较困难，支模不当而倒塌的实例时有发生。例如重庆市某制药厂成品库，屋顶挑檐用斜撑支模，斜撑与水平面之间的夹角太小，同时又无可靠的拉结固定措施，在浇灌混凝土时，整体倒塌。

3. 钢筋漏放、错位或产生过大的变形

悬挑结构的又一特点是固定端处负弯矩大，主筋都配在梁或板的上部。但有的工程漏放或错放这些钢筋而造成悬挑结构断塌。例如上海市某宿舍工程，六层 7 个阳台上的遮阳板，因漏放伸入圈梁的钢筋，在拆模时全部倒塌；贵州省遵义市某公司楼梯挑板钢筋配反，受力筋伸入墙内长度不够，在拆模时倒塌；有的工程钢筋绑扎时的位置是准确的，但是固定方法不牢固或浇混凝土时不注意，而把钢筋踩下；有的悬挑部分长度较大的钢筋固定不牢，发生严重下垂，钢筋实际位置下移较多，这些都可能造成悬挑结构断塌。例如湖南省某厂化纤楼，四层阳台施工时，钢筋严重错位，同时根部混凝土厚度减薄，在开会时有 14 人在阳台上，阳台突然倒塌，导致 3 人死亡、9 人重伤；湖南省某市机修车间及宿舍工程走廊的 7 根挑梁为变截面梁，根部梁高为 250 mm，主筋保护层厚 25 mm，施工中钢筋严重错位，主筋保护层厚度加大至 80 mm，加上混凝土强度不足和拆模时间过早等原因，7 根挑梁在根部处全部倒塌。

4. 施工超载

挑檐雨篷类构件，设计荷载较小，如均布荷载值仅为 490 N/m^2，施工荷载远比这些数值大，如果支模不牢固或模板拆除后出现超载，往往造成悬挑结构断塌。例如江苏省某研究所图书馆，有一雨篷使用一年后突然倒塌，经检查，雨篷上堆积的建筑垃圾平均高达 15 cm，折合均布荷重约为 2 205 N/m^2，而且雨篷板上部钢筋被拆下。经验算，结构破坏安全系数小于 1.0。

案例

2022 年 2 月 21 日 15 时 10 分许，广东东莞市东城公安接报：东城街道世博广场海雅百货（B 栋）连接天源数码港（G 栋）的人行连廊发生坍塌。街道有关部门及属地岗贝社区迅速到场处置。经了解，暂无人员伤亡报告，造成 5 部车辆不同程度受损。获悉情况后，街道主要领导立即赶往现场指挥，对现场进行围蔽和疏导，并对周边的 3 条类似人行连廊进行封锁。

初步分析：通常来说，连廊坍塌可能是由于连廊节点破坏或连廊位移过大造成的。从连廊倒塌现场照片来看，两栋楼之间的连廊没有设置牛腿，直接通过连接板连接，连廊主体结构基本完好，现场未见异常荷载，使用阶段出现掉落，初步判断问题出在连接节点做法，一般是连廊钢梁与混凝土主楼结构的连接节点破坏引起的可能性较大。进而可判断支承段构造设计是否存在缺陷，检查是否存在节点处疲劳破坏；预埋件是否不规范施工造成长期超应力，如为后置埋件（钢板）还应对胶体材料进行检测等。

五、钢屋架倒塌事故

钢屋架倒塌的主要原因如下。

1. 压杆失稳倒塌

钢屋架特点之一是杆件强度高，截面小，但受荷后容易发生压杆失稳而倒塌。例如，1984 年 4 月，河北省某橡胶厂的双肢钢屋架就是因为端部压杆失稳而破坏。

2. 屋架整体失稳倒塌

钢屋架的另一特点是整体刚度差，为保证结构可靠地工作，必须设置支撑系统，否则就易发生屋架整体失稳而倒塌。例如，1981 年 5 月，山东省淄博市某棉纺厂由于设计支撑系统不完善，在施工屋面时正 11 榀屋架倒塌了 6 榀；又如，1984 年 4 月，湖南省某县影剧院 19 m 跨度的钢屋架倒塌，就是因为没有设置必要的支撑系统，同时上弦压杆的实际应力超过允许应力的 3.9 倍。

3. 材质不良、材料脆断而造成的倒塌

这类事故发生过多次，比较典型的是 1960 年 11 月倒塌的某原料仓库钢结构廊道。倒塌最主要的原因是桁架钢材质量差，碳和硫偏析显著。这种钢材脆性大，特别是在低温严寒条件下更严重，倒塌时气温为 –19 ℃。

4. 施工顺序错误而造成的倒塌

例如，1962 年，某冷轧车间局部屋盖倒塌，其主要原因是违反设计规定的安装顺序，使屋架上弦平面失稳而倒塌；又如，1983 年，宁夏某影剧院的钢屋架倒塌，是由于单坡铺瓦造成屋架失稳。

5. 屋盖严重超载而造成的倒塌

例如，辽宁北票某小学教室，采用双肢轻型钢屋架，屋面采用泥灰和黏土瓦，屋架线荷载达 19.6 kN/m，在施工中倒塌；又如，1973 年，某厂 30 m 钢屋架，在安装行车时将滑轮挂在屋架上，把屋架拉弯造成倒塌。

6. 钢屋架制作质量差而造成的倒塌

例如，1980 年，浙江省海宁某育蚕室，采用钢屋架标准图，因焊接质量差造成倒塌；又如，黑龙江省牡丹江市某厂钢屋架因焊接质量差，加上施工荷重超过设计荷重 60%，又遇大雪而倒塌。

六、构筑物倒塌事故

水塔、烟囱等采用滑模施工时，若施工技术措施不当，可能造成滑模平台连同构筑物一起倒塌。例如，江苏省一座 120 m 高烟囱在滑到 60 m 高附近时，发生滑模平台倾翻和烟囱局部倒塌事故。又如，黑龙江省一座 28 m 高砖烟囱，采用冻结法施工，由于措施不当，违反了烟囱工程施工验收规范关于冬季施工的一些规定，结果在 3 月解冻期间倒塌。

扫一扫

构筑物倒塌事故

七、现浇框架倒塌事故

1. 地基承载力不足

因地基产生明显的不均匀沉降导致框架内产生较大的次应力，在上部结构也存在结构隐患的条件下发生垮塌。

2. 结构方案错误

常见的问题有在淤泥质土地基上无根据地采用浅埋深（80 cm）的独立基础；框架梁柱连接节点构造不符合要求等。

3. 设计计算错误

常见的问题有荷载计算错误、内力计算错误以及荷载组合未按最不利原则进行等，其结果是导致结构构件截面太小，配筋量严重不足，框架的安全度大幅度下降。

4. 乱改设计

常见的问题有任意改变建筑构造，滥用保温材料，乱改节点构造等，其结果是有的造成超载，有的导致结构构造不符合规范规定，还有的造成构件间的连接不牢固等。

5. 材料、制品质量问题

常见的问题有未经设计同意任意代用结构材料，导致承载力大幅度下降。

6. 混凝土施工质量低劣

常见的问题有混凝土配合比不对，浇筑成型方法不当，其结果是混凝土强度低下，构件成型后孔洞、露筋现象严重，有的甚至出现像“米花糖”一样的混凝土构件。

7. 施工超载

楼、屋面乱堆材料和施工周转材料或机具，造成严重超载。

8. 监督管理失控

业主（建设单位）和政府监督部门不能有效地进行质量监督。

9. 发现质量问题不及时处理

发现质量问题不及时处理导致事态恶化，待到濒临倒塌时，无法挽救。

八、模板及支架倒塌事故

1. 模板与支架设计缺陷

模板与支架的构造方案不良，传力路线不清，导致其不能承受施工荷载和混凝土侧压力。

2. 模板与支架的支撑结构不可靠

例如，将支柱支撑在松填土上或新砌的砖、石砌体上等。

3. 模板支架系统整体失稳

具体的因素有支撑系统中缺少斜撑和剪刀撑，落地支撑的地面不坚实、不平整，支撑数量不够，布置不合理，杆件的支撑点和连接没有足够的支撑面积和可靠的连接措施，落地支撑下不设木垫板或木垫板太薄等。

4. 模板支架的材料质量不符合要求

主要有模板太薄、支柱太细、支柱接头太多，而且连接处不牢固，钢材或配件锈蚀严重等。

案例

据应急管理部官微消息，2024 年 5 月 22 日 7 时 56 分左右，在重庆巴南区东温泉镇东泉正街 129 号危房改造凿打和清理二层预制板楼板垫层作业过程中，发生一起坍塌事故，造成 1 人死亡，3 人受伤，直接经济损失约 88.2 万元。近日，重庆市巴南区政府公布《巴南东温泉“5·22”一般坍塌事故调查报告》。经调查认定，本次事故是一起作业人员违规作业及重庆松刚建筑劳务有限公司安全生产主体责任落实不到位造成的一般生产安全责任事故。

任务三　建筑结构的加固与地基处理方法

任务描述

小王所在公司的建筑修复团队正面临一项挑战：现有建筑结构存在缺陷或损伤，需要采取有效的加固措施；同时，部分建筑的地基存在质量问题，需要进行相应的处理以确保建筑的安全性和稳定性。本任务旨在深入研究建筑结构的加固方法以及地基处理技术，以解决这些问题。

任务分析

小王团队将通过全面理解建筑结构加固的基本原理和技术手段，以及地基处理的各种方法，进一步提升在处理既有建筑结构问题时的专业能力。通过本任务的了解，学生能够掌握建筑结构缺陷和地基基础缺陷的处理方法，这对于提高建筑物的安全性和延长使用寿命具有重要意义。

任务重点和实施

一、建筑结构缺陷的处理

建筑结构缺陷的处理指对有缺陷、损伤或临近破坏的结构（或构件）的处置与治理。处理的跨度很大，包括维修（护）、加固、改（扩）建三个组成部分，如图 8-1 所示。

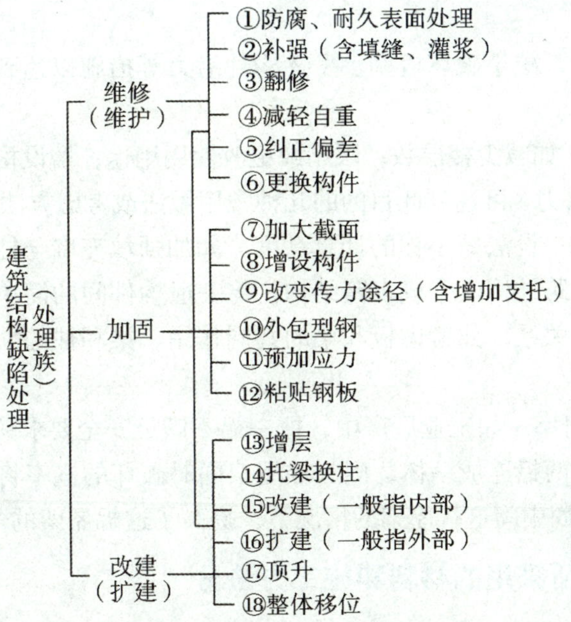

图 8-1　建筑结构缺陷处理方法

在这个处理族里，“加固”定义为对结构或构件的承载力、刚度、延性（与抗震能力有关）、抗裂性、整体性、稳定性予以恢复或增加，其概念可以跨越维修和改建。狭义的“加固”为图 8-1 中的⑦～⑫，指对存在重大缺陷、损伤、临近破坏以及需要大幅度增加功能（如抗地震能力）的结构或构件的防治，加固后结构构件的外观和受力状态会有所改变。广义的“加固”包括图 8-1 中的①～⑱，其中“维修”一般能维持结构构件的原来外观和受力状态；而“改建”则多半指在原结构构件完整状态下因改变使用途径引起结构构件变化而要做的工作。

本任务仅讨论“补强”和狭义“加固”，统称加固。它又有两种分类方法。

（一）按加固法的直接性和间接性分

1. 直接加固

指使原有结构或构件直接提高结构功能的加固。

（1）用同种材料进行加固。譬如用混凝土和钢筋对原钢筋混凝土构件加固（增加原截面高度和宽度、增加受力筋、修补已开裂截面、凿去部分低强度混凝土代以较高强度的新混凝土等）；用钢材或增加焊缝、增设螺栓对原钢构件加固等。它们都可以达到有效结果，但必须使得后加的材料和零部件能与原构件的材料和零部件结合成整体共同工作。

（2）用异种材料进行加固。譬如用环氧树脂等胶合料灌缝；用预应力钢筋提高原构件的承载力和刚度；用钢板、型钢乃至钢桁架与原钢筋混凝土构件形成组合构件共同受力等。它们也可以达到有效结果，但必须使两种材料结合成整体共同工作，或利用预加力迫使后加材料与原构件共同工作，或通过原构件变形把部分荷载转嫁给后加构件以达到共同受力的目的。

2. 间接加固

指采用减轻负荷、减小破坏概率、发挥构件潜力等措施以达到提高原结构或构件功能目的的加固。

（1）减轻负荷。如减少楼层数；限制或更改使用用途；增设构件减轻原构件负担等。

（2）发挥构件潜力。可达到此目的的几种常用做法或考虑方法是：设法减小梁的跨度，如在支座附近加斜撑；设法减小柱的计算高度，如加强填充墙与柱的连接；将平面结构考虑成空间结构；将单跨结构改变成多跨结构；将一般构件间的简单传力关系考虑成构件间能够共同作用的传力关系，如考虑板和梁的共同作用、梁和柱的共同作用、上部结构和地基的共同作用等。

（3）减小破坏概率。如工业厂房中，把一榀不满足安全要求的待加固屋架，通过增设纵向垂直支撑与左右两榀连成一体，则三榀屋架同时破坏的概率将小于单榀独立屋架的破坏概率，从而在不加固中间这榀屋架的情况下，提高了这榀屋架的可靠概率。

（二）按加固所采用的材料和施工方法分

1. 灌浆法

用空气压缩机或手压泵将黏合剂（如 107 胶水泥砂浆黏合剂或水玻璃砂浆黏合剂等）灌入裂缝，这适用于砖砌体开裂且裂缝不严重的情况。或者用压送设备将化学浆液（如环氧树脂或甲基丙烯酸脂类浆液等）注入钢筋混凝土裂缝，这也仅适用于开裂不严重的情况。

2. 面层法

用水泥砂浆面层（厚 20 mm）、钢筋水泥砂浆面层（厚 35 mm）或钢筋混凝土面层（厚 60 ~ 100 mm）加固构件，可采取抹砌、喷射或浇筑的施工方法。面层可以是双面的或单面的，适用于砖砌体墙面或柱面。

3. 加设钢筋混凝土外套法

指在构件外部加设钢筋混凝土外套，增加构件截面和配筋量，以提高承载力和刚度的加固方法。广泛适用于钢筋混凝土梁、柱、基础等构件，也可用于钢筋混凝土楼板和砖柱。

4. 外包型钢法

指用角钢紧贴拉压杆、梁、柱四角并用扁钢缀板焊接形成整体构架，外抹水泥砂浆表面层的加固方法。可用于钢筋混凝土梁、柱和砖柱。适用于既不允许过多地加大构件截面又需要提高承载力和刚度的构件。

5. 粘贴钢板法

在抗弯承载力不足的钢筋混凝土梁的受拉区表面，以及抗剪强度不足部位的钢筋混凝土梁的两侧面，用黏结剂粘贴钢板（厚 2 ~ 6 mm）加固。适用于环境温度不超过 60 ℃、相对湿度不大于 70% 及无化学腐蚀的环境下。

6. 预加应力法

用预加应力的水平拉杆或下撑式拉杆或二者结合等方式对被加固构件施加与它应承受荷载反向的作用力，可提高被加固构件的正截面抗弯、斜截面抗剪（当使用下撑式拉杆时）、抗裂度和刚度，减小构件受载时的挠度。适用于允许占用较小空间要求恢复承载力、刚度和抗裂度的构件。

7. 改变传力途径法

用增设支承点、增设连接点等构造上的措施来改变被加固结构或构件的受力状态，从而较大幅度地提高原结构或构件的承载力，并减小和限制变形。适用于净空不受限制的加固，以及使用功能可作做适当变化的加固。

8. 增设构件法

根据受力需要增设各种结构构件，具体如下。

（1）增设圈梁。目的是提高墙体和建筑物的整体性、抗不均匀沉降能力和抗震性能。适用于砖砌体结构。

（2）增设拉杆。当空旷房屋或墙体在水平力作用下有外闪倾向时，可采用增设拉杆加固以增强房屋整体性。

（3）增设钢筋混凝土构造柱。这是目前认为可以提高砖砌体房屋抗地震性能的有效措施。钢筋混凝土构造柱必须与钢筋混凝土圈梁连接，共同起作用。

（4）增设抗侧力墙。可以是钢筋混凝土剪力墙或砖砌体墙，目的是有效地抵抗强大的侧向作用力（如风力和水平地震作用）。适用于高层建筑结构和抗地震建筑物。

（5）增设钢支撑。在工业厂房中常利用加支撑的方法提高抗侧力能力，甚至可改变传力途径。

（6）增设支柱。形成新的支承点，减小计算跨度，从而较大幅度地提高梁的承载力，减小梁的挠曲变形。普遍适用于钢筋混凝土构件和钢构件的加固。

案例

2024 年 1 月，城管执法队员接到居民投诉来到某住宅，发现有 6 处墙体被敲掉，其中朝南客厅和卧室间一堵长 5.15 m、高 2.4 m 的墙全部被敲空。

城管要求业主立刻停止施工，并联系了检测鉴定机构，没几天便收到机构发来的紧急通知函，称承重结构损坏程度被评定为最高的 5 级，房屋存在坍塌风险，应立即支撑加固。

城管部门立即约谈业主，发现对方常年旅居国外，通过微信和装修设计师联系沟通。虽然房屋损坏评级已达最高级，但业主整改态度积极，迅速找专业工程公司恢复房屋结构，并对处罚决定认缴认罚，最终被处以人民币 8 万元罚款。

（2）基础构件设计有误或施工有误，使得它的承载力或刚度不足时，如砌体强度不足、混凝土标号过低、钢筋配置有误以及基础高度不足等。

增设钢筋混凝土套加固基础做法的关键在于新旧混凝土的连接。一般可采用锚筋连接或嵌入连接两种做法。前者是将扩大部分挖至与待加固基础的基底，将柱子根部和旧基础表面打毛，并在旧柱基四周直壁上钻孔，用环氧树脂锚入短筋，把新旧基础连接起来，如图 8-4（a）所示；后者是将钢筋混凝土套的下端嵌入旧基础底部边缘，呈环抱状，同时将旧基础表面和柱子根部打毛，这就能使新旧基础共同工作，如图 8-4（b）所示。嵌入连接做法的缺点是在施工过程中会扰动旧基础下的持力土层，因而在施工时要对柱加临时支撑。

（六）组合联片

这是指在做好单独基础扩大底面套的同时，再做基础梁伸入混凝土套的两侧，并在基础梁下设置底板，利用钢筋混凝土底板将待加固的基础组合联片，达到进一步扩大基底面积的目的，如图 8-4（c）所示。

（七）托换基础

这是指在原基础两旁新设基础，把由原基础承受的荷载通过另设的传力体系转移到新基础的地基上。通过的传力体系是在墙体两侧设置贴墙的托架次梁，次梁所受的作用力传给穿越墙体的主梁再传给新设基础墩台，如图 8-4（d）所示。

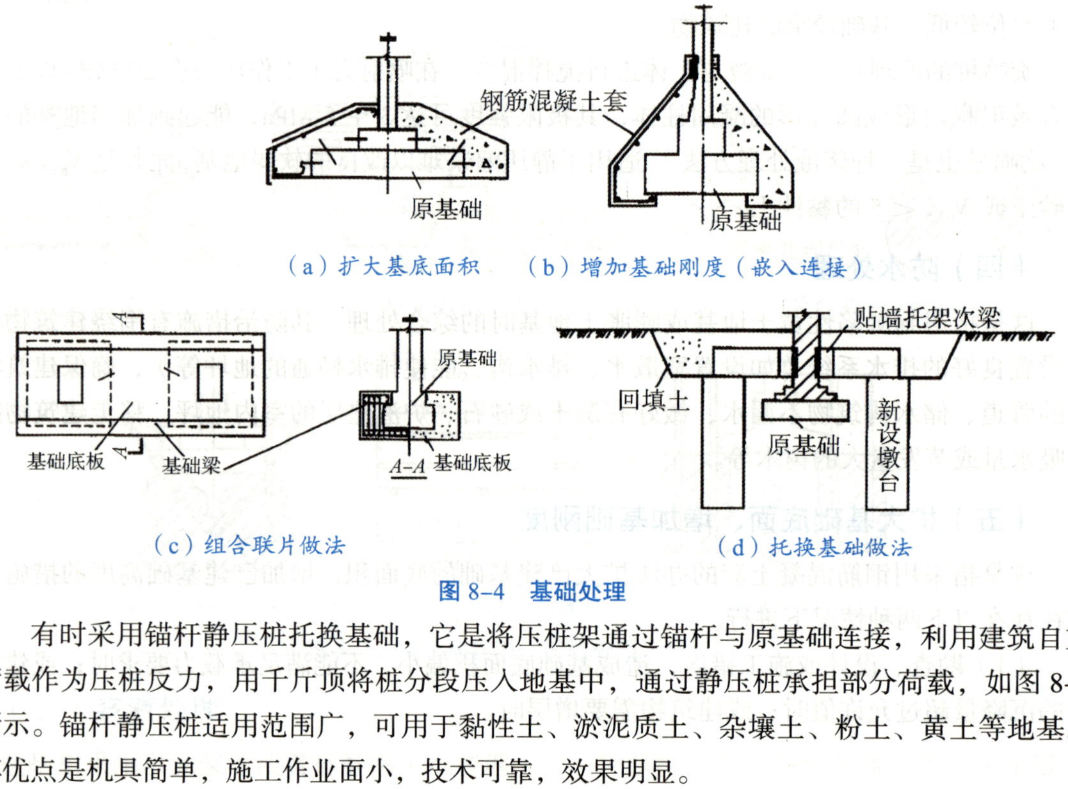

（a）扩大基底面积　（b）增加基础刚度（嵌入连接）

（c）组合联片做法　（d）托换基础做法

图 8-4　基础处理

有时采用锚杆静压桩托换基础，它是将压桩架通过锚杆与原基础连接，利用建筑自重荷载作为压桩反力，用千斤顶将桩分段压入地基中，通过静压桩承担部分荷载，如图 8-5 所示。锚杆静压桩适用范围广，可用于黏性土、淤泥质土、杂壤土、粉土、黄土等地基。其优点是机具简单，施工作业面小，技术可靠，效果明显。

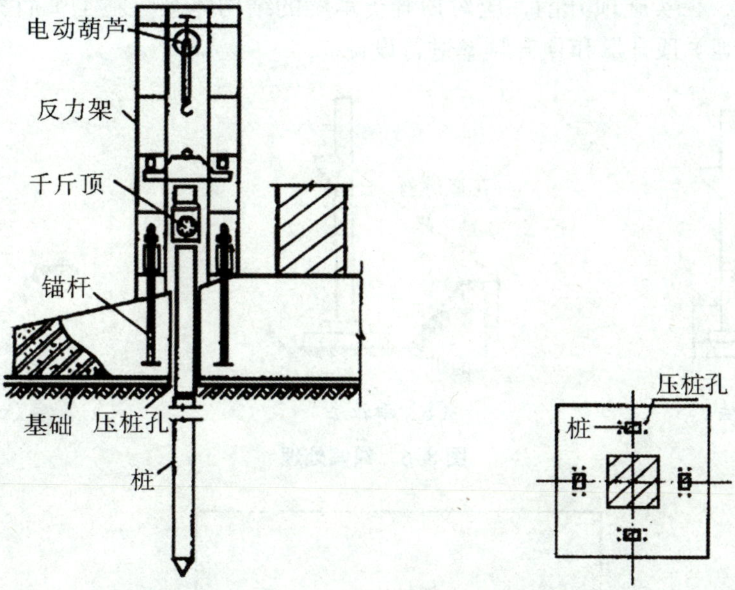

（a）锚杆静压桩装置示意图　　（b）压桩孔和锚杆位置图

图 8–5　锚杆静压桩装置示意图及压桩孔和锚杆位置图

（八）挤（冲）土纠偏

这是指利用挤出（或冲掏）地基中一些土体的办法来纠正建筑物因不均匀沉降而产生的倾斜。其构造做法一般是在倾斜基础一侧设置若干沉井或者钻若干孔洞，使得基础底部土体受压后向一侧挤出以纠偏；或在沉井内向基础底部钻孔，使得基础底部一侧土体受压下沉以纠偏；或在沉井中连续抽水使一侧土体压缩以纠偏；或在沉井中用水枪冲水掏走部分土体以纠偏等。

（九）加压、牵拉、顶升纠偏

这是指采用各种在倾斜结构一侧施加作用力的办法，使基础下部的部分地基土进一步压缩，达到纠偏的目的。其中，加压纠偏是常用的一种方法。它可以用重物压沉，如图 8–6（a）所示实线部分，或施加外力压沉，如图 8–6（a）虚线部分，使基础在附加偏心荷载作用下所发生一侧附加沉降的过程中逐渐消除两侧的沉降差，达到矫正建筑物倾斜的效果。它适用于地基沉降已趋稳定、上部结构不需再作加固处理的工程。而牵拉或顶升纠偏则是用牵引或顶升设备直接纠正倾斜的上部构件和基础就位的办法，如图 8–6（b）和图 8–6（c）所示。由于倾斜的结构具有整体性，牵引或顶升设备的作用力不可能将倾斜的整体结构矫正过来，故往往要解除被矫正构件和基础的周围联系，设置临时支护措施，矫正就位后尚需用垫块临时固定，最后才能作弥合处理。牵拉或顶升纠偏有时可用于纠正单层工业厂房柱的倾斜。

对整个建筑物进行顶升纠偏可将建筑物基础和上部结构沿某一特定位置加以分离。在分离区设置若干支承点，通过安装在支承点的顶升设备使建筑物沿某一直线（点）做平面运动或转动，有偏差的建筑物即得到纠正（图 8–7）。为确保与上部结构连成一体的分离器的整体性和刚度，要采用加固措施，通过分段托换形成一个全封闭的顶升支承梁（柱）

结构体系。显然，在实施顶升前，应对顶升支承梁的结构体系、施工平面图（分段施工顺序和千斤顶位置等）顶升量和顶升频率进行设计。

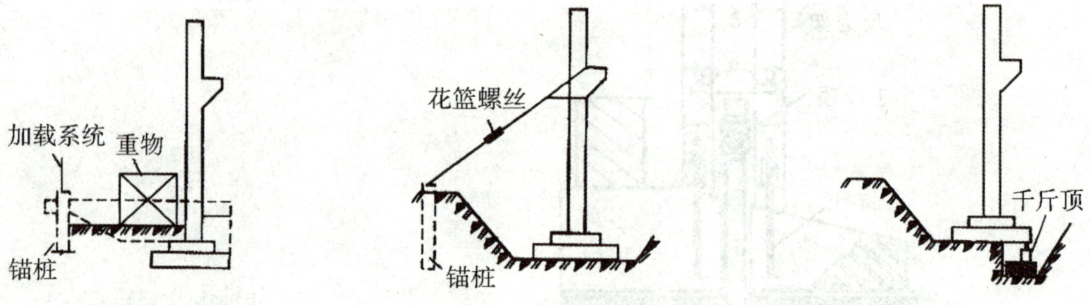

图 8-6　纠偏处理

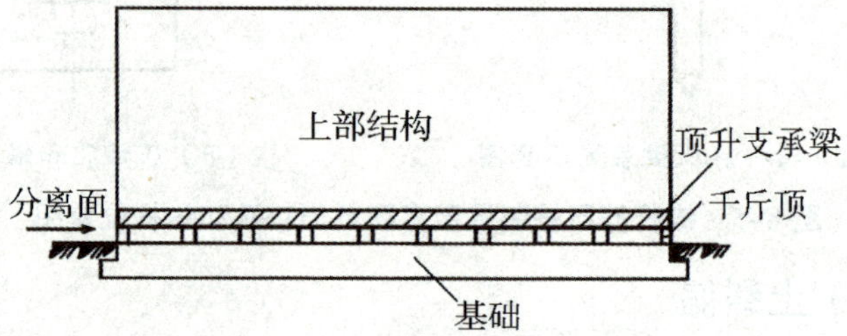

图 8-7　顶升法对整个建筑物纠偏

项目工单

【实训主题】

建筑工程倒塌事故处理与预防实训

【实训目标】

（1）了解房屋倒塌前可能出现的先兆特征。

（2）掌握不同类型的建筑倒塌事故及其特点。

（3）学习如何分析导致建筑倒塌的主要原因。

（4）了解建筑结构缺陷的处理方法和地基处理措施。

【实训步骤】

步骤一：准备阶段

（1）分发相关学习资料，包括建筑倒塌事故案例和处理方法。

（2）分组，每组 5 ～ 6 人。

步骤二：学习阶段

（1）自学理论知识，了解各类建筑倒塌事故的特点和原因。

步骤三：模拟练习

假设有一栋建筑出现了一些先兆特征，比如地基不均匀沉降、结构构件出现裂缝等。

步骤四：实践阶段

（1）根据提供的案例或假设情景，分析可能的倒塌风险。

（2）制订加固方案，包括使用的材料和技术手段。

（3）准备汇报材料。

步骤五：展示阶段

（1）每组轮流展示，分享分析结果和加固方案。

（2）进行提问和交流。

步骤六：总结阶段

（1）教师点评各组表现，总结实训中的亮点和改进点。

（2）讨论如何将所学知识应用于实际工作中。

【实训评定】

在实训结束后，教师根据每个学生在活动中的表现进行评定，如表 8–1 所示。

表 8–1　评定表

评定项目	分数（满分 10 分）	教师点评
理论知识掌握		
方案设计能力		
团队协作		
报告撰写与汇报		
反思与总结		

项目小结

本项目主要介绍了建筑工程倒塌事故的各个方面，包括倒塌事故的先兆特征、不同类型的倒塌事故及其成因，以及倒塌后的处理和预防措施。通过本项目的学习，学生不仅能够识别建筑倒塌事故的先兆特征，还能够理解不同类型倒塌事故的成因，并掌握相应的预防和处理措施。这对于学生提高建筑结构的安全性和可靠性具有重要意义。此外，通过学习加固技术和地基处理方法，学生能够在实际工作中采取有效措施，避免或减少倒塌事故的发生，保障人民生命和财产安全。

课后习题

一、填空题

1．悬挑结构倒塌的实例较多，基本类型有两种：一种是__________；另一种是__________。

2．按加固法的直接性和间接性分：__________、__________。

3．地基基础缺陷事故的处理包括__________、__________和__________三个组成部分。

4．增设钢筋混凝土套加固基础做法的关键在于新旧混凝土的连接。一般可采用__________或__________两种做法。

二、简答题

1．地基事故造成建筑物倒塌的原因有哪些？

2．简述直接加固与间接加固的区别。

参 考 文 献

[1] 高向阳，陶延华. 建筑施工安全管理与技术 [M]. 3 版 . 北京：化学工业出版社，2022.

[2] 蒋孙春. 建筑工程安全管理与文明施工 [M]. 北京：中国建筑工业出版社，2023.

[3] 刘尊明，霍文婵，朱锋. 建筑施工安全技术与管理 [M]. 2 版 . 北京：北京理工大学出版社，2023.

[4] 邵英秀. 建筑工程质量事故分析 [M].4 版 . 北京：机械工业出版社，2023.

[5] 宋磊，王金亮，钱小平. 建设工程质量监督与安全管理研究 [M]. 哈尔滨：东北林业大学出版社，2023.

[6] 李伙穆，李栋. 建筑工程质量事故分析与处理 [M]. 2 版 . 厦门：厦门大学出版社，2022.

[7] 徐锡权，王宁. 建筑工程施工安全管理 [M]. 北京：中国建筑工业出版社，2024.

[8] 张勇. 建筑工程施工现场管理人员实操系列 [M]. 北京：化学工业出版社，2023.

[9] 丁云飞，李风雷，董重成. 建筑设备工程施工技术与管理 [M]. 3 版 . 北京：中国建筑工业出版社，2022.